D1674805

Über den Autor:

Schon während seiner Studienzeit zum Diplom-Kaufmann spürte Armin Kittl, geb. 1965 intuitiv, dass er ganz spezielle Fähigkeiten besitzt und es gilt, diese allen Menschen nutzbar zu machen z.B. wusste er im voraus, dass er bei einer Fernsehshow als Teilnehmer gezogen wird und gewinnen wird. Und was geschah. Er gewann den Superpreis.

Mit dem Wissen seiner Zeit voraus zu sein beschäftigt sich Armin Kittl seit Jahren mit ganzheitlichem Erfolg und Erfolgstrainings, Persönlichkeitsentwicklung, Zukunfts- und Innovationsforschung, Bewusstseinserweiterung, mentalen Techniken, dem Zusammenhang zwischen Geist und Materie, dem bewussten Zugang zur Intuition, neuen Wissenschaften und neuen Materialien um das „Unfassbare" möglich zu machen durch geniale Denkmethoden.

Armin Kittl gründete in Deutschland die „Xing-Gruppe" Quantenphysik-Hyperraum-Metaebene-Die Bewusstseinselite". Diese Gruppe beschäftigt sich mit den neuesten Erkenntnissen aus der Nanotechnologie, Quantenphysik, Quantenmedizin, Gehirnforschung und Bewusstseinsforschung.

Als Unternehmer arbeitet Armin Kittl weltweit in Ländern wie z.B. China, USA, Taiwan, Korea, Vietnam, Ukraine, Italien, Indonesien, Indien, Türkei mit führenden Konzernen zusammen. Armin Kittl ist weltweit als Keynote-Speaker, Trainer, Coach und Unternehmensberater unterwegs.

Sein Lebensmotto: "Gib jeden Tag Dein Bestes, mache andere erfolgreich, glücklich und verhilf Ihnen Ihr unerschöpfliches Potential zu erkennen und optimal zu entfalten."

Armin Kittl gehört zu den wenigen Menschen weltweit, die die verschiedenen Bewusstseinszustände α = alpha; β = beta; δ = delta; theta = θ managen können!

Herstellung und Verlag:
Books on Demand GmbH, Norderstedt
ISBN 978-3-8370-3526-1

☐ Copyright by Armin M. Kittl 2009

Alle Rechte vorbehalten. Das Werk darf – auch teilweise – nur mit Genehmigung von Armin M. Kittl wiedergegeben werden.

Vorwort

Ich bedanke mich bei Ihnen, dass Sie dieses außergewöhnliche Buch gekauft haben.

Der komplexe Inhalt dieses Buches ist extra sehr einfach und leicht verständlich als spannende Science-Fiction-Geschichte geschrieben, so dass wirklich jeder diese Geschichte lesen und verstehen kann, dennoch wird jeder von Ihnen das Buch auf seine eigene Art und Weise lesen, verstehen, interpretieren und vielleicht sogar miterleben Je öfter Sie dieses Buch lesen, umso tiefer stoßen Sie vor, umso mehr Erkenntnisse werden Sie bekommen, erfahren und erleben. In diesem Buch werden Fiktion und Realität eins. Sie werden nicht wissen, ob Sie wachen oder träumen, was real ist und was nicht real ist. Vieles können Sie nur erahnen und Sie werden gebannt in diese „Neue Welt" des Universums eintauchen. Ich verspreche Ihnen, dass sehr viele Wahrheiten in diesem Buch enthalten sind.

Ich habe dieses Buch während meiner Zeit 2006 auf La Palma und Gran Canaria geschrieben. Beide Inseln sind Vulkaninseln. So explosiv wie diese Inseln sind, so explosiv ist der Inhalt dieses Buches. Bevor Ihre persönliche Reise in das neue „Nano-Zeitalter" beginnen kann, möchte ich mich noch bei einigen Menschen und Institutionen bedanken, mit denen ich direkt oder indirekt zu tun hatte bzw. immer noch zu tun habe.

Mein erster Dank gilt natürlich meiner Familie. Ohne deren Liebe, Vertrauen und Verständnis wäre dieses Buch niemals entstanden;

ferner bei Ruppert Sheldrake, der mit seinen weltweiten Forschungen den empirischen Nachweis für sogenannte Morphische Felder erbracht hatte; ich nenne diese Felder lieber „universelle Informationsfelder"; was es damit auf sich hat wird in diesem Buch erklärt;

bei Albert Einstein, der mit seiner Sicht der Quantenphysik und Relativitätstheorie der erste war, der sich mit diesem Thema beschäftigt hatte und dadurch auch Bedeutung für die Nano-Technologie bekommen wird, obwohl er bisher mit dieser neuen Technologie noch nicht in Verbindung gebracht wurde; seine Quantentheorie wird in der Zukunft wesentlich verständlicher werden, da Albert Einsteins Sicht der Quantentheorie in der Vergangenheit sehr oft fehlinterpretiert wurde;

bei Alfred-Stielau-Pallas und seinen Mitarbeitern Robert Stark und Stefan Stadler,

bei Ervin Laszlo, dem Gründer des Club of Budapest, der neue Wissenschaften und Theorien konkret verfolgt und für ein bewusstes, lebenswertes, ethisches Leben auf der ganzen Welt plädiert;

bei William Arntz, Betsy Chase und Mark Vicente, den Filmemachern von "what the bleep do we know", die mit diesem Film großartige Pionier- und Aufklärungsarbeit leisteten und erste Vermutungen anstellten, was die Entwicklung der Quantenphysik für Auswirkungen auf die Entwicklung unseres Weltbildes und unserer Sichtweise der Realität haben könnte,

by Rhonda Byrne und Jack Gains, die mit dem Film und dem Buch „The secret" die Gedanken von „what the bleep do we know" weitergeführt haben bis zu einer Kommunikation mit dem Universum,

bei Dr. Franz Minister mit seinem Institut für neue Denk- und Arbeitsmethoden und zu guter Letzt natürlich bei all den Lesern und Menschen, die den Inhalt und die Erkenntnisse aus diesem Buch umsetzen und leben werden und auch bei denjenigen, die dieses Buch einfach kaufen, lesen, genießen, über den Inhalt schmunzeln oder auch schimpfen und dieses Buch weiterempfehlen.

Dieses Buch verbindet die traditionellen Wissenschaften mit den neuesten Erkenntnissen der Quantenphysik, der Astrophysik, der Medizin, der Bewusstseins- und der Nano-Technologieforschung. Ich erhebe keinen Anspruch auf Vollständigkeit meiner in diesem Buch aufgestellten Theorien nach althergebrachter wissenschaftlicher Sichtweise. Das Buch soll Denkanstöße vermitteln und zeigen, was evtl. alles möglich sein könnte, wie sich das Leben auf unserem Planeten weiterentwickeln wird bzw. weiterentwickeln könnte, wie sich die Wissenschaften weiterentwickeln bzw. weiterentwickeln könnten, welche Aufgabe die

Nano-Technologie in dieser Konstellation hat, warum sie gerade jetzt entsteht und wie das Bewusstsein der Menschheit hier großen Einfluss darauf hat.

Dieses Buch soll aber auch unterhaltsam und spannend sein, Sie berühren, Sie mitfühlen und miterleben lassen und Sie alle Facetten eines Bestseller-Buchs lesen lassen.

Nach diesem kurzen Vorwort sind Sie mit Sicherheit sehr gespannt, was Sie erwarten wird. Diese Erwartungshaltung von Ihnen möchte ich nun nicht mehr länger auf die Folter spannen. Lassen Sie uns beginnen. Zuerst einmal müssen Sie verstehen, was man unter „Nano" bzw. „Nano-Technologie" versteht. Bisher existiert nur die Definition, dass Nano eigentlich Zwerg heißt, also winzig klein; die Größe als winzig klein wurde definiert mit kleiner als 10^{-9}.

Diese Größe wurde festgelegt, nachdem man in den 80-iger Jahren des 20. Jahrhunderts das Tunnelrastermikroskop erfunden hatte und es das erste Mal möglich war, Teilchen von dieser kleinen Größe zu sehen. Im CC Nano-Kompetenzzentrum, in dem ich aktives Mitglied war, waren wir uns einig, dass diese Definition bei weitem nicht ausreicht, um die Eigenschaften von „Nano-Teilchen" zu beschreiben. Lassen Sie uns in diesem Buch davon ausgehen, dass „Nano-Teilchen" oder besser gesagt „Nano-Partikel" diese bestimmte Größe von 10^{-9} haben (= 1 Nanometer); ferner dass diese Partikel eine Eigenschwingung (Spin) haben (kann in Herz gemessen werden) und die Schwingung von der Masse abhängig ist, dass diese Partikel sich mit allem verbinden können, d.h. sie können mit jeder Substanz oder Lebewesen in Resonanz gehen und dass Sie aufgrund dieser Verbindungen Neues erschaffen, bzw. Altes verändern und zum Mutieren bringen. Und hier ist nun die entscheidende Frage zu stellen. Können diese „Nano-Partikel" eine Art Eigenintelligenz, evtl. Eigendynamik entwickeln, auf die der Mensch aufgrund mangelnden Wissens und Bewusstseins nicht mehr Einfluss nehmen kann? Oder beeinflusst der Mensch die Charaktereigenschaften dieser hoch schwingenden „Nano-Partikel" durch seine Denkweise und durch sein Bewusstsein, ausgedrückt durch sein Handeln?

Als einfaches Beispiel möchte ich hier die Autoscheibe eines PKWs nennen. Wird diese Windschutzscheibe mit „Nano-Partikel" (z.b. bestehend aus SIO_2 = Silliciumdioxid) behandelt, geschieht mit ihr eine derartige Veränderung, dass die alte Windschutzscheibe mit der neuen eigentlich nicht mehr sehr viel zu tun hat. Die Oberflächenspannung der neuen Scheibe ist wesentlich stärker, dadurch wird die Scheibe schmutzabweisender, wasserabweisender, resistenter; wir sehen zwar optisch noch die gleiche Windschutzscheibe, diese ist aber zu einer neuen Windschutzscheibe sozusagen mutiert, da sie andere Eigenschaften besitzt, die wir aber mit dem menschlichen Auge nicht wahrnehmen können, da es für Größen dieser Winzigkeit nicht gemacht ist. Wir nehmen vom Optischen her weiterhin die alte Windschutzscheibe wahr, wissen aber, dass sie sich verändert hat, obwohl wir diese Veränderungen mit unserem bloßen Auge nicht sehen können. Wir können es nur als bare Münze nehmen. Die Windschutzscheibe hat sich verändert, aber wir sind nicht in der Lage, diese Veränderung an der Windschutzscheibe selbst zu sehen, wir können nur sehen, dass sie plötzlich andere Eigenschaften hat.

Warum ich auf dieses Beispiel so intensiv eingehe werden Sie wahrscheinlich erst verstehen, nachdem Sie dieses Buch gelesen haben. Ich möchte Ihnen an dieser Stelle nur soviel verraten. Es hat auf jeden Fall etwas mit selektiver Wahrnehmung zu tun und mit der Frage „was ist eigentlich Realität" und was ist Bewusstsein?

Jetzt habe ich aber im Vorwort schon genug verraten.

Wir beginnen jetzt unsere aufregende Reise in dieses neue „Nano-Zeitalter".

Bitte schnallen Sie sich gut an. Es kann sehr gut sein, dass sich ihr Leben grundlegend verändern wird, nachdem Sie dieses Buch gelesen haben. Ich möchte ausdrücklich betonen, dass ich keine Verantwortung für Ihr Leben übernehmen kann und werde. Ihr Leben wird genauso verlaufen, wie Sie es sich wünschen und wie Sie es für sich geplant haben, auch nachdem Sie dieses Buch gelesen haben. Ferner möchte ich darauf hinweisen, dass die Personen und Namen in dieser Geschichte willkürlich gewählt wurden, dass aber die Geschichte, wie Sie hier erzählt wird absolut real sein könnte.

Ich möchte Sie im Voraus warnen. Das erste Drittel dieses Buches liest sich wesentlich schwerer als der Rest und ist vom Schreibstil her ein anderer! Warum dem so ist werden Sie erst am Ende des Buches verstehen.

Die negative Zukunft

01. Januar 2020:

Ich heiße Robert Smith, bin fast 55 Jahre alt und Leiter im NSR-HC in Denver, Colorado. Nur noch ca. 30 der besten Forscher weltweit sind am Leben und arbeiten alle im NSR-HC. Das NSR-HC (=Nano-Science-Research & Health-Care Institute) wurde 2018 gegründet, um das Fortbestehen der menschliche Rasse zu gewährleisten. Es ist unglaublich, was sich in den letzten 9 Jahren auf unserem Planeten alles ereignet hat. Es leben nur noch ca. 800 Millionen Menschen auf der Erde verteilt. Die großen Weltstädte wie Hong Kong, Shanghai, Los Angeles, New York, Sao Paolo, Istanbul, Paris, Peking existieren nicht mehr.

Alle Küstenstädte, Inselstaaten wie Indonesien, Japan, Philippinen, Hawaii, Mauritius, die Kanarischen Inseln, Seychellen, Malediven, etc. sind im Meer versunken. Australien und die afrikanischen Kontinente sind unbewohnbar geworden.

Nur noch ca. 10 Prozent der Erdoberfläche, Tendenz stark abnehmend, bieten eine für den Menschen überlebensfähige Atmosphäre. Unsere Messungen haben ergeben, dass die besten Lebensbedingungen und einzigen Überlebenschancen an den Rändern der Gebirgsketten wie den Alpen, Himalaya, Anden, Rock Mountains, Kaukasus, Pyrenäen und Ural liegen. Hier finden wir noch genug Trinkwasservorräte und saubere Luft.

Mehr als 6 Milliarden Menschen sind aus unterschiedlichsten Gründen gestorben und wie das alles kam möchte ich Ihnen hier erzählen.

24. Dezember 2009

Ich lebe mit meiner Frau Susanne und meiner Tochter Clara in Kalifornien, südlich von St. Monica in einer mediterranen Villa, Wohnfläche ca. 220m², mit Blick aufs Meer. Das Haus liegt auf einer Anhöhe in ca. 50m Höhe und ist 1 Kilometer vom Meer entfernt. Die Aussicht ist wunderschön und ich erfreue mich jedes Mal an dem Meerrauschen und dem schönen Wetter in Kalifornien. Wir wohnen hier zur Miete und zahlen 1500 US-Dollar im Monat. Müssten wir das Haus kaufen, dann wäre der Preis bestimmt bei knapp einer Mio. US-Dollar, und das können wir uns bei weitem nicht leisten.

Es ist heute heiliger Abend, 24. Dezember, 16.30 Uhr Ortszeit und wir haben für deutsche Verhältnisse unglaubliche 23 Grad im Schatten. Übrigens, meine Frau Susanne, meine Tochter Clara und ich leben erst seit einem halben Jahr im Sonnenstaat Kalifornien. Wir sind aus Deutschland ausgewandert, weil uns die ständig schlechte Stimmung, der Neid und die Missgunst der Leute dort einfach ankotzten. Alles war negativ, egal was man gesagt und getan hat. Jeder, bis auf ein paar Ausnahmen, jammert vor sich hin und sieht nur das Schlechte im Lande und schiebt die Schuld auf die anderen, obwohl Deutschland noch immer eines der Länder mit dem höchsten Lebensstandard ist. Wenn man diese Leute aber fragt, was Sie konkret verändern wollen, wissen Sie was dann die Antwort ist? „Was soll ich kleines Persönchen denn machen." Ich kann doch nichts machen" oder „ich weis nicht".

Es ging sogar so weit, dass die deutsche Bevölkerung unfähig war, eine einheitliche Regierung zu wählen. Die Untätigkeit zeigte sich, weil die Wahlbeteiligung so niedrig wie noch nie war. Und diejenigen, die gewählt hatten gingen mit dem Argument zum wählen, „die Partei wähle ich halt, weil ich die schon immer gewählt hatte."

Ende 2008 kam dann noch die weltweite Finanzkrise hinzu, die durch Fehlspekulationen der Banken und der „Börsengurus" die gesamte Zukunft verändern sollten.

Susanne und ich hatten einfach die Schnauze voll und hatten 2008 die Green Card beantragt. Wir wollten etwas Neues machen, was Positives! Es ging alles wider erwarten schneller als wir gedacht hatten. Schon im März 2009 haben wir den Bescheid bekommen, dass wir die Green Card ohne weiteres bekommen, da wir sogenannte „High-Potential-Citizens" sind, die für die USA sehr profitabel sein können. Ja, das ist also die typische Einstellung der USA. Hauptsache Profit und nützen einen aus. So wäre die Sichtweise der deutschen Bevölkerung, aber die Amerikaner sehen das anders. Wenn jemand wirklich sein Bestes gibt, auch wenn er Ausländer ist und er bereit ist, die USA bestmöglich zu unterstützen und zu deren Wachstum beizutragen, was sollte dann dagegen sprechen, dass auch ein Ausländer den „American Dream of Life" leben darf und kann. Es ist hier diese „win-win" Mentalität der USA, die dieses Land zum mächtigsten und erfolgreichsten Land der Erde werden lies, auch wenn es zurzeit mit der größten Finanzkrise seit dem Bestehen der USA konfrontiert wird.

Ich sitze hier auf der Terrasse, trinke ein schönes kaltes bayerisches Bier und genieße die wärmende Sonne. Christbaumschmücken ist nicht mein Ding. Das macht meine Frau Susanne zusammen mit meiner Tochter Clara.

Susanne ist 38 Jahre alt, blondes langes Haar, bildhübsch und wir sind seit 10 Jahren verheiratet. Ich bewundere noch immer Ihre mädchenhafte Figur obwohl sie schon ein Kind bekommen hat. Manchmal frage ich mich, wie so etwas möglich ist. Ihre Maße sind 88-60-92, bei einer Größe von 1,70m und einem Gewicht von 54 Kilogramm.

Sie war früher mal irgendeine Miss...., aber ich kann mich nicht mehr daran erinnern wo das war. Sei es drum. Ich liebe Sie und bin so froh, dass Sie mich nie alleine lässt und mir meine Eskapaden verziehen hat und immer an mich glaubt, koste es was es wolle. Ich kann mich dafür nur bei Ihr bedanken. Meine Tochter Clara ist etwas über 3 Jahre und ein kleiner blonder Engel. Manchmal kann sie aber auch der größte Teufel sein, Sie wissen schon was ich meine, oder? Klar, wenn Clara Ihren Willen nicht bekommt und auf stur schaltet, dann sind Hopfen und Malz verloren. Sie folgt dann einfach nicht und man kann sie entweder anschreien, oder mit Engelszungen mit Ihr sprechen. Das Resultat ist beides Mal das gleiche. Sie macht was Sie will, dieses kleine „Persönchen".......

Susanne ist im Moment sauer auf mich weil ich mich hier schön auf der Terrasse sonnen kann und sie zusammen mit Clara den Christbaum schmückt. Normalerweise macht Sie das sehr gerne und es ist bei uns im Haus alte Tradition und Wunsch, dass die Frau den Baum so schmückt wie Sie es will. Diesmal sieht Sie es aber ein wenig anders, weil so schönes

Wetter ist und Ihr Clara beim schmücken einfach ein bisschen auf den Geist geht. „Es könnte ja etwas kaputt...."

Der Christbaum, den sie jetzt schmückt ist nur ein „Christbäumchen", vielleicht 1,20m hoch, Durchmesser 60 cm. Es ist zwar eine Tanne, schaut aber eher aus wie ein verkümmertes „Tännchen". Wenn ich dieses „Bäumchen", oder als was man es auch bezeichnen darf schmücken würde, dann wäre ich wahrscheinlich nach 3 Minuten fertig. Susanne überlegt, wo Sie denn den ganzen Christbaumschmuck, den wir aus Deutschland mitgebracht hatten an diesem Baum anbringen soll.

Zu Ihrer Verteidigung muss ich sagen, dass wir in Deutschland schon ganz andere Weihnachtsbäume hatten. Sie kennen doch die wunderschönen Nordmanntannen, 2,50m hoch, Durchmesser 2m, Preis 39.90 Euro.

Man kann nicht alles haben, oder? Wir konnten zumindest noch heute Nachmittag bei George um die Ecke ein Bäumchen aus seinem Garten „klauen" und ihn als Weihnachtsbaum verwenden. Woher er diese „Tannen" in seinem Garten wohl hat? Natürlich geben wir George Bescheid, dass wir uns einen kleinen Baum von ihm geborgt haben. Er sieht diese Dinge recht locker, Hauptsache man gibt ihm irgendwann einmal Bescheid.

George hat ein Grundstück von ca. 2000m² Größe rechts neben uns. Er hat das gleiche Haus und die gleiche Terrasse. Der einzige Unterschied ist, dass sein Haus rosa gestrichen ist, rosa! Da hatten wir nochmals Glück, unser Haus ist in einem schönen hellblau mit rotem Dach.

Auch George wohnt in seinem rosa Haus zur Miete. Ich glaube, er zahlt das gleiche wie ich. Ich bin mir aber nicht sicher, da er schon länger bei der „Nano-Sync-Corporation" in L.A. arbeitet als ich. Die „Nano-Sync-Corporation" stellt ihren führenden Mitarbeitern nämlich Haus und Grundstück zu enorm verbilligten Preisen zum Wohnen zur Verfügung. Ich habe von George gehört, dass so ein Haus, in dem wir jetzt wohnen teilweise für 6000 Dollar vermietet wird und wir zahlen nur knapp 1500. Ist doch irre, oder? 6000 Dollar Miete, wer soll sich so etwas denn leisten können?

George muss man sich vorstellen als eine Art verrückter Professor mit Einstein Optik. Er ist bestimmt schon knappe 60 und wurde mit einem gut dotierten Vertrag von „Nano-Sync". zum Mitarbeiten überredet. George war leitender Professor für anorganische Chemie, Biochemie und Astrophysik in Los Angeles. Mir wurde berichtet, dass er unglaubliches Wissen hat und sehr weit über den Tellerrand hinausschaut.

Und jetzt ist dieser berühmte Professor mein Nachbar, arbeitet in derselben Firma, in derselben Abteilung, nur er ist der wissenschaftliche Leiter und ich bin der kaufmännische Leiter dieser Abteilung.

Ist es nicht Wahnsinn? Ich, Robert Schmid, kaufmännischer Leiter in den USA! Zu Smith wurde ich erst mit der Umsiedlung in die USA. Die Einwanderungsbehörde hatte mich gefragt, für wen ich hier in den USA arbeiten werde und nachdem ich antwortete, dass ich Kaufmännischer Leiter bei der „Nano-Sync". In L.A. werde, war das alles kein Problem mehr. Ich hatte mich zu diesem Zeitpunkt schon gewundert, warum dies alles so einfach ging, habe aber nicht mehr weiter hinterfragt.

Die „Nano-Sync-Corporation" wurde erst 2006 von Herbert Weinberg und seinem Sohn John gegründet. Herbert Weinberg ist meiner Meinung nach bestimmt schon über 60 und ich glaube Jude, aber ich weis es leider nicht genau. Es ist in der Firma nicht bekannt woher er und sein Sohn kommen, woher Sie das Geld für die Gründung des Unternehmens hatten, etc.

John würde ich auf ungefähr 30 schätzen. Es ist sehr schwer den jungen Mann zu schätzen, da er von seinem Auftreten her sehr dominant, reif und autoritär wirkt, dennoch aber sehr jung aussieht.

Sie kennen doch diese Art dynamischer Jungunternehmer mit breitem und gutem Wissen, in Harvard ausgebildet zum MBA, aber mit Bubikopf. Also wirklich sehr schwer einzuschätzen. Sein Vater Herbert dagegen macht den Eindruck eines alten Griesgrams, ständig schlecht gelaunt, herumnörgelnd, allwissend, über alles schimpfend und ab und zu macht er die Mitarbeiter richtig zur Schnecke. Er kann wirklich ein totaler Choleriker sein bei dem niemand weis woran er ist. Jedenfalls kommt er mir persönlich auch nicht ganz koscher vor.

Ich habe über verschiedene Ecken gehört, dass er super Kontakte zum Pentagon und zum Geheimdienst hat und dass ihm diese auch alle finanziellen Mittel zur Verfügung stellen. Vielleicht liegt es gerade an diesen Verbindungen von Herbert Weinberg, dass ich meine Greencard so leicht bekam und so schnell meine Stelle als kaufmännischer Leiter bei der „Nano-Sync-Corporation" antreten konnte.

Das erste halbe Jahr war wirklich nicht leicht; die neue Mentalität, die neue Sprache, der verantwortungsvolle Posten in einem zukunftsorientierten Unternehmen mit absoluten Koryphäen in der Forschung und mich, mich dem ehemaligen Robert Schmid. Manchmal denke ich immer noch, dass ich träume, aber ich bin hier, hier in Kalifornien in St. Monica in meinem hellblauen Haus auf der Terrasse und es ist der 24. Dezember 2009.

Ich habe die halbjährige Probezeit überstanden und leiste mir jetzt das erste Mal Urlaub, seit ich mit meiner Familie hier bin. Bin ich froh! Stellen Sie sich mal vor ich hätte die Probezeit nicht überstanden. Meine Familie und ich wären wirklich am Arsch gewesen.

Mittlerweile ist unser Englisch richtig gut geworden; sogar Clara, unsere Kleine findet Gefallen an dieser Sprache. Sie hat mittlerweile schon ein paar Freundinnen und Ihre erste Liebe kennen gelernt. Er heißt Joshua, sie nennt Ihn kurz und liebevoll Josh; er ist bereits 5 und ist der Sohn von unserem Nachbarn George. Unglaublich der Alte. Hat er doch glatt in diesem Alter noch ein Kind gemacht.

Seine Frau Deborah ist mindestens 20 Jahre jünger als er; ich weis aber nicht genau wie alt sie ist. Susanne kennt Sie besser, da sie doch ab und zu mal miteinander quatschen. Typisch Frauen..

Susanne hatte am Anfang große Schwierigkeiten mit dem Englisch. Aber nachdem Sie mit Deborah über die Gott und die Welt spricht hatte sich Ihr Englisch in kurzer Zeit wesentlich verbessert.

Von Deborah weis ich persönlich noch gar nichts. Das ist mir ehrlich gesagt auch ziemlich egal! Unser Kindermädchen heißt Josie. Sie ist so eine dicke, liebenswerte schwarze Perle. Susanne hatte sie für Clara eingestellt. Bei der optischen Auswahl hat meine Frau darauf geachtet, dass sie keine Konkurrenz im eigenen Haus bekommt. Ist verständlich. Ich bin schließlich noch ein gut aussehender sportlicher Sonnyboy für mein Alter. Kalifornien ist richtig cool für uns und wir passen hier her. Josie kommt ursprünglich von den Bahamas, ist 46 Jahre alt und hat mit Sicherheit Ihre 120 Kilos. Gerade, dass sie sich noch bewegen kann. Manchmal denke ich, wie schafft Sie denn die ganze Arbeit mit Ihrer Masse? Sie ist ein lieber „Brummbär", der stets gut gelaunt ist und lächelt. Wir haben sehr viel Glück mit Ihr. Diese schwarze Perle....

Ohne sie hätte Susanne den Job bei WTC nicht annehmen können.

Susanne hat einen gut bezahlten 30 Stunden Job als Qualitätsmanagerin in der Datenverarbeitung. Normalerweise war es bisher bei WTC unmöglich, eine derartige Stelle für 30 Stunden pro Woche zu bekommen. Aber was ist schon unmöglich? Hat hier die „Nano-Sync-Corporation" mitgeholfen oder wer anderes? Ich weis es nicht und mir ist es im Moment auch egal. Susanne ist froh und Ihr macht der Job riesigen Spaß. Es ist eine Abwechslung und sie kommt sich nicht so nutzlos oder quasi nur als Hausfrau vor.

Die WTC steht für „Wireless Telecommunication Center" und ist auch erst seit 2006 auf dem Markt. WTC beschäftigt sich mit den neuesten Möglichkeiten der Datenübertragung mit Hilfe von neuen Satelliten und Frequenzverstärkern. Sie können bei WTC alle Arten von Schallwellen erzeugen, sei es von Alpha- bis Delta-Wellen, und das auf großflächiger Basis. Sie können jetzt bereits die ganze USA mit diesen Wellen berieseln und haben auch ein spezielles „Dreamlife-Project" ins Leben gerufen. Was es genau damit auf sich hat ist unbekannt. Susanne kann auch nichts darüber erzählen, weil sie absichtlich klein und unwissend in dieser Sache gehalten wird und nichts darüber weis. Schade, ich bin doch immer so neugierig und hätte das natürlich brennend gerne gewusst. Die Zeit wird schon noch kommen, dass ich mehr darüber herausfinden werde; ich werde Susanne öfters fragen; schließlich möchte ich wissen, was meine Frau macht und für wen Sie eigentlich arbeitet.

Es ist alles sehr ungewöhnlich und ich bekomme ein ungutes Gefühl im Magen. Ihr macht die Arbeit bei WTC Spaß und das ist die Hauptsache. Solange sie glücklich ist und das auch auf mich und unsere Tochter ausstrahlt, bin ich es auch.

Jetzt ist es mittlerweile 17.30 Uhr und Zeit für die Bescherung. Susanne und Clara sind mit dem Baum schmücken fertig. Das hatte insgesamt 3 Stunden gedauert. „Warum dauert das denn so lange?" hatte ich mich gefragt, aber als ich den Baum sehe wird mir alles klar. Es kann sich niemand vorstellen was an dem „Tännchen" alles hängt. Jetzt verstehe ich, dass die beiden 3 Stunden dafür gebraucht hatten. „Dass so ein kleines Bäumchen mit so vielen Sachen behängt werden kann, unglaublich". Unser erstes Weihnachten hier in Kalifornien verläuft sehr ruhig und unspektakulär. Wir feiern nur im engen Rahmen zu dritt, Susanne, Clara und ich. Unsere Deborah hat frei bekommen und ist für 14 Tage zu Ihrer Familie auf die Bahamas geflogen.

Es ist 18.00 Uhr und Zeit für die Bescherung. Wir sind alle gespannt was wir uns untereinander schenken. Susanne schenkt Clara ein Fahrrad mit Stützen und Clara freut sich so sehr, dass Sie es gleich auf der Terrasse ausprobiert. Wumm macht es, und sie liegt auf der Schnauze. Die Stützen waren nicht richtig festgeschraubt. Clara macht einen lauten Aufschrei und brüllt wie am Spieß. Es ist aber nur der Schreck und nichts passiert. Es dauert nicht lange und Clara ist wieder ruhig. Das geht bei Ihr zum Glück immer sehr schnell. Was bin ich froh, dass unsere Tochter so pflegeleicht ist. Von mir bekommt Clara ein „Miniatur-Golf-Set" für Kleinstkinder geschenkt. Sie kann damit noch wenig anfangen. Ich schaue in Susannes Augen und sehe richtig was Sie denkt, dass ich doch ein kleiner Spinner sei. Was will denn ein 3 jähriges Mädchen mit einer Kindergolfausrüstung. Golf beginnt man doch frühestens im Alter von 5 Jahren, oder?

Dieses erste Weihnachten steht voll unter dem Motto Golf. Meine Frau schenkt mir einen 10 Grad Driver von C-way. So einen hatte ich mir schon immer gewünscht, um den Abschlag so weit wie möglich zu schlagen. Und wissen Sie was ich Ihr schenke? Natürlich auch etwas, was mit Golf zu tun hat. Ein Eisenset 3-9 incl. Sandwich und Pitching Wedge.

Meine Frau und ich schwingen wieder einmal auf gleicher Wellenlänge. Warum sich dieses erste Weihnachten alles um Golf dreht liegt mit Sicherheit daran, dass sowohl die Mitarbeiter von „Nano-Sync" als auch die Mitarbeiter von WTC eine Sondergenehmigung für den Golfplatz „Taney-Valley" haben. Und dieser liegt nur 5 Gehminuten von unserem Haus entfernt. Wir können durch diese Sondergenehmigung kostenlos spielen, sooft wir wollen. Wenn Du Mitarbeiter von „Nano-Sync" oder WTC suchst, brauchst Du nur zum Taney-Valley kommen und Du wirst mit Sicherheit fündig. Das ist schon cool in Kalifornien. Was sich die Firmenbosse alles einfallen lassen um Ihre Mitarbeiter bei Laune zu halten und sie bestmöglich zu motivieren. So etwas war in Deutschland unvorstellbar. Susanne und ich schauen uns in die Augen, umarmen uns und küssen uns mit voller Hingabe. Clara steht dabei und sagt „ich auch küssen". Wir nehmen sie in die Arme und geben Ihr einen dicken Schmatzer auf die rechte und die linke Backe.

Mittlerweile haben wir 18.30 Uhr und es gibt das „Heilig-Abend-Essen". Traditionell gibt es bei uns Lachs mit Meerrettich-Sahne-Sauce. Clara isst Wiener Würstchen, weil sie keinen Lachs mag. Die Wiener Würstchen konnte ich heute noch im Supermarkt in Clarktown, ca. 3 Kilometer von unserem Haus entfernt, besorgen. Clara hätte einen Aufstand gemacht, wenn Sie den Lachs hätte essen müssen. Ich bin mir sicher, dass sie den Lachs nicht gegessen hätte. Danach hören wir noch das Christbaumläuten und singen ein paar Weihnachtslieder wie „Jingle Bells", „Oh Tannenbaum" oder „Stille Nacht". Es hört sich lausig an, wenn wir drei „Gesangstalente" singen.

Bei DSDS (= Deutschland sucht den Superstar) hätten wir wahrscheinlich keine Chance zu gewinnen. Um 20.00 Uhr bringen wir dann Clara in ihr Bett. Das ist immer eine Prozedur, die sich bestimmt über mehr als eine Stunde hinstreckt. Wir bringen Sie zuerst in Ihr Zimmer. Dieses ist wunderbar hell und freundlich eingerichtet. Sandgelbe Vorhänge mit kleinen Bärchen und Monden als Muster, Traumfänger in allen Ecken, die im Wind ganz angenehme beruhigende Geräusche erzeugen. Ihr Zimmer ist für ein Kinderzimmer schön groß, 16m². Sie hat sogar ein normales Singlebett, Maße 90x200 cm. Sie, das kleine Persönchen braucht ja auch so viel Platz....

Das liegt daran, dass sie meistens quer im Bett liegt. Manchmal ist Ihr Kopf sogar am Fußende. Das haben Sie bei ihren Kindern bestimmt auch schon feststellen können, dass sie die unmöglichsten Schlafpositionen einnehmen können, oder? Clara hat Angst vor Geistern. Deshalb haben wir bei uns im Zimmer noch eine Matratze ausgelegt, so dass sie immer in der Nacht zu uns kommen kann, wenn Sie Angst hat oder schlecht träumt. „Und wissen Sie, was Claras Lieblingsmärchen ist?" „Der Geist im Glas" von den Gebrüdern Grimm. Unglaublich oder? Jeden Abend müssen wir Ihr dieses Märchen vorlesen. Dann schläft sie ruhig und zufrieden ein. Diese Märchen hat wahrscheinlich etwas „Magisches" an sich und führt sie in eine bestimmte „Traumwelt".

Nachdem Clara in Ihrem Zimmer eingeschlafen ist telefonieren Susanne und ich nach Deutschland zu unseren Eltern und Schwiegereltern. Wir können so lange wir wollen umsonst telefonieren. Das liegt an der speziellen Satellitenschüssel, die Sabine von WTC bekommen hatte und die das Dach unseres Hauses ziert. Die Satellitenschüssel auf unserem Dach ist größer als diejenigen, die wir aus Deutschland kennen. Sie hat bestimmt einen Durchmesser von 5m. Unser Haus schaut dadurch fast aus wie eine Art Raumfahrtstation zur Sichtung anderer Planeten und zur Kontaktaufnahme mit Außerirdischen. „Ist schon ein bisschen strange..."

Fehlt nur noch das Riesenteleskop und wir könnten Kontakt zu den Außerirdischen aufnehmen und Ihnen sagen ……."hier sind wir, hallo".

Wenn man aber im Haus ist, sieht man die Schüssel nicht. Die Amerikaner sind ja manchmal für Ihren eigenartigen utopischen Geschmack bekannt. Also was soll es. Wir können umsonst telefonieren und sollten positiv denken anstatt unsere negativen Denkmuster aus Deutschland wieder hervorzukramen. Wir sind jetzt in den USA und hier heißt es „Think positive" und „Think big"; nicht „Think negative"!

25. Dezember 2009

Heute ist wieder strahlender Sonnenschein und wir gehen an den Strand. Es hat ca. 22 Grad in der Sonne. Hätte mir das einer vor zwei Jahren gesagt, dass ich in Kalifornien wohne und kaufmännischer Leiter bei einem trotz der weltweiten Finanzkrise extrem aufstrebenden, innovativen Unternehmen bin, dann hätte ich Ihn für verrückt erklärt. Ich hatte zwar in Deutschland Betriebswirtschaft studiert, mein Studium sogar zu Ende gebracht, aber dann eigentlich keine bemerkenswerte Jobs gehabt. Ich habe diversen Steuerberatern vorgearbeitet und Jahresabschlüsse gemacht, hatte aber null Führungsaufgaben. Auch wollte ich immer nur das Nötigste machen und einfach mal ein schönes Leben führen so nach dem Motto „Laissez-faire". Machen lassen ist doch besser als selber machen, oder? Aber „ohne Fleiß kein Preis". Schließlich hatte ich mich doch noch aufgerafft und mit Susanne gesprochen, ob wir denn nicht nach Kalifornien gehen und dort unseren Traum verwirklichen. Susanne liebt die Sonne und schönes warmes Klima. Ihre Antwort war, „wenn Du einen Job bekommst und das Geld ranschaffst, dann bin ich dabei". Sie hatte bestimmt nicht daran gedacht, dass ich mich wirklich in den USA bewerben würde. Aber es kam ja alles ganz anders...

„Der liebe Gott hat es wirklich gut mit mir gemeint", wenn ich sehe, wie schnell das jetzt alles ging.

Wir genießen heute den feinen Sandstrand und holen uns alle einen leichten Sonnenbrand. Ist kein Wunder. Wir sind die Sonne nicht so gewöhnt und hatten die Stärke einfach unterschätzt, obwohl es nur 22 Grad hat.

Clara schaut aus wie ein kleines rosa Ferkelchen, Susanne eher wie ein Feuermelder und ich habe die Indianerfarbe angenommen. Auf jeden Fall schmerzen der Rücken und die Schultern. Was ganz praktisch ist, ist, dass in unserem Garten sogar Aloe Vera Pflanzen wachsen. Wir schneiden Sie auf und verteilen deren Saft auf unseren verbrannten Stellen. Das tut richtig gut und kühlt. Haben Sie das schon mal ausprobiert? So echte Aloe-Vera Pflanzen? Das ist ganz anders als diese chemischen Après-Lotions. Zum Abendessen gibt es eine herrlich knusprige Ente mit Kartoffelknödel und Blaukraut. Das ist typisch traditionell bayerisch. Wir hatten uns zuerst überlegt, ob wir uns schon der amerikanischen Tradition anschließen wollen und einen gegrillten Truthahn essen. Aber das waren alles so „Monster-Dinger", die es in unserem Supermarkt in Clarktown gab. Der kleinste wog mehr als drei Kilo. Da hätten wir drei 5 Tage an diesem Truthahn hin essen müssen. Und das war uns doch ein bisschen zu eintönig. 5 Tage lang Truthahn, wer will das schon. Die Ente mit den Kartoffelknödeln und Blaukraut schmeckt mir persönlich doch wesentlich besser. Unserer Tochter Clara auch, nur bei Susanne bin ich mir nicht so ganz sicher, da Ihr die Soße der Ente ein bisschen zu fettig ist. Mir jedenfalls schmeckt es köstlich. Susanne hatte super gekocht. Die Haut schön braun und knusprig, die Soße kräftig braun und nicht so durchsichtig wässrig, wo die Fettaugen noch drin schwimmen, die Klöße handgroß und nicht gummiartig. Wirklich mein Kompliment an Susanne; hat sie super gemacht. Wir haben auch einen ganz besonderen Herd im Haus. Etwas ganz neumodisches, computergesteuertes, ganz in glänzendem Chrom. So einen wollte Susanne immer mal haben. Man braucht hier nur die Knöpfe z.B. „Ente resch" drücken, und die Ente bekommt diese knusprige Haut und diesen super Geschmack. Die Technik.....

Danach sehen wir fern bis 23.00 Uhr. Deutsche Programme natürlich. Mit der „Wunderschüssel" von WTC kein Problem. Wir können damit über 500 Programme weltweit empfangen, sogar die Chinesischen, obwohl China auf der anderen Seite der Erde liegt. Aber an den chinesischen Programmen bin ich persönlich nicht so interessiert. Mein Chinesisch lässt zu wünschen übrig. Scherz beiseite. Ich spreche natürlich kein chinesisch und die chinesischen Programme sind mir absolut egal und interessieren mich einen Scheiß.

6. Januar 2010

Heute kommt Josie wieder von den Bahamas zurück. Ich bin sehr froh, denn Clara ist so aufgedreht und kann einem wirklich manchmal den letzten Nerv rauben. Sie kennen das mit Sicherheit auch; wenn Sie Tag und Nacht nur fürs Kind da sein müssen kann das ziemlich anstrengend werden. Nichts gegen mein kleines Töchterchen. Ich liebe Sie über alles; aber dennoch bin ich froh, dass Josie heute wiederkommt. Ich denke, Susanne geht es genauso. Sie hatte sich ja noch mehr Zeit für Clara genommen als ich.

„Nano-Sync" stellt mir auch ein Firmenauto zur privaten Nutzung zur Verfügung. Einen „Chevy", Baujahr 2005, mit 200 PS und 3 Liter Hubraum. Er ist super geräumig, locker Platz für fünf Personen und riesigem Kofferraum. Leider ist es kein Kombi. Wir waren aus Deutschland immer einen Kombi gewöhnt, weil wir einen Kombi einfach praktischer finden. Speziell wenn wir etwas einladen wollen. Aber einem „geschenkten Gaul schaut man nicht ins ...". Sogar alle Kundendienste und Benzin werden uns von „Nano-Sync" erstattet. Da macht es nichts aus, dass die Kiste schon knappe 100 000 Meilen auf dem Buckel hatte. Für das läuft er grundsätzlich noch einwandfrei. Wir holen heute gemeinsam Josie vom Flughafen ab. Für Clara hatten wir extra Ihren sportlichen R-Kindersitz aus Deutschland mitgenommen. Den liebt sie über alles, weil man externe Audio-Quellen an diesen Sitz anschließen kann. Clara hört dann meistens Märchen, am liebsten natürlich „der Geist im Glas", oder Musik CDs. Tja Sie hören richtig. Clara liebt schon richtige Popmusik. Sie hat einen echt coolen Rhythmus drauf und geht mit der Musik voll mit. Wenn wir mal keine Musik oder kein Märchen dabei haben schläft sie im Auto ein. Viele kleine Kinder finden das Autofahren ja so beruhigend und schlafen schnell ein. Ich bin froh, dass Clara auch zu diesen Kindern gehört und während der Fahrt schläft und nicht „rumquengelt". Das kann einem ja ziemlich auf den Geist gehen und die Konzentration stören.

Der Flughafen ist eine gute Autostunde von unserem Haus entfernt. Normalerweise könnte Josie auch den örtlichen Bus nehmen. Er fährt jede halbe Stunde. Wir sind aber so froh, dass unsere schwarze Perle wieder kommt.

07. Januar 2010

Heute geht wieder der Ernst des Lebens los. Der Urlaub ist leider vorbei, dennoch freue ich mich, dass es wieder was zu tun gibt. Ich mache das gerne und stelle mich den Herausforderungen und finde das immer spannend. Susanne muss heute wieder bei WTC beginnen und ich bei „Nano-Sync". Irgendwie scheinen die beiden Firmen zusammen zu gehören, denn es war keine Schwierigkeit, dass Susanne genauso lange Urlaub bekam wie ich, und das, obwohl sie eigentlich noch in der Probezeit ist. Und dann natürlich noch der Golfplatz „Taney-Valley"....

Clara wird von Josie in den Kindergarten gebracht. Er ist ca. 6 Kilometer von unserem Haus entfernt im nördlichen Teil von Clarktown. Wir sind mehr südlich. Josie nimmt hierzu den örtlichen Bus um 07.30 Uhr, so dass Clara pünktlich ankommt. Der Kindergarten beginnt um 08.00 Uhr. Clara ist jetzt seit knapp 3 Monaten im Kindergarten und liebt es, mit den anderen Kindern zu spielen. Natürlich ist Josh dort auch im Kindergarten, deshalb konnte sie es wahrscheinlich kaum erwarten, dass der Kindergarten heute wieder beginnt. Josh nimmt immer einen Bus später und kommt dadurch regelmäßig mindestens 5 Minuten zu spät. Vielleicht ist er deswegen auch Clara sofort aufgefallen. Ferner ist er auch der Nachbarsjunge, was die Sache erleichtert. Susanne hatte schon Debatten mit Deborah, warum Josh einfach nicht pünktlich sein kann. Deborah ist meiner Einschätzung nach eine langweilige, vor sich hin träumende Trödlerin und das wirkt sich wahrscheinlich auch auf Josh aus.

Im Kindergarten sind sie regelmäßig angesäuert, weil Josh immer zu spät kommt, aber was wollen Sie machen, wenn die Mutter nicht in die Gänge kommt?

Clara findet den Kindergarten richtig cool, speziell den Namen. Er heißt CCC und steht für „Children-Club-Clarktown". Clara sagt immer, „das ist mein Kindergarten", der „Clara-Children-Club". Hier sieht man schon die Kreativität der Kleinkinder, wie schnell sie etwas uminterpretieren können „und das dann als Wahrheit annehmen". Wenn wir Ihr sagen, der Kindergarten heißt nicht „Clara-Children-Club" sondern „Children-Club-Clarktown";

wissen Sie, was Ihre Antwort ist? Ich bin im „Clara-Children-Club". Und wenn Susanne und ich nachfragen warum sie im „Clara-Children-Club" ist und der so heißt. Dann lautet die Antwort ganz einfach, „weil es so ist". Kennen Sie das auch? Dieses kleine Persönchen kommt mir manchmal unglaublich clever vor. Clara ist von der Entwicklung her sehr weit für Alter. Sie wird meistens auf Ende 4, Anfang 5 geschätzt, weil sie schon 104 cm groß ist und 17 Kilo wiegt. Sie ist so ein kleiner Brocken. Es gibt bei ihr im Kindergarten zum Glück für uns wesentlich dickere Kinder, so dass sie nicht gehänselt wird..

Susanne fährt heute mit dem Chevy zu WTC. Wir fahren immer getrennt, weil unsere Arbeitszeiten sehr unterschiedlich sind. „Nano-Sync" gestattet sogar Ehepartnern den Wagen zu benutzen. Susannes Arbeitsplatz von WTC ist mehr im südöstlichen L.A., meiner mehr im nördlichen Teil. Wenn man weis, wie groß L.A. ist kann man sich vorstellen, dass man von WTC zu „Nano-Sync" eine halbe Ewigkeit unterwegs ist; speziell noch bei dem täglichen Berufsverkehr in L.A.

Susanne beginnt um 08.00 Uhr und hört gegen 14.00 Uhr auf, manchmal später, manchmal früher, je nachdem wie hoch der Arbeitsanfall ist. Das „handelt" WTC sehr flexibel. Hauptsache die Produktivität stimmt. Es zählt nur die Leistung. Natürlich macht Susanne auch einige Überstunden, gerade jetzt zu Beginn, und sie braucht für gewisse Arbeiten doch noch ein bisschen länger wegen Ihrem mangelnden Englisch. Aber Sie fügt sich sehr gut ein. Sie schaut, dass Sie spätestens um 16.00 Uhr wieder zurück ist, denn Clara kommt kurze Zeit später aus dem Kindergarten zurück. Das ist sehr praktisch. Die Kindergärtner und -Gärtnerinnen kümmern sich ganztägig um die Kinder und mittags gibt es regelmäßig warmes Essen. Es gibt sogar eine Art Speisekarte, auf die die Eltern einwirken können. Drei Essen stehen täglich zur Auswahl und eines davon ist vegetarisch. Ich hätte nie gedacht, dass die Amerikaner so etwas machen, aber oh Wunder, der Kunde ist König. Überhaupt muss man sagen, das was hier den Kindern im Kindergarten geboten wird ist allererste Sahne, Abenteuerspielplatz, diverse Rutschen, Klettersteige und sogar Fahrgeschäfte wie am Rummelmarkt, ohne Extrakosten, Freibad, Hallenbad, Sportplatz, etc.. es ist fast wie in unseren Vergnügungsparks in Deutschland nur hier genießen das die Kinder schon im Kindergarten. Da verwundert es einen doch nicht, dass die Kinder so gerne hingehen, oder?

Auch die Kinderbetreuung ist absolute spitze. Für 10 Kinder sind zwei Betreuer oder Betreuerinnen zuständig, d.h. pro Betreuer nur 5 Kinder, optimal! Die Betreuer sind nach neuesten pädagogischen Gesichtspunkten der Kreativitätstechniken geschult und fördern die Kinder schon von kleinst an. Montessori oder Walldorf aus Deutschland ist hierzu im Vergleich schon total verstaubt. Montessori und Walldorf sind eigentlich mit das Beste, was man den Kindern in Deutschland antun kann, so wurde mir zumindest immer berichtet.

Ich kann nur sagen „Armes Deutschland", denn wie alt sind denn die Erziehungsmethoden und Ansichten von Walldorf und Montessori? Knapp hundert Jahre, oder.....? Eine gewisse Auffrischung und neue Ansichten würden hier der etwas verstaubten Grundordnung sicher gut zu Gesicht stehen. In Deutschland wird sich bestimmt irgendwann einmal etwas an dem Bildungssystem ändern, nachdem unsere Schüler so gut bei den Pisa Studien abschneiden. Soviel ich weis schneiden einige Entwicklungsländer besser ab als wir Deutschen.

Aber unsere Politik in Deutschland macht das schon....?

Wie gesagt, Susanne hat den Chevy genommen und fährt immer um 07.00 Uhr los, manchmal ein paar Minuten früher, manchmal später. Je nachdem ob sie morgens duscht, oder nicht. Gemeinsames Frühstück gibt es bei uns leider immer nur an den Wochenenden. Das ist aber nicht schlimm, zumindest nicht für Clara. Die Kinder haben im CCC schon um 09.00 Uhr erste Brotzeit. Um gemeinsam frühstücken zu können müssten wir quasi gegen 06.00 Uhr beginnen, da ich bereits um 06.30 losfahre, um pünktlich zur Arbeit zu kommen. Ich bin täglich mindestens 11/2 Stunden mit dem Auto unterwegs. Dazu nehme ich immer den Chevy und bilde mit George eine Fahrgemeinschaft. Er hat auch so einen Chevy; ein neueres Modell mit mehr PS und mehr Hubraum. George, obwohl er schon wirklich zur älteren Generation zählt, liebt die PS-Zahl und das schnelle fahren. Er hält sich nicht an Geschwindigkeitsbegrenzungen. Als Technik-Freak hat er sich natürlich auch einen „Radar-Warner" eingebaut. Das ist zwar illegal aber George ist das schnuppe. Wenn er mal mit 130 statt 60 Meilen erwischt wird, dann würde das bestimmt irgendjemand von „Nano-Sync" für Ihn regeln. „Nano-Sync kann das", sagt er. „Die haben überall ihre Verbindungen". Wenn ich bei George mitfahre brauche ich mir keine Angst zu machen zu spät zu kommen; ich habe manchmal höchstens Angst um meine Gesundheit. Zum Glück weis Susanne nicht wie er fährt, sonst müsste ich den örtlichen Bus nehmen. Wissen Sie, wie lange ich dann unterwegs wäre?

Knappe 3 Stunden, einfache Fahrzeit gerechnet. Ich könnte dann gleich mein Bett in meinem Büro bei „Nano-Sync" aufstellen.

Das Firmengebäude von „Nano-Sync" ist der Wahnsinn, knapp 400m hoch, 100 Stockwerke, 12 ultramoderne „high-speed-Lifte" und eine blau verspiegelte Glasfassade. „Future pur", kann man dazu nur sagen. Die Firmenwagen passen im Verhältnis zum Firmengebäude wie die Faust aufs Auge, eigentlich überhaupt nicht. Hier hat keiner an Corporate Identity gedacht, oder ist es Absicht, damit die Mitarbeiter nicht als „Großkotz" erscheinen. Die Mitarbeiter sollen einfach anonym wirken zum eigenen Schutz. Man will nicht auffallen, aber gewisse Stärke und Innovationsgeist trotzdem zeigen. Das Innere des Gebäudes ist ebenso futuristisch wie die „Außenhaut", überall blitzender Stahl und Chrom, weißes und schwarzes Leder im Wechsel, helle Marmorböden, Wasserfälle, jede Menge Grünpflanzen, sogar Palmen, die dieses futuristische Ambiente etwas auflockern. An der Eingangstür sind zwei Wächter in Uniform mit Waffen vom Sicherheitsdienst WSA (= Weinberg Security Agency), die kontrollieren, wer aus- und eingeht. Eigentlich absolut überflüssig, denn durch die zweite Eingangstür, die aus schusssicherem und einbruchsicherem nanoversiegeltem Ultraplexiglas besteht, kommt man nur mit einer speziellen Chipkarte, die die Eigenfrequenzschwingung des Mitarbeiters misst. Dieses Gerät wurde von WTC in Zusammenarbeit mit „Nano-Sync" entwickelt. Anhand dieses Geräts kann man sofort feststellen, ob der Mitarbeiter gut drauf ist, energiegeladen, oder ob er besser zu Hause bleiben sollte. Ist man in schlechter destruktiver Stimmung erscheint ein Ton und man wird sofort von der psychologischen Abteilung von „Nano-Sync" in Empfang genommen und ausgefragt. John Weinberg ist sehr stolz, dass sie das Gerät zusammen mit WTC entwickelt haben. John behauptet, dass dadurch ausgeschlossen wird, dass negative Schwingungen, negative Gedanken und schädliches Verhalten mit zur Arbeit genommen werden.

„Wer schlechter Stimmung ist und negative Gedanken hat, der kann nicht konstruktiv arbeiten!" so John Weinberg

Dieser Kernsatz ist auch in den Unternehmensleitlinien von „Nano-Sync" niedergeschrieben. Also, diese Art von Kontrolle finde ich schon einen Hammer. Aber laut John und seinem Vater Herbert gibt es nichts Aussagekräftigeres auf den Markt, als die persönliche Eigenschwingung. Diese kann man nicht verbergen. Das wäre, als wenn man einen Lügendetektor täuschen wollte. Die schusssichren Plexiglas-Scheiben wurden durch spezielle SIO2-Nanopartikel in Verbindung mit Carbonteilchen behandelt. Dadurch erhielt diese Plexiglas-Sicherheitsscheibe eine extrem stabile Oberflächenspannung, ferner kann Sie sich nicht statisch aufladen und die Dichte der Teilchen hat sich pro cm² gegenüber ursprünglichem Panzerglas verzehnfacht. Dieses spezielle Glas kann nicht einmal mit einer Bazooka zerstört werden. Ist das nicht der Wahnsinn, diese Technik. Das Gebäude schaut immer aus, „wie aus dem Ei gepellt". „Nano-Sync" verwendet z.B. für die Marmorböden eine eigens entwickelte „Nano-Flüssigkeit", so dass der Schmutz sofort absorbiert wird. Fußspuren oder Dreck können gar nicht mehr entstehen, selbst falls es im Winter mal Schnee geben sollte. Aber diese Wahrscheinlichkeit liegt in L.A. bei ca. 1:1 Mio. Die Edelstahl-Lifte und der ganze Chrom blenden einen wie frisch poliertes „Sterling-Silber". Man kann sich darin spiegeln und nachschauen, ob man auch gut gestylt ist, oder ob die Haare sitzen, wenn man ins Büro geht. Das ist schon praktisch. Man hat für diese Metalle eine spezielle Legierung verwendet, so dass keinerlei Fingerabdrücke mehr entstehen und die Metalle ständig glänzen. Ich habe mich schon immer gewundert, warum hier alles so sauber ist und man nie Reinigungskräfte sieht. Ursprünglich hatte ich relativ hohe Kosten für Reinigungspersonal für diesen ultramodernen Glas- und Stahlpalast in meinen Finanzplan einkalkuliert. Damit lag ich aber total falsch und wurde von den Weinbergs eines Besseren belehrt. John erklärt mir, dass durch die Verwendung der eigenentwickelten „Nano-Technologien" das Reinigungsaufkommen um mehr als 80% reduziert würde, ferner, dass die verbleibenden Reinigungsarbeiten durch die Reinigungskräfte 10 mal so schnell ausgeführt werden können, da der Schmutz nur leicht auf der Oberfläche haften bleibt, somit nicht in die Grundstruktur eindringt und dadurch quasi mit einem einfachen Wisch beseitigt werden kann. Und das alles ohne Chemikalien, ohne Säuberungsmittel. Auch die ganze Glasfassade ist mit einer speziellen SIO2 Lösung beschichtet. Durch diese Beschichtung haben diese riesigen, dunkel verspiegelten Glasflächen eine Art Selbstreinigungseffekt, so wie aus der Natur der Lotusblüteneffekt bekannt ist. Selbst die Aufzüge sind aus durchsichtigem Glas in Verbindung mit hochglänzendem Chrom und blitzen immer, wenn die Sonne darauf scheint.

Mein Büro ist im 78. Stock, also relativ weit oben, wenn man berechnet, dass das Gebäude 100 Stockwerke hat. Auf dem Dach ist eine Aussichtsplattform mit Sonnenterrasse und Restaurant. Diese ist aber nur den obersten Bossen mit einer speziellen Chipkarte zugängig. Ich glaube, so knapp 15 Leute haben diese Karte. Zwischen 90. und 99. Stock sind die strengstens bewachten und versiegelten Labors, wo die neuesten Forschungen gemacht werden. Ich kenne die Leute bisher nicht, die in diesen Labors arbeiten, bis auf meinen Nachbarn George. Diese Spezialisten werden abgeschirmt und niemand bekommt sie zu Gesicht. Selbst Chrissi, die Dame unten am Empfang und Ihre Vertretung Jessie kennen nicht die Namen der Leute, die in diesen Labors arbeiten. Sie tauchen auch bei mir im Finanzplan nicht auf. Ich finde das schon eigenartig......, aber besser ist es den Mund zu halten. Mein Job wird schließlich fürstlich honoriert. Ich erhalte ein Fixum von 20 000 US-Dollar mtl. und zusätzlich einen Aktienanteil an Vorzugsaktien. Das finde ich in den USA klasse. Hier ist die Großzahl der Mitarbeiter direkt am Unternehmenserfolg beteiligt und kann durch Firmenwachstum das Gehalt extrem erhöhen. So etwas ist in Deutschland ja leider kaum möglich, dass der Mitarbeiter am Unternehmenserfolg teilhaben kann. Schade....

Die „Nano-Sync-Aktien werden seit 2007 an der Nasdaq für neue Technologien gehandelt. Ausgabekurs war am 1.1. 2007 mit 1.13 US-Dollar; heute am 7. Januar 2009 ist der Kurs auf 3,78 gestiegen. Das ist mehr als eine Verdreifachung und das trotz weltweiter Finanzkrise! Ich bin schon überglücklich, dass ich hier arbeiten darf. Finanziell ist das nicht von schlechten Eltern. Alleine durch die Aktien der Firma habe ich zum Jahresende 2008 37800 US-Dollar extra bekommen.

Zwischen 85. und 90. Stock sitzen die ganzen Vorstände und Aufsichtsräte der Firma. Bisher bin sogar ich noch überfragt, wie viele Vorstände und Aufsichtsräte es gibt. Das liegt daran, dass „Nano-Sync" eine Art Holding-Struktur ist und das Organigramm absoluter Geheimhaltung unterliegt. Man möchte sich hier wirklich nicht in die Karten schauen lassen, von niemandem. Auf jeden Fall sehe ich immer in meinem Finanzplan, dass „Nano-Sync" immense liquide Mittel hat, eine 100% Eigenkapitalquote und einen Cash-Flow, von dem jedes Unternehmen nur träumen kann.

Der 80. bis 85. Stock ist reserviert für das Sicherheitspersonal. Wie vorhin erwähnt, Herbert Weinberg, der Gründer von „Nano-Sync" hat auch eine eigene Sicherheitsabteilung mit dem Namen WSA (=Weinberg Security Agency). Das sind top ausgebildete ehemalige Militärleute (teilweise Marines, teilweise von der SWAT, teilweise vom CIA, teilweise vom SRI ausgebildet in Remote Viewing, in Mind-Mapping; SRI = Stanford Research Institute); wirklich nur das Beste vom Besten. Es sind bestimmt an die 80 Leute.

Im 79. Stock ist ein riesiger Vortragssaal, ähnlich wie eine Art Aula einer Universität. Ferner findet man dort ein Restaurant, auf Seafood spezialisiert und gar nicht so teuer. Ich gehe dort mittags ab und zu mal etwas essen. Durchschnittspreis für einen gegrillten Fisch mit Pommes liegt bei 8 US-Dollar. Das geht so.

Manchmal geht mir der Lärm auf den Keks, speziell wenn dieses Restaurant im 79. Stock voll ist. Die Wände vom 78. zum 79. Stock wurden anscheinend noch nicht isoliert. Oft kann ich jedes Wort hören und fühle mich in meiner Konzentration sehr gestört. Ich als Zahlenhengst habe doch stets mit sehr diffizilen Fällen zu tun und muss absolut korrekt und genau arbeiten. „Scheiß Lärm!" brülle ich, wenn ich mich nicht konzentrieren kann und meine Wut und Verzweiflung raus lasse. Aber darum kümmert sich hier niemand. Insgesamt arbeiten ca. 4000 Leute hier im Gebäude in diversen Abteilungen. Wahnsinn! „Nano-Sync" wurde 2006 gegründet und mittlerweile arbeiten 4000 Leute hier. Das ist Wirtschaftswachstum und „Job-Beschaffung" pur. Hier ist es aber auch so, dass „Nano-Sync" vermutlich total mit der Regierung und dem Staat kooperiert und dass die Behörden die Arbeit eher unterstützen und fördern.

Als kaufmännischer Leiter muss ich sagen, dass wir, seitdem ich hier bin, noch keine Steuerprüfung hatten und keinen statistischen Kram ausfüllen mussten. Ich habe hier für ein 4000 Mann Unternehmen weniger bürokratischen Aufwand als in Deutschland für ein 1 Mann Unternehmen wie z.B. eine e.k.; geschweige denn bei einer GmbH; die hat dreimal soviel bürokratischen Aufwand als die „Nano-Sync-Corporation. Aus meinem Büro im 78. Stock hat man einen besseren Ausblick als vom Fernsehturm in München, zumindest wenn die Luft klar ist. Dies ist aber in L.A. vielleicht an einem von 10 Tagen der Fall, an den anderen 9 Tagen versumpft die Stadt im Smog und es kommt mir vor, als ob ich durch eine unscharfe Brille schauen würde; oder tiefster Nebel mitten im Sommer mit einer Sichtweite von 300m. Ich kann dann nicht mal die Autos und Fußgänger unten sehen, so stark ist die Luft verpestet. Manchmal stockt mir der Atem, aber ich bin zum Glück bei guter körperlicher Gesundheit für mein Alter. Einige Mitarbeiter haben wesentlich größere Probleme mit dem Atmen als ich, speziell wenn ich mir George anschaue. Der hustet und ringt nach Luft bei jeder kleinsten Anstrengung. Manchmal denke ich mir; „hoffentlich kriegt er keinen Herzinfarkt wenn ich bei ihm im Auto mitfahre".

Mein Büro ist super. 40m², schwarzer Leder-Chefsessel mit Wippfunktion und verstellbarer Automatik, Glasschreibtisch von 3,50m Breite, 19 Zoll Flachbildschirm und Computer mit 500 Gigabyte Festplatte, Sprachsteuerung, ferner das neueste PDA Modell, ein extra ultradünnes Laptop, natürlich auch versiegelt mit „Nano-Partikel", ferner habe ich einen 25 Zoll LCD Screen für Fernsehen und Videokonferenzen in meinem Büro. Auf meinem Schreibtisch habe ich 5-6 Ablagefächer aus Plexiglas. Außerdem habe ich je ein Bild von Susanne und Clara aufgestellt, frisch als wir Weihnachten am Strand waren. Es ist doch besser die Bilder anzuschauen und sich zu motivieren und an schöne Dinge zu denken als herumzubrüllen. Ich habe auch ein paar Pflanzen im Büro. Mein ganzer Stolz gilt der Juckapalme und meinem Geldbaum. Beide sind in den letzten 6 Monaten super gewachsen und gedeihen prächtig. Das liegt wahrscheinlich auch daran, dass mein Büro sehr freundlich und sehr hell ist. Die Pflanzen bekommen dadurch sehr viel Sonne ab und das tut Ihnen richtig gut. Das Gießen übernimmt meine Sekretärin Cynthia. Sie hat ein kleines Vorzimmerbüro, ca. 6m², sehr schlicht mit Computer, Telefon und Schreibtisch. Auch einen ganz einfachen, drehbaren, blauen Stoffsessel ohne Armlehne. Cynthia ist 35, 1,65m groß, ca.68 Kilo, ein bisschen pummelig, braunes mittellanges Haar, braune Brille Typ Kassengestell und trägt meistens Jeans und Turnschuhe. Auf Kleidung wird hier bei „Nano-Sync" kein großer Wert gelegt. Es ist nicht so, dass eine Sekretärin als Aushängeschild gilt, sie muss nur fleißig sein. Für die Vorstands- und Aufsichtsratssekretärinnen gilt selbstverständlich ein anderer, gepflegter Dresscode. Cynthia ist sehr introvertiert, Single glaube ich; sie spricht nicht viel, erledigt aber sehr zuverlässig Ihre Arbeit.

Es ist jetzt 09.40 Uhr. Heute war unglaublicher Stau, so dass George und ich erst um 09.00 Uhr im Büro ankamen. Eigentlicher Arbeitsbeginn ist 08.00 Uhr. Dann die ganzen Sicherheitskontrollen und Checks, die Begrüßungen. Cynthia hatte mir den Kaffee schon auf den Tisch gestellt. Der war jetzt natürlich nur noch lauwarm. Ich hatte nichts gefrühstückt, denn am frühen Morgen um 06.00 Uhr kann und will ich noch nichts essen. Mein Magen meldet sich dann mit einem lauten Knurren das erste Mal gegen 09.00 Uhr. Und jetzt haben wir 09.40 Uhr.

Heute habe ich viel zu tun. Ich muss den Finanzplan und die Budgets für die einzelnen Forschungsabteilungen aufstellen. Hier in Amerika ist man stets unter Zeit- und Ergebnisdruck, das ist völlig normal. Hauptsache Du schaffst Deine Arbeit und Dein Ergebnis, wie spielt dabei die geringste Rolle.

Es gibt insgesamt 5 „Business-Units", die sich mit der Erforschung der Nanotechnologie beschäftigen. Jedes Unit ist ein eigenes Profit- und Finanzcenter und hat einen eigenen ID-Code.

Business Unit 1 = Industrie, Code I

Business Unit 2 = Pharma, Medizin, Biotechnologie, anorganische Chemie, Code PMC

Business Unit 3 = Computer, Elektronik, Code CE

Business Unit 4 = Genforschung und Genmanipulation, Code GE

Business Unit 5 = Strategic Defense; Code SD

Beim überprüfen der Zahlen fällt mir auf, dass ein extrem hohes Budget jedem der einzelnen Bereiche zur Verfügung steht, insgesamt knapp 1 Mrd. US-Dollar/Jahr. Wahnsinn, für eine Firma, die gerade einmal im 4. Jahr ist. Was in den einzelnen Units so geforscht wird und so abläuft weis ich leider noch nicht; interessiert mich auch nicht. Ist sowieso besser, den Mund zu halten und einfach seine Arbeit zu machen.

Es ist jetzt fast 21.00 Uhr und ich habe meine Aufstellung und Zuteilung für die verschiedenen Business Units geschafft. Mal schauen ob George auch noch arbeitet, oder ob er mich vergessen hat. Das wäre natürlich blöd, denn mit dem örtlichen Bus wäre ich auch zu dieser Zeit noch gute zwei Stunden unterwegs. Ich bin so froh, dass Susanne so viel Verständnis für meine langen Arbeitszeiten aufbringt. Manchmal bin ich gezwungen lange zu arbeiten, speziell wenn Planzahlen anstehen. Dafür ist es dann den Rest der Woche ziemlich ruhig und ich kann pünktlich nach Hause gehen. Pünktlich bedeutet, dass ich gegen 17.00 oder 18.00 Uhr aus der Firma raus kann. Dumm ist, dass zu dieser Zeit dann in L.A. Rushhour ist und ich trotzdem erst zwischen 19.00 und 20.00 Uhr zu Hause ankomme. Aber ich werde ja gut bezahlt....

Ich frage bei Jessie unten am Empfang nach, ob George noch arbeitet. George ist ein richtiges Arbeitstier und er würde nie früher nach Hause gehen als ich. Manchmal hab ich das Gefühl, dass er seine Arbeit mehr liebt als seine Frau Deborah. Hier kann er sich voll ausleben und sein Genie entfalten. Das nötige Budget wird Ihm und seiner Forschungsgruppe schließlich zur Verfügung gestellt.

Ich fahre öfter mit dem örtlichen Bus, als ich ursprünglich eingeplant hatte. Speziell wenn ich pünktlich nach Hause will ist es unmöglich mit George zu fahren. Er ist grundsätzlich bis min. 21.00 Uhr in seinem Labor. Seine Frau Deborah macht Ihm deswegen oft die Hölle heiß, weil er immer so spät nach Hause geht. Ich weis nicht, ob Deborah mittlerweile einen Liebhaber hat? Wäre auch nicht verwunderswert. George ist frühestens gegen 23.00 Uhr zu Hause. Oft auch später, da er ein Alkoholproblem hat.

10. Februar 2010

Deborah hatte George heute Vormittag angerufen und Ihm mitgeteilt, dass sie im Moment die Schnauze von Ihm voll hat. George kam vor lauter Forschem seinen ehelichen Pflichten nicht mehr nach. So kam es, dass sich Deborah einen jüngeren Lover am Strand gesucht hatte. Ein typischer Bodybuilder-Typ mit langen dunklen Haaren, evtl. mexikanischer oder peruanischer Einschlag. Auf jeden Fall sehr südländisch. Der Typ war höchstens 30, hatte dafür aber ein Kreuz wie ein Schrank. „Der besorgt es Deborah bestimmt bis zur Erschöpfung ". Na ja, manchmal hört man ja von Bodybuildern ganz was anderes; oft sind die „Muckies" nur aufgeblasene Luft. Hier scheint der Fall anders. George war ziemlich verzweifelt und wenn er diese Stimmung hat, dann geht er in die dreckigsten Spelunken von L.A. und sauft Tequillia, speziell den braunen, bis er vom Hocker fällt. Und George verträgt einiges. So 20 bis 30 kleine braune kann er schon heben. George hat eine Stammkneipe in L.A., in der er gern gesehener Gast ist. Das „Sugarbabe". Ich war noch nie drin, denn Susanne würde mich zur Schnecke machen. Das Sugarbabe ist eine „Table-Dance-Bar" zweiter Klasse. Hier arbeiten die Girls, die woanders keinen Job bekommen, eine „Drecksspelunke" unterster Schublade.

Es ist 22.30 Uhr und George ist wirklich da. Ich bin das erste Mal und Sicherheit auch das einzige Mal hier und das nur wegen George. Jessie hatte mir Bescheid gegeben, dass George ziemlich am Ende sei und er bestimmt ins Sugarbabe gehen würde. Daraufhin bin ich natürlich losgefahren, weil ich mir große Sorgen um George mache. Ich rufe noch schnell Susanne mobil an und gebe Ihr Bescheid; nicht dass Susanne wegen so einer Sache auf falsche Gedanken kommt. Es ist besser die Wahrheit zu sagen, sonst könnte das sehr schnell zu Missverständnissen führen. Das möchte ich nicht riskieren, wozu auch? Ich gehe also das erste Mal in meinem Leben in diese Bar und es ist noch schäbiger, als ich mir ausmalen kann. Total verrauchte Luft, Sichtweite vergleichbar mit dickstem Londoner Nebel, knapp 10 Leute, alle so Typ Rocker mit Lederjacke, aber keiner jünger als 30, 2 zweitklassige Tabledancerinnen, die an der Stange ein paar mehr oder weniger akrobatische Verrenkungen durchführen und natürlich George ganz am Ende der Bar. Er hatte bestimmt schon 10 kurze Braune intus. Er war noch nicht stockbesoffen, aber lange wird es nicht mehr dauern. Jedenfalls war er sehr redselig und was er mir alles erzählte. Mir blieb förmlich die Spucke weg. Normalerweise spricht er nie über seine Forschungen, da dies alles top-secret ist, aber an diesem Abend hat er mir alles offenbart. Warum, weis ich bis heute noch nicht.

Was hier bei „Nano-Sync" gemacht wird ist für den normal menschlichen Verstand nicht begreifbar.

Im Business Unit 1, Code I werden u.a. alle Arten von Oberflächenbeschichtungen hergestellt, z.b. die wasser-, schmutz- und ölabweisenden Flüssigkeiten für Glas, Metalle, Textilien, Steine, Duschkabinen, Keramik, Beton, etc.

George erklärt, mir, dass das schon eine kleine Revolution ist und nennt mir Beispiele, die in den nächsten Jahren hier auf uns zukommen. Automobile, die Ihre Farbe je nach Sonneneinstrahlung verändern können; z.b. wenn das Klima extrem heiß ist, wie z.b. im August in Dubai; dann kann die Autofarbe alle hellen Töne annehmen, z.B. weiß, ockergelb, gelb, ecru, helles grau, etc.

Alles Farbtöne, die die Hitze abweisen. „Natürlich gibt es heute für jedes Auto auch Klimaanlagen", werden Sie einwerfen, aber Klimaanlagen erhöhen den Benzinverbrauch. Den Scheichen in Dubai ist das im Moment noch ziemlich egal. Die fahren noch alle mit ihren Range Rovers, Cayennes, Ferraris, Landcruisers, usw. um die Gegend. Es wird die Zeit kommen, wo auch die Scheiche auf den Spritkonsum und die Umwelt achten werden. Am Abend kann der Fahrer eine dunklere dezente Farbe wählen, vielleicht schwarz, anthrazit oder ein dunkles blau. Alles ist möglich. Stellen Sie sich nur mal vor. Die passende Autofarbe zum Anzug. Ist das nicht...? Die Autolacke werden selbstreinigend nach dem Lotusblüteneffekt werden. Die erste Stufe wird sein, dass man vor allem schmutzabweisende Autolacke auf den Markt bringt. Das ist ja noch nichts Revolutionäres. Die nächste Stufe der Autolacke wird sein, dass diese sich wieder selbst verbinden und zu einer geschlossenen Oberfläche zusammenfügen können. Das ist entscheidend bei Lackkratzern und Lackschäden. Autokratzer oder Lackschäden gehören in der Zukunft der Vergangenheit an. Die spezielle Nano-Matrix kann sich aufgrund Ihrer extrem hohen Energie immer wieder zu einem kompletten Gebilde zusammenfügen, obwohl die einzelnen Nano-Partikel eigentlich unabhängige Mikro- oder Makropartikel sind. Ob es sich dabei um Mikro- oder Makropartikel handelt werden Sie am Ende des Besuches am besten selbst entscheiden. Im Moment jedenfalls spricht der Mensch davon, dass es Mikropartikel sind, weil er noch keine kleineren Teilchen sehen kann. Denkt man als Forscher weiter, kann man natürlich jeden Mikropartikel unendlich zerkleinern und in weitere kleinere Einheiten zerlegen. Ist dies der Fall, würde es sich bei Nano-Partikel um Makropartikel handeln, die wiederum aus weiteren Kleinstpartikel bestehen. Das aber im Moment bitte nur zum Nachdenken....

Im Bereich der Autolacke: Je kleiner die Nano-Partikel sind, umso höher ist deren freifliesende Energie und umso höher deren Spin, oder deren Eigenschwingung. Dadurch können diese Partikel eine sehr starke Oberflächenspannung aufbauen und weil sie so klein sind, werden sie die größeren Partikel des Autolackes immer wieder verbinden, falls der Autolack einen Schaden nimmt. Ist das nicht phantastisch? Ich brauche in der Zukunft keine Angst mehr vor engen Parklücken zu haben. Die Autoscheiben werden im ersten Stepp so beschichtet, dass die Oberflächenspannung steigt und dass dadurch Scheibenwischer überflüssig werden. Die ersten Prototypen dieser Beschichtungen gibt es im Moment schon an jeder Ecke von Deutschland oder auch USA zu kaufen, jedoch befinden sich diese noch absolut im Anfangsstadium. Dennoch bieten diese Beschichtungen einen entscheidenden Nutzenvorteil. Die Sicht wird bei starkem Regen wesentlich verbessert, da die Wassertropfen sofort von der veränderten Windschutzscheibe abtropfen. Das ist ein großer Sicherheitsaspekt; sogar der ADAC in Deutschland ist begeistert davon. Der „Nano-Standard" wurde noch nicht einheitlich, geschweige denn überhaupt definiert. Wir stecken in Deutschland noch absolut in den Kinderschuhen, obwohl der Ursprung der Nano-Technologie eigentlich in Deutschland rund um Saar-brücken liegt. Das Problem liegt in diesem Land darin, wenn man schon einmal wirklich etwas Revolutionäres auf den Markt bringt, dann dauert es einfach viel zu lange, bis es sich durchsetzen kann. Oft spielt die Industrie nicht mit, dann haben wir hier natürlich unsere lieben Behörden, die so extrem schnell arbeiten und Patente usw. sehr erleichtern. Das hängt natürlich alles zusammen. In den USA und

Japan hat man uns leider schon wieder überholt. Auch die Chinesen sind im Umsetzen einfach zigmal schneller. Hier hilft der Staat, wenn er erkennt, dass er Profit machen kann.

Die Steinbeschichtungen, die „Nano-Sync" auf den Markt bringen wird, sind der Hammer. Spezielle Ausrüstungen für Häuserfassaden bewirken, dass diese Feuchtigkeit nicht mehr aufnehmen werden und sich vollsaugen wie ein Schwamm. Wussten Sie etwa, dass eine Häuserfassade bei starken Regen bis zu 400 Liter pro m² aufsaugt? Da ist Schimmelpilz doch vorprogrammiert, speziell da die alten Häuseranstriche nur sehr wenig atmungsaktiv sind.

Die neuen Nano-Beschichtungen sind sehr atmungsaktiv und vergleichbar einer Membranhaut mit kleinen Poren. Die einzelnen Nano-Partikel halten einen gewissen Abstand zueinander und sind verbunden durch ein elektromagnetisches Feld, das durch die Eigenschwingung dieser kleinen Partikel erzeugt wird. Dadurch entsteht diese „Nano-Matrix" und wirkt quasi wie ein zusammengehöriges Ganzes. Unser menschliches Auge kann das leider nicht erfassen, da sich dies alles in einem quasi unsichtbaren Bereich abspielt. Vielleicht ist es gut so, da das menschliche Bewusstsein ebenfalls erst mitwachsen muss.

Der nächste Stepp wird sein, dass auch diese Häuserfassaden mit einer Beschichtung versehen werden, die selbstreinigend ist. Können Sie sich vorstellen, wie viel weniger Schmutz in Großstädten dadurch entstehen wird? Nehmen Sie nur mal Weltstädte wie Paris oder Istanbul und schauen Sie sich die Häuserfassaden an. Bereits 4 oder 5 Monate nach einem Neubau schaut dieser aus, als wäre er schon 20 Jahre alt, soviel Dreck ziert die Fassade. Durch diese Art „unsichtbaren Schutz" erhöht sich natürlich auch die Lebenszeit einer Immobilie und jeder Eigenheimbesitzer erfährt eine immense Wertsteigerung.

Das Stadtbild wird in naher Zukunft viel sauberer sein. Die Dienstleistungsfirmen im Bereich Gebäudereinigung oder Facility-Management werden sich hier umstellen müssen. Falls zu Beginn noch Schmutz entsteht wird sich dieser viel leichter und schneller entfernen lassen, und das ohne chemische Reinigungsmittel. Was das alles für positive Auswirkungen haben kann, wird im Buch später beschrieben.

Bei allen Arten von Metallen sind Fingerabdrücke oder Fettfilme passé. Das gleiche gilt auch für Gläser, Keramik, usw. Die Verbrecher werden sich natürlich freuen. Keine Fingerabdrücke mehr auf den Tatwaffen oder am Tatort. Die Polizei wird sich aber darauf einstellen und auf neue Ermittlungsmethoden zurückgreifen.

George trinkt einen weiteren Braunen und gibt mir ein Getränk aus. Ich bestelle ein Mineralwasser mit Gas und werde dabei ziemlich blöd angeschaut, fast werde ich von dem Barkeeper, so ein „Vo-Ku-Hi-La-Typ" (heißt vorne kurze Haare, hinten lange Haare), dunkelhaarig mit Schnauzbart, bestimmt 1.90m groß, weißes Feinrippunterhemd und schwarzer Lederhose, kräftig, mindestens 120 Kilo schwer, richtig angemacht.

Ich kenne die Gepflogenheiten in solchen Lokalitäten nicht. George aber schon, zum Glück. Um Streit und eine Schlägerei zu vermeiden spendiert er einer Tänzerin, so ein Dolly Parton Typ, nur schon älter glaube ich, ein Glas Champagner. Das Glas Champagner zahlt George sofort. Als ich sehe, dass er dafür glatte 30 US-Dollar hinblättert haut es mich fast vom Stuhl. In dieser Spelunke 30 US-Dollar für ein Glas Champagner für diese Tussi.....; aber George bezahlt ja und so geht es mich nichts an. In George´s Gemütszustand ist das vielleicht verständlich. George bestellt gleich zwei doppelte Braune, damit er nicht so oft nachbestellen muss und fährt mit seinen Erzählungen fort.

Für Textilien haben Sie auch diverse Patente und Weiterentwicklungen. Es wird Stoffe geben, die im ersten Stepp wasser-, schmutz- und ölabweisend sein können, dann antibakteriell und bakteriostatisch und am Schluss sogar Diagnosen über das Wohlbefinden des menschlichen Körpers stellen können. „Business Unit 1" langweilt mich eigentlich, sagt George. Die Erfindungen, die wir hier machen kann jeder normale Mensch auch machen aber was in den Units 1-4 passiert, das ist etwas für Freaks.

Ich bin gespannt, was mir George jetzt alles erzählen wird. Man muss sich vorstellen, mir, den einfachen Robert Schmid aus Deutschland, erzählt dieses Genie, wie sich quasi die Welt verändert. Abgefahren...

Ich versuche so gut wie möglich zu zuhören. Ein paar Dinge werde ich mit Sicherheit nicht verstehen und die werden wahrscheinlich untergehen. Ich versuche Ihnen aber alles so gut wie möglich weiter zu geben, was George mir alles mitteilt. Die Höhepunkte im Unit 2 sind Nano-Sonden, die im menschlichen Körper herumreisen und Bakterien und Viren zerstören bzw. neutralisieren oder umprogrammieren werden. Die Nano-Sonden werden mit Wasser oder Alkohol als Trägerflüssigkeit intravenös in den Körper eingeführt. Im Moment ist es so, dass diese Sonden Informationen aus dem Körper mitnehmen und diese Informationen kann man mittels Tunnelrastermikroskop sehen, filmen und quasi entschlüsseln. Die Zeit der Mikrochips ist out, die Zeit der Nano-Chips ist gekommen. Es wird sogar an Nano-Sonden gearbeitet, die sich im Körper auf Knopfdruck von außen auflösen bzw. mit den Mikroorganismen im Körper verschmelzen, wird z.B. bei den Geheimdiensten eingesetzt werden, wenn man keine Spuren der Überwachung oder Beeinflussung finden will. Speziell wenn die Nano-Sonden bei Messung der Gehirnströme und deren Beeinflussung eingesetzt werden. Sie müssen sich bitte vorstellen, dass diese Nano-Sonden auch als Träger von Informationen verwendet und an jeden Ort des Körpers gebracht werden können und dann diesen beeinflussen.

Es wird Medikamente auf dem Markt geben, die wesentlich länger haltbar sind, die zellerneuernd wirken, die die Faltenbildung der Haut vorbeugen und die sogar verjüngend wirken. Sie hören richtig. Die durchschnittliche Lebenserwartung wird rapide nach oben steigen, wenn......

Im Bereich der Computer- und der Elektrotechnik wird es Nano-Chips und Nano-Tubes geben. Uhren werden Ihr Computer sein und können bereits in 5 Jahren als Universalgerät, z.B. Fernseher, MP3 Player, Handy, Computer verwendet werden. Die Speicherkapazität dieses Gerätes kann dann schon bei 300 Gigabyte sein. Durch die Kleinheit der Nano-Chips sind hier den Speicherkarten und Speicherkapazitäten keine Grenzen gesetzt. Auch die Geschwindigkeit der Prozessoren kann sich um ein vielfaches erhöhen, da Nano-Partikel ja freifliesende Energie sind. Je kleiner deren Masse, desto höher die Energie und desto schneller der Energiefluß. Das digitale Kabelfernsehen wird Nano-Tubes verwenden.

Ebenso das Internet wird über Nano-Tubes laufen und die Geschwindigkeit wird per Gigabytes/s übertragen. Der Bereich Telekommunikation wird dabei revolutioniert.

Jedoch wird auch eine neue Konkurrenz dafür entstehen. Dies werden Satellitenanlagen sein, die Schallfrequenzen in Informationen umwandeln können, wie eine Art Transmitter. So ist durch einen verschlüsselten Code sogar Gedankenübertragung für jedermann möglich. Remote Viewing und Telepathie werden kein Fremdwort mehr sein, sondern Alltäglichkeit. Die menschliche Kommunikation geschieht durch Schwingungen und auch die Kommunikation über Entfernungen ist ja noch im absoluten Anfangsstadium. Man muss nur betrachten wie lange gibt es schon das Telefon oder wie lange das Internet im Verhältnis zum Alter des Universums. Hier lassen sich so viele Fragen stellen, auf die wir später im Buch eingehen.

Im Business Unit 4 wird die DNS und DNA beeinflusst. Hier werden Kreuzungen für neue Lebewesen gemacht. Zuerst mit Pflanzen, dann mit Tieren und zuletzt mit dem Menschen. Die Umwelt, in der der Mensch lebt verändert sich immer mehr; der Mensch und sein Verhalten aber im Verhältnis zur Veränderung der Geschwindigkeit der Umwelt zu langsam. Dies könnte laut George zu einem Super-Gau führen. „Nano-Sync" will hier das Fortleben von Lebewesen auf der Erde sichern, auch wenn sich die Verhältnisse immer mehr ändern. Dinosaurier starben aus, weil sie sich an eine plötzliche Veränderung nicht anpassen konnten. Sie hatten nicht das Bewusstsein dazu. Das unterscheidet den Menschen vom Tier. Das Bewusstsein. Deswegen beugt hier „Nano-Sync" vor. Laut George ist das Bewusstsein der Menschen sehr unterschädlich ausgeprägt und es gibt seiner Ansicht nach noch viele Menschen, die überhaupt kein Bewusstsein entwickelt haben, obwohl sie es müssten. Wenn solche Menschen ohne jegliches Bewusstsein sterben sollten, ist es für George nichts anderes, als wenn man ein gegrilltes Hühnchen isst. Das Huhn hat in diesem Fall genauso viel Bewusstsein als dieser besagte Mensch. „Und ich esse immer noch gerne Hühnchen", sagt George.

Ich selbst denke ja immer positiv, aber bei diesem Vergleich stockt mir schon ein wenig der Atem. Aber irgendwie hat er Recht, auch wenn ich diesen Vergleich absurd finde. Er geht mir auf jeden Fall ganz schön an den Magen.

„Und nun zum Unit 5", sagt George. Strategic Defense, „diese Abteilung ist die Hauptabteilung fürs Pentagon und dient zum Schutz und zur Gefahrenabwehr der USA. Hier entwickeln wir neueste Waffen, seien es chemische, biologische oder einfach auch nur neue Transportmittel wie Lichtgeschwindigkeits-Bomber; Tarnkappenflugzeuge, die mit Hilfe von Frequenzverschiebungen unsichtbar werden können; Gehirnstrommessgeräte, Frequenzbeeinflusser und in Zusammenarbeit mit WTC das „Dream-Project". Hier geht es um außersinnliche bzw. innersinnliche Wahrnehmung, Zeitreisen, Out of Body Erfahrungen, Realitätsverschiebungen, Kontakte mit außerirdischen Lebensformen und die optimale Verständigung, Entwicklung von Dimensionstransfers von der 3. in die 4. Dimension mit Hilfe von Frequenzverschiebungen und die Weiterführung unserer Operation „Star-Gate".

Das war für mich jetzt doch ein bisschen viel. Ich bin ein Zahlenhengst und kein Visionär; Star-Gate kenne ich nur aus dem Fernsehen. Aber die Serie hat mir immer gut gefallen. George erklärt mir noch zuletzt, wie „Nano-Sync" eigentlich entstanden ist. Man holte die besten Spezialisten im Bereich Nanotechnologie, Medizin, Genetik, Computer- und Elektrotechnik, Biochemie, Physik und Astrophysik sowie paranormale Wissenschaften zusammen. Die Aufgabe zu Beginn war eigentlich der Schutz der USA vor dem Terrorismus und anderen Gefahren. In vielen Brainstormings hatte man aber erkannt, dass reichlich Potential und Entwicklungsmöglichkeiten vorhanden sind, um ein besseres Leben auf der Erde gewährleisten zu können. Die USA fühlen sich ja immer ein bisschen wie die großen Retter und Richter für alle; aber Ihre Absichten hier sind wirklich ethisch und moralisch voll vertretbar.

Die „Nano-Sync". Corporation blieb natürlich weltweit nicht lange geheim. Auch in Russland, Japan, China und Europa hat man fast zeitgleich derartige „Forschungsinstitutionen" eingerichtet. „Remote Viewer" und Sensitive haben Ihren Regierungen über „Nano-Sync" berichtet. Dieser Vorgang ist leicht verständlich, wenn man weis, dass es morphische bzw., elektromagnetische Schwingungsfelder im Universum gibt. Dazu aber später, wie das alles zusammenhängt.

George konnte noch erstaunlich gut erzählen, wenn man berechnet, was er mittlerweile alles intus hatte.

Jetzt winkt er doch glatt die andere blonde Tussi auch noch rüber und sagt „die ist für Dich". Ich antworte kurz und trocken „kein Bedarf, ich habe Susanne zu Hause". „Komm George, lass uns endlich abhauen". Es ist mittlerweile 02.30 Uhr. Susanne fragt sich bestimmt schon wann ich endlich komme. Langsam werde ich sauer auf George. Er muss immer so übertreiben. Er kennt keine Grenzen, aber das haben Genies anscheinend so an sich. Ich stehe einfach auf und gehe. Das hat gewirkt. George zahlt die Zeche. Ich hatte insgesamt 3 Mineralwasser mit Gas, er 16 braune, also 16 Tequillas mit Zimt und orange. Er gibt 100 US-Dollar und jeder dieser beider Puppen gibt er 50 US -Dollar. Als wir aus der Spelunke herausgehen überfällt George plötzlich Übelkeit. Zum Glück hatte er nicht zu Abend gegessen, so dass seine Kotze sehr flüssig war. Durch die frische Luft, die uns entgegen strömt, vielleicht so 10 Grad Celsius, wird George immer blasser und müder. Die „Braunen" in Verbindung mit der frischen Luft haben Ihn doch geschafft. Ich setze George kurz auf dem Bordstein ab, um das Auto zu suchen. Keine drei Minuten später war George an der Häuserrückwand anlehnend eingeschlafen. Ich finde sein Auto hinten links auf dem Parkplatz. Der Parkplatz, der zum Sugarbabe gehört ist ca. 100m² groß. In dieses Sugarbabe passen maximal 70 Leute. Heute waren zehn zuzüglich uns beiden da, incl. dieser 2 Amateurtänzerinnen, also insgesamt 14. Ich weis nicht, ob die beiden auch Nutten sind, ist mir aber auch egal. Ich hol die Autoschlüssel aus Georges Trenchcoat, eine Art „Columbo-Trenchcoat". Georges ist voll mit Kotze besudelt. „Wie das stinkt"..

Das ist so eklig und mir kommt fast alles hoch, gerade so noch, dass ich es unterdrücken kann. Ich hieve George auf meine Schultern; ziehe ihm aber vorher den bekotzten Trenchcoat aus, den ich den Kofferraum schmeiße. Klappe zu. Zum Glück ist George nicht auch noch mit den Füßen in seine Kotze gestiegen! Beifahrertüre auf und rein mit George. George ist nicht sehr schwer, 70 Kilo würde ich schätzen, nicht mehr. Das ist für mich

Sportler mit ca. 80 Kilo kein Gewicht. Angeschnallt wird George von mir nicht; dazu stinkt er mir einfach zu sehr. Ich versuche so wenig zu atmen wie möglich, damit mir der Kotzgeruch nicht ständig in die Nase steigt. Ich lasse seinen Chevy an und gebe diesmal genauso Gas wie George es macht, sogar noch mehr. Ich fahre wie in Trance. Vielleicht ist daran auch mein starker Ekel für diesen Gestank ausschlaggebend. Keine Polizei weit und breit. Wenn die George gesehen hätten, hätten sie uns gleich mit aufs Revier genommen und bestimmt ein paar Tage in die Ausnüchterungszelle gesteckt. Das geht hier in L.A. schneller als man denkt. Zum Glück konnte ich diese Bekanntschaft bisher vermeiden. Ich wäre in ziemlicher Erklärungsnot gegenüber Susanne.

Es ist ein paar Minuten nach 3 Uhr nachts und wir sind endlich bei Georges Haus angekommen. Ich habe ausprobiert, wie schnell sein Chevy geht. Er fährt doch glatt 160 Meilen. Die bin ich dann auch gefahren, fast nonstop. Wir hatten Glück, dass keine Polizei unterwegs war. Georges Haustürschlüssel hängt am gemeinsamen Schlüsselanhänger wie der Autoschlüssel. Ich sperre Georges Haus auf und lege Ihn in sein Schlafzimmer. Deborah ist nicht zu Hause. Vergnügt sich wahrscheinlich mit Ihrem „Vo-ku-Hi-La Typen. Georges Schlafzimmer ist im ersten Stock, genau wie bei uns. So brauche ich nicht so lange zu suchen. Ich habe Ihn ja noch auf der Schulter und das Gewicht drückt. Schnell lege ich George mit dem Rücken auf sein Bett, ziehe Ihm noch den Trenchcoat und die Schuhe aus und haue ab und gehe zu mir rüber.

Das war heute so ein Tag. Das mit George und diesen „Tussis" in der Bar, die Autofahrt, die Kotze und dann natürlich diese Geschichte über „Nano-Sync" Das muss ich erst mal alles verdauen. Ich schleiche mich ganz langsam rein ins Haus damit ich Susanne und Clara nicht aufwecke. Clara liegt natürlich schon auf der Matratze bei uns, obwohl sie bestimmt keine Angst hatte. Ich kann es aber verstehen. In der Nähe von Mama und Papa fühlt sie sich beschützter und geborgener, als wenn sie alleine schläft. Obwohl ich so leise wie möglich bin und wirklich keinen Lärm mache wird Susanne wach. Das ist manchmal wie Telepathie. Sie spürt einfach, wenn ich in Ihrer Nähe bin. „Du bist aber spät", sagt Sie zu mir. „Und wie Du stinkst".... komm wasche Dich zuerst einmal. Ich erzähle Susanne die Story von George und was er mir alles über „Nano-Sync" erzählt hatte. „Das ist ja ein heißes Eisen, glaubst Du, dass George noch alle Sinne beisammen hatte, als er Dir das erzählte?"

„Jedenfalls machte er mir noch einen ziemlich fitten Eindruck. Vielleicht ist nicht alles wahr, aber wenn nur ein Bruchteil davon stimmt, dann..."

„Das erinnert mich ja fast an den Film „Die Firma" von Krisham erwidert Susanne.

Tja was sollen wir machen. Wir können nur so tun, als ob wir von nichts wüssten und ganz normal unsere Arbeit weiter machen. Susanne bei WTC, ich bei „Nano-Sync"

Diese Nacht konnte ich kaum mehr schlafen. Susanne erging es genauso. Wir waren beide sehr aufgewühlt und unruhig und machten uns natürlich große Sorgen. Wir arbeiten quasi beide in den wichtigsten Unternehmen der USA, was die Zukunft betrifft, aber dass die Regierung hier die Hand mit im Spiel hat, hat doch einen beängstigenden Beigeschmack. Wir kennen das gelegentlich aus vielen Science-Fiction Filmen und dort passiert dann immer irgendetwas......

George sprach auch davon, dass es solche Institutionen mittlerweile in China, Japan, Russland und Europa, hier sogar in Deutschland gäbe. Das ist beängstigend. Bündelung von Macht und Wissen! Zuviel Macht..........?

Das sollte sich alles noch zeigen.

1. März 2010

„Mit der Welt stimmt etwas nicht", so lautet eine Aussage eines amerikanischen Nachrichtensprechers. Ständig neue Naturkatastrophen, im Moment versinkt Süddeutschland in einem nie da gewesenen Schneechaos. Die Schneetürme bilden sich meterhoch auf den Autos und auf den Hausdächern und bringen diese zum einstürzen. Autos werden durch die Schneemassen erdrückt.

Ich sitze hier auf der Terrasse meines Hauses und höre beängstigende Nachrichten. Der Nachrichtensprecher kriegt sich kaum ein, als er über die ganzen Katastrophen berichtet; Schneechaos in Europa mit 50 000 Toten, Tornados in Florida mit 20000 Toten, Erdbeben in der Türkei, Irak, Iran und Pakistan mit 120 000 Toten, neuer Ausbruch der Schweinepest in Europa mit 3000 Toten, Rinderwahn jetzt auch in Argentinien mit bereits 1300 infizierten Tieren, neuerlicher Ausbruch der Vogelgrippe und weltweite Verteilung bis mittlerweile nach Frankreich und den USA. Hier auch schon mehr als 100 000 Tote. Ist das nicht Wahnsinn. Diese Horrormeldung an nur einem Tag. Was kann hier alles dahinterstecken und was passiert mit der Welt im Moment. Bin ich froh, dass ich normalerweise nicht die Nachrichten höre, aber gerade heute hatte ich ausnahmsweise den Knopf angeschaltet. Würde ich jeden Tag diese Horrormeldungen hören würde ich denken, „stehen wir vor einem Weltuntergang?"

Zum Glück höre ich die Nachrichten so selten. Am besten ist, sie gar nicht mehr zu hören oder im Fernsehen anzuschauen. Immer alles nur negativ. Sogar in den USA lassen sich Horrormeldungen und negative Schlagzeilen besser verkaufen als positive. Und ich hatte mir immer gedacht, dass in den USA das Motto „Think positive" gilt. Aber auch hier denken immer mehr negativ. Nur ganz wenige sehen die Chancen und die unbegrenzten Möglichkeiten. Susanne und ich sollten auch die Chancen bei WTC und „Nano-Sync". sehen und nicht nur die Gefahren, sonst schaffen wir uns die Gefahren selbst im Sinne einer „Self-fullfilling-prophecy". Also mit den evtl. Gefahren gar nicht in Resonanz gehen, dann wird auch nichts passieren. Diese Nachrichtenmeldungen und auch das Wissen über „Nano-

Sync" und WTC beunruhigen mich trotzdem. Arbeiten Susanne und ich in einem bald explodierendem Pulverfass?

02. Januar 2011

Es hat sich wieder alles beruhigt. Die negativen Schlagzeilen gingen auch in den USA zurück. Ich muss dazu auch sagen, dass wir weder Nachrichten im Radio geschweige denn im Fernsehen verfolgen, damit wir uns nicht manipulieren lassen. Sollten wir etwas mitkriegen, dann nur durch Zufall oder durch das Geschwätz unserer Kollegen.

Heute ist eine große Feier in der Firma. Der erste „Nano-Sensor" für die Medizintechnik wird marktreif und in diversen Kliniken in L.A. und New York eingesetzt. Es wurden sehr viele Versuche gemacht und nichts war passiert. Zufälligerweise sind sie auch in China, Japan, Russland und Europa schon so weit mit Ihren Versuchen fortgeschritten, dass diese Länder das gleiche machen können. Plötzlich sind dort auch die „Nano-Sonden" marktreif. Ist das ein Zufall? Solche Zufälle kann es eigentlich nicht geben. Mittlerweile wird die Nano-Technologie immer mehr eingesetzt. Wie von George beschrieben und erzählt war es keine Utopie, was „Nano-Sync". alles in Entwicklung hatte. Zu jener Zeit waren es oft nur Prototypen; aber aus diesen Prototypen wurden mittlerweile marktreife Produkte. Das gleiche geschieht in den anderen großen Industrieländern. Das Nano-Zeitalter hat wirklich begonnen. Die Börsenkurse von Firmen mit Nano-Technologien brechen alle Rekorde. „Nano-Sync" wird sogar an der Wallstreet gehandelt. Die Kurse sind bei 13 US-Dollar und Susanne und ich verdienen sehr viel Geld bei WTC und „Nano-Sync".

Auch die „Nano-Institutionen" in Russland, China, Japan und Europa verdienen sich dumm und dämlich. Mittlerweile sind Indien und die Vereinigten Arabischen Emirate auch schon in die Nanotechnologie eingestiegen und haben Ihre ersten Forschungen gemacht. Die Inder speziell in der Nano-Chip-Industrie und der Textilindustrie.

Ich bin neugierig wie das weiter geht.

Jede dieser Institutionen brüstet sich immer mehr mit neuesten Innovationen. Es ist, als ob diese führenden Industrieländer sich gegenseitig hoch puschen und in einer Art Wettbewerb untereinander stehen. Hoffentlich gehen sie mit Ihrer Macht und Ihren Forschungen nicht zu weit. Hoffentlich können die menschlichen Gehirne und das Bewusstsein mit der rasanten Entwicklung der Technik Schritt halten! Was sich innerhalb von zwei Jahren alles verändert hat. Es scheint so, als ob sich die Zeit immer schneller drehen würde. Die Entwicklung ist so rasant, dass einem angst und bange werden kann. Die USA und Japan stehen in ständigem Wettrennen, wer denn nun den leistungsfähigsten Computer habe. Eine Sensationsmeldung jagt die nächste. Die USA konnten mittels dieses Computers exakt die Wahrscheinlichkeit der immer häufiger auftretenden Tornados und Erdbeben genau berechnen. Sogar die Auswirkungen und die geschätzte Todeszahl. Die Japaner haben mit Ihrem Supercomputer sogar noch einen daraufgesetzt. Mittels spezieller Nano-Sonden im All, die ähnlich wie die Satelliten wirken, können Sie eine Matrix um die Erde spannen und dadurch genau das Klima simulieren. Ein spezieller Satellit im All dient hierfür als zentrale Kontaktstelle. Auf diesem Satelliten sind Teleskope angebracht, die die Erde in messbare und überprüfbare Quadranten einteilt.

3. September 2014

Es ist Sonntag, 13.00 Uhr. Wir haben gerade zu Mittag gegessen, Spaghetti Bolognese mit frischem Parmesan, Susannes Spezialität, immer mit richtig viel Soße, so dass sie nicht zu trocken sind. Bei unserem Italiener in Clarktown sind die Spaghetti immer so trocken, viel zu wenig Soße. Auch in Deutschland waren die Spaghetti bei den Italienern meistens mit zu wenig Soße. Unserer Tochter Clara schmecken Susannes Spaghetti so auch wesentlich besser. Clara wächst langsam zum kleinen Teenie heran. Na ja, sie ist jetzt acht und schon knapp 1,40m groß. In Ihrer Klasse ist sie einer der größten und auch der hübschesten. Geschmack ist zwar subjektiv, aber wenn ich sie mir so ansehe dann denke ich mir, „die hat es schon faustdick hinter den Ohren und wird den Jungs so manches Rätsel aufgeben".

Wir gehen heute alle drei zusammen an den Strand. Clara hatte so ein „knee-board" zum 7. Geburtstag bekommen. Ein „knee-board" ist ein kleineres Surf-Brett, auf das sich die Kinder legen und dann die Wellen genießen. Clara liebt das Surfen mit dem „knee-board". Sie ist eine richtige Wasserratte. „Hey Dad, schau mal wie gut ich das kann". Sie legt sich auf das Brett und wartet bis eine größere Welle kommt. Clara ist nur ca. 30m vom Strand entfernt; auf einmal bekomme ich panische Angst, da in ca. 200m Entfernung vier Haiflossen aus dem Wasser ragen die mit sich mit rasender Geschwindigkeit dem „knee-board" von Clara nähern. Die Haie kommen näher und näher und sind schon fast unter Ihrem Bord. Gerade noch rechtzeitig kann ich Clara aus dem Wasser Ziehen. Nichts passiert! Wir sind gerade noch einmal mit dem Schrecken davon gekommen. Die Angst schüttelt mich noch richtig und durchfährt mich bis ins letzte Glied. Clara steht unter Schock und ist stocksteif.

Normalerweise kommen Haie zu dieser Jahreszeit hier nicht vor. und jetzt auch noch zu viert und fast richtig organisiert. Was ist hier los? Wir fahren sofort zum Sheriff und Bürgermeister von Clarktown und erzählen was sich ereignet hatte; uns wird aber keinerlei Beachtung geschenkt. Man teilt uns mit, dass es zu dieser Jahreszeit keine Haie hier gäbe; und vier Haie wären absoluter Nonsens. Das müssten wir uns eingebildet haben oder wahrscheinlich waren es ganz andere Fische, aber niemals Haie. Das gibt es doch nicht!

Wir hatten mit dem Bürgermeister und dem Sheriff hier noch nichts zu tun, so dass er uns auch nicht kannte. Vielleicht denkt er, dass wir „Deutsche" gar nicht wissen, wie Haie wirklich ausschauen. Kann ja alles sein. Ziemlich verärgert fahren Susanne, Clara und ich wieder zu unserem Haus zurück. Das mit dem Meer hat sich für heute erledigt. Claras „Schock-Zustand" hat inzwischen wieder nachgelassen. Sie ist sehr pflegeleicht und nimmt so etwas noch nicht zu ernst. Die Antwort die sie mir gibt ist „haben wir ein bisschen Glück gehabt, gut, dass wir so schnell waren, oder...".

Auf diesen Schreck ruhe ich mich zuerst einmal aus. Drehe den Knopf des Radios an und höre u.a. folgende Nachrichten.

„Sensation in China!" Im Yang-Tse haben die Chinesen verschiedene Fische mit zwei Rückenflossen und diversen Mutationen gefangen. Bisher kann sich niemand erklären, wie die Mutationen zustande kamen. Fast zeitgleich haben in Deutschland Hechte und Karpfen im Rudel Schwäne angegriffen. Ob das irgendwie einen Zusammenhang hat? In Australien wird von ständigen Haiattacken berichtet und dass in der letzten Woche 122 Haiangriffe zu verzeichnen waren, mehr als sonst in einem ganzen Jahr. Sogar im Mittelmeer in Italien und Spanien wurden insgesamt 12 Haiattacken registriert.

In Dubai wurden 5 Feriengäste des berühmten Hotels Burh-Kemal von Haien zerfleischt. Irgendetwas stimmt nicht.

10. November 2014

Neue Schreckensnachrichten: In Indien sterben mehr als 100 000 Menschen an Trinkwasservergiftung. Eine neue Art von Virus wird durch das Trinkwasser übertragen, der die roten Blutkörperchen zerstört. Dieser Virus ist 3-mal aggressiver und tödlicher als der Ebola Virus in Afrika. Langsam bricht in Indien eine schreckliche Panik aus.

Die USA, die Japaner, Chinesen Deutschen und Russen schicken Forscher und diverse Ärzteteams in die betroffene Region rund um Bombay und stellen Bombay unter Quarantäne und regeln es hermetisch ab.

In Bombay ist der Sitz von „Nano-Cel", der führenden Kooperation von diversen Nano-Technologiefirmen in Indien. Es ist ein Konglomerat an Firmen, die die Computertechnologie, die Medizin- und Pharmaindustrie und vor allem die dortige Textilindustrie mit Nano-Technologien und –Produkten versorgt und beliefert.

„Nano-Cel" war aus einer genialen Idee entstanden. Da Indien im Bereich der Computer- und Chipindustrie ab 2003 immer schneller wuchs, immer mehr investierte und zu einem zweiten Silicon-Valley heranwuchs blieb natürlich nicht aus, dass die alten Computer, Mikrochips, Platinen, Modems, etc., entsorgt werden mussten. Und genau diese Idee hatte Mehjed Singh, der Gründer von „Nan-Cel". Er recycelte alte Computer und nahm dafür hohe Gebühren der dort ansässigen Computerfirmen. Um diese Kosten zu minimieren leiteten die Arbeiter von Mehjed Singh die Abwässer einfach in die nahestehenden Flüsse, ohne zu wissen, wie hochgiftig eigentlich gewisse Computerbauteile, speziell die Platinen sein können. Umweltschutz war gänzlich unbekannt und an die evtl. Folgen hatte hier natürlich niemand gedacht.

In der Metro ist es brechend voll; und wir als Traube von knapp 20 Mann verstopfen den Innenraum noch mehr. Wenn man sich vorstellt, dass im Freien im Moment 5 Grad minus sind und hier in der überfüllten Metro bestimmt gefühlte 30 Grad plus, alle Leute dick vermummt und warm gekleidet, dann ist es doch kein Wunder dass die Krankheitsquote in der Arbeit, speziell im Winter so hoch ist. Ist hier nur einer krank, dann kann er gleich zig Leute anstecken. Mir wird im Moment immer klarer, warum ich U-Bahn fahren hasse; hätte ich noch Klaustrophobie, dann wäre ich sofort wieder ausgestiegen. Nach endlos bedrückenden 15 Minuten steigen wir aus. Wir sind aber nicht die einzigen. Unglaublich, welche Menschenmassen sich zur Rolltreppe hin bewegen. Ich höre Hugo, unseren Schweizer rufen, „alle zusammenbleiben, zusammenbleiben". Und damit hat er absolut recht. Wir hatten keinen Treffpunkt ausgemacht und falls wir uns hier verlieren, dann…………..

30. November 2014

Mittlerweile ist die Anzahl der Toten auf über 2 Mio. angestiegen. Bombay gleicht einer Geisterstadt. Die Industrie steht still. Panik und Plünderungen sind an der Tagesordnung. Militärs aus den führenden Industrienationen sind angerückt und sorgen für die notwendige Sicher- und Abgeschiedenheit. Die Ärzte haben die ersten Leichen untersucht und dabei festgestellt, dass ein erhöhter Energiewert im Blut diese roten Blutkörperchen zum Platzen bringt. Es ist, als ob sich die roten Blutkörperchen immer schneller um die eigene Achse drehen aufgrund extrem hoher Energie, bis sie platzen. So ein Phänomen ist den Ärzten absolut unbekannt. Bei der Untersuchung des Trinkwassers finden die Forscher, u.a. Biochemiker und Biologen heraus, dass das Wasser eine ungewöhnlich hohe Oberflächenspannung hat, dass das Wasser bretthart ist, neue Verbindungen eingegangen ist und fast nicht mehr fließt. Sogar eine verstärkte Radioaktivität wird festgestellt. Dieses Trinkwasser ist so verseucht, dass es mit ursprünglichem Wasser nichts mehr zu tun hat. In den umliegenden Flüssen hat der Sauerstoffgehalt des Wassers um mehr als 50% abgenommen, so dass nahezu keine Fische mehr leben. Was man finden konnte waren verstümmelte und mutierte Fische mit verkrümmten Schwänzen, oder zwei Schwanzflossen.

2. Dezember 2014

Diverse Befragungen und Untersuchungen haben ergeben, dass die „Nano-Cel" und die umliegenden Industriefirmen, speziell die Textilfirmen, Ihre verschmutzten Abwässer in die naheliegenden Flüsse ausgeleitet hatten. In Indien setzt jede zweite Textilfirma verstärkt auf die Nano-Technologie, weil die Stoffe und Kleidungsstücke dadurch verschiedene Zusatznutzen wie schmutzabweisend, wasserabweisend, ölabweisend, antistatisch, permanent waschbar, langlebiger, etc. bekommen und sogar als intelligente Textilien, sogenannte „Smart-Clothes" verkauft werden. Natürlich können die Textilfirmen derartige „Smart-Clothes teurer und mit mehr Profit verkaufen als die ursprünglichen Baumwoll- oder Polyesterprodukte. Die Marketingmaschinen in Amerika und Europa haben hierzu auch verstärkt beige tragen. Robert Lorry, Biochemiker an der Oxford Universität in London fand bei seinen Untersuchungen heraus, dass die Nano-Partikel, falls Sie ins Wasser eingeleitet werden, in Verbindung mit gewisser Hitze, Gasen aus vermodertem Schlamm, Sauerstoff und Kohlenstoff eine Art Eigenleben, höhere Energie, und es hört sich vielleicht unglaublich an, eine Art Intelligenz entwickeln und unter solchen Umständen nicht vorhersehbare Mutationen und Verbindungen eingehen. Genau diese Eigenschaften haben wir hier in Indien, Hitze, erhöhtes Kohlenmonoxid, vermoderter Schlamm in Verbindung mit Sauerstoff.

Haben die Inder hier diese Katastrophe durch Ihr unwissendes Verhalten selbst verursacht? Sind Sie hier mit der Beseitigung Ihrer Abwässer zu weit gegangen und haben Sie eine neue Art Supervirus geschaffen? Robert Lorry gibt dem Virus den Namen NBD was soviel heißt wie „Nano-Blood-Desease" .

Indien ist im Jahr 2014 nach USA und China die drittgrößte Industrienation mit dem momentan schnellsten Wirtschaftswachstum weltweit, jährlich 22%. Dies verdankt Indien vor allem seiner Vorherrschaft in der Computer- und Softwareindustrie. Es wurden neue Arten von Betriebssystemen und leistungsfähigere Computer entwickelt als in den USA, Taiwan und China. Mr. Chip aus den USA, der mit seinen Betriebssystemen bis 2011 den Weltmarkt beherrscht hatte, hatte die richtige Intuition, indem er fast sein ganzes Vermögen von 40Mrd. US-Dollar in Indien in Joint-Ventures investierte und bei den marktführenden Firmen wie „Cyberdime", „N-Robots", „N-Dream" und „N-Soft" 51% Anteilseigner wurde. Er konnte dadurch sein Vermögen in nur knapp 2 Jahren verdoppeln. Den richtigen Riecher muss man haben und es geht anscheinend alles von selbst!

Haupteinnahmequellen sind jetzt die neuentwickelten Nano-Roboter. Das sind kleinste komplexe Metallteilchen im Bereich von 3 Nanometern, die vor allem die Medizintechnik revolutioniert haben. Sie sind vergleichbar einer Art Trägersonde und können mit Energie und Information programmiert werden. Ferner dienen sie als eine Art Mini-Super-Kamera und können gestochen scharfe Aufnahmen aus dem Inneren des Körpers liefern. „N-Robots" ist hier der absolute Marktführer. Sie haben mit „Das Sing" das weltweit größte Genie in diesem Bereich in ihren Reihen. Er hatte auch 2011 das Bestsellerbuch „Die Nano-Robotik, die Veränderung der Welt und die Unsterblichkeit", geschrieben. Seiner Meinung nach können Nano-Robots jede kranke Zelle heilen, jeden Virus unschädlich machen und die positiven Abwehrkräfte verstärken. Nebenwirkungen der Patienten, falls ein Nano-Robot im Körper eingesetzt wird, sind bisher nicht bekannt. Zur Bekämpfung des Virus NBD wird jetzt der neueste Prototyp von N-Robots eingesetzt. Er soll den Virus genau analysieren und diesen auswerten. Dann wird er mit der passenden Information programmiert, um ihn zu zerstören. „N-Robot" war aus einer genialen Idee entstanden. Da Indien im Bereich der Computer- und Chipindustrie ab 2003 immer schneller wuchs, immer mehr investierte und zu einem zweiten Silicon-Valley heranwuchs blieb natürlich nicht aus, dass die alten Computer, Mikrochips, Platinen, Modems, etc., entsorgt werden mussten. Und genau diese Idee hatten Das Singh, der Gründer von „N-Robot" und Mejid Sing. Sie recycelten alte Computer, nahmen sie auseinander, nahmen dafür hohe Gebühren der dort ansässigen Computerfirmen und mit einigen Bauteilen experimentierte Das Sing. Um die Kosten für das Recycling zu minimieren leiteten die Arbeiter die Abwässer einfach in die nahestehenden Flüsse, ohne zu wissen, wie hochgiftig eigentlich gewisse Computerbauteile, speziell die Platinen sein können. Umweltschutz kannte hier niemand und an die evtl. Folgen hatte hier natürlich niemand gedacht.

03. März 2015

Die Welt kann aufatmen! Die Nano-Robots von Das Sing konnten die Epidemie in Indien eindämmen. Jedoch werden insgesamt 130 Mio. Tote verzeichnet. Die größte Tragödie, die die Menschheit bisher kannte. Die Population in Indien liegt jetzt nur noch bei 700 Mio. Menschen. Was aber fast keiner bemerkte, sind die Nachwirkungen von NBD in Indien. Die Trinkwasservorräte sind bis aufs letzte ausgereizt. Pro Person stehen in Indien pro Tag nur noch 1 Liter Wasser zur Verfügung. Das restliche Wasser ist durch den sehr hohen Wasserhärtegrad unbrauchbar geworden. Man kann es weder zum Kochen, noch zum Duschen oder Waschen, geschweige denn als Trinkwasser verwenden. Die Textilindustrie in Indien kommt aufgrund des hohen Bedarfes zum erliegen und zum vollständigen Stillstand. Knapp 100 Mio. Menschen verlieren dadurch ihre Arbeit und Ihren Lebensmut. Indien, das im Jahr 2014 nach China der weltweit größte Textilexporteur ist, muss eine seiner Hauptdomänen schließen. Weitere Untersuchungen des Grundwassers in Indien haben ergeben, dass die Nano-Partikel im Wasser neue Wasserkristalle von immenser Härte, fast so hart wie Diamanten, entstehen lassen. Es ist so, als ob sich Energie zu einer Art künstlichen Masse verdichtet, und das bewusst und immer schneller.

Was geschieht hier?

02. April 2015

Heute erreichen uns die ersten Horrormeldungen aus Dubai und den Vereinigten Arabischen Emiraten. Dort wurde die Nano-Technologie seit 2009 speziell zur Oberflächenbeschichtung der Immobilien und der Automobile eingesetzt, um diese langlebiger zu machen und vor Schmutz zu schützen. Die Scheichs waren sehr gründlich und haben alle Automobile, Häuser, Hotels, Supermarktketten, Krankenhäuser, auch die Zimmer mit den Duschen, Fußböden, Waschbecken, Glasfassaden mit der Nano-Technologie beschichtet. Was war passiert? Nach knapp fünf Jahren haben sich die Nano-Partikel aufgrund der hohen Sonneneinstrahlung, der Hitze, des harten Gesteins und diverser Sandstürme gelöst und schwirren in der Luft. Der Sauerstoffgehalt in Dubai ist von 20% 2008 auf unter 9% 2015 gesunken, Tendenz sehr schnell fallend. Wenn man bedenkt, dass der Mensch mindestens einen Sauerstoffgehalt von 6% zum Leben braucht ist die Lage sehr kritisch. Man kann davon ausgehen, wenn man nicht schnellstens eine Lösung findet, dass Dubai und die Vereinigten Arabischen Emirate spätestens 2017 tote Länder sind. Menschliches Leben wäre dann unmöglich. Die Luft sticht im Hals, speziell wenn es 40 Grad Hitze hat; und dies kommt sehr oft in Dubai vor. Die Scheichs verhängen an diesen Tagen striktes Ausgangsverbot, da man nicht weis, wie aggressiv diese Nano-Partikel sind und ob sie evtl. die Menschen befallen und in die Haut eindringen. Man kann die Nano-Teilchen sogar hören. Sie erzeugen aufgrund der Hitze und der damit verbundenen sehr schnellen Schwingung einen sehr hohen Pfeifton, der einem die menschlichen Sinne fast schwinden lässt. Dubai und die Vereinigten Arabischen Emirate trifft es im Moment sehr hart. Nicht nur, dass die Ausbeutung der Ölfelder 2014 zu Ende war und die Haupteinnahmequelle der Saudis neben der Tourismusbranche versiegte, sondern nun diese Katastrophe. Dubai und die Vereinigten Arabischen Emirate waren seit 2009 Touristenhochburg Nummer 1 weltweit, speziell für gehobene, reiche Europäer, Amerikaner und Japaner. Dazu trug vor allem der Bau „der World", des „Burj-Dubai", „the Island", „the Planet", „Las Vegas" , des „Domes" und des „Space Centers" bei. Dies war alles verbunden mit neuen Hotels der Superlative. 2011 entstand auch das erste 8 Sterne Hotel weltweit. Das „Miracle of Wonder" direkt neben dem „Planet" der Hauptattraktion in Dubai. Im „Miracle of Wonder" kostete die günstigste Übernachtung 7000 US-Dollar bis zum teuersten Preis von 100 000 US-Dollar/Nacht, eigenen Bootsanlegesteg und Hubschrauberlandeplatz inklusive. „Las Vegas" war eine komplette Nachbildung von Las Vegas aus den USA, nur noch moderner. Man musste keinen Schritt zu Fuß laufen. Jeder Gast konnte auf ein eigenes „mini-cab" zurückgreifen. Ein „mini-cab" ist ein neuartiges Transportmittel; eine Art fliegende Minikapsel, Durchmesser 3m, Platz für eine Person, das entweder durch Methangas oder durch Elektromagnetismus angetrieben wird. Den Elektromagnetismus konnten die Scheiche künstlich erzeugen, indem Sie extreme Hitze, Wasser, Alkohol und eine gewisse Konzentration an „Nano-Partikel" zusammenmischten.

Das Erdöl ging 2014 zur Neige und die Scheiche mit Ihren Milliarden von Dollars sorgten vor und holten sich Dan Burrymen, den ehemaligen Astrophysiker und Spezialisten für die Erzeugung elektromagnetischer Kraftfelder auf Basis von Nano-Partikeln nach Dubai. Methangas und elektromagnetische Kraftfelder sind die führenden Energiequellen seit 2013. Methangasvorkommen wurden vor allem zwischen Norwegen und Helgoland in Europa entdeckt, aber auch an all den Gräben im Meer, speziell dort, wo vulkanische Aktivitäten zu verzeichnen sind. Unglaublich erweise kann man auch genau an diesen Stellen, an denen das Methangas ausströmt, verstärkten Elektromagnetismus nachweisen. Mit dem Bau des „Planet" haben sich die Scheiche selbst übertroffen. Der Planet ist ein künstlicher Nachbau unserer Erde, Durchmesser 30 Kilometer mit eigener Erdanziehungskraft und eigener Atmosphäre unter einer künstlichen Glaskuppel. Haben die Scheiche schon vorgesorgt, falls Dubai und die Vereinigten Arabischen Emirate keine lebensfähigen Bedingungen mehr geben? Der „Planet" reicht aber mit Sicherheit nicht aus für die gesamte Bevölkerung. Vielleicht dient er als Prototyp, der zumindest dem obersten Scheich das Weiterleben garantieren soll.

Auch mit dem Bau des „Space-Dream-Centers" haben die Scheiche etwas absolut „Neuartiges" geschaffen. Dort können sich wohlhabende Besucher mit künstlich erzeugten alpha, delta und theta Schwingungen in andere Bewusstseinszustände versetzen lassen, wodurch sie in eine reale Traumwelt entfliehen können. Je nachdem welche Art von Beschallung stattfindet können Sie all Ihre Träume, Sehnsüchte, Wünsche bewusst erleben. Sogar Kontakte mit außerirdischen Lebensformen sind im „Space-Dream-Center" möglich. Natürlich ist es fast immer ausverkauft. Der Eintritt ist sehr teuer. Ein halber Tag liegt bei 500 arabischen Dollars. Vielen Leuten, die erzählen, was sie alles Phantastisches im „Space-Dream-Center" erlebt haben, wird nicht geglaubt. Würden nicht die Scheiche für den Bau verantwortlich sein, hätten ihn die westliche Kultur, speziell die USA mit Sicherheit verboten. Das Gerücht geht um, dass WTC beim Bau stark involviert war.

30. April 2015

Auf dem ganzen afrikanischen Kontinent und im Vorderen Orient ist der Sauerstoffgehalt der Luft nur noch zwischen 11 und 13%. Panik bricht aus, es kommt zu Bürgerkriegen und mehr als 50 Millionen Menschen sterben.

Auch das Trinkwasser ist komplett verseucht und mutiert. Eine neue Form des NBD Virus in Verbindung mit Ebola taucht auf und lässt die Bevölkerung in Afrika dahinsterben. Auch neue Formen von Aids entstehen, die über die Luft übertragen werden.

01. Juni 2016

Ich bin wieder auf dem Weg zur Arbeit zusammen mit George. Jetzt bin ich schon über 8 Jahre dort und zum Glück sind wir in Kalifornien bisher von diesen Katastrophen, wie sie in Indien, Dubai oder Afrika waren, weitgehend verschont geblieben. Zumindest haben wir in diesem Sinn noch nichts mitbekommen. Das einzige was einem vielleicht auffallen kann ist, dass die Menschen immer aggressiver, rücksichtsloser, egoistischer und gewalttätiger werden. So hat sich die Anzahl der Vergewaltigungen, Morde, Totschlag, bewaffneter Überfälle gegenüber 2009 verzehnfacht. Die Zeitungen hängen das aber nicht an die große Glocke. Vielleicht wird es Ihnen ja auch von der Regierung verboten, um Unruhen und wilden Spekulationen vorzubeugen?

Als wir am Firmengebäude ankommen merken wir, dass heute etwas anders ist als sonst. Es stehen viele Staatskarossen mit unterschiedlichsten Länderfahnen vor der Tür. Was ich auf jeden Fall erkennen kann ist, dass Repräsentanten aus Russland, Europa, speziell Deutschland, Frankreich, Großbritannien, China, Japan, Indien und auch Dubai hier sind. Seltsamerweise haben die Zeitungen über ein derartiges Treffen nichts berichtet. Normalerweise steht so ein Großereignis immer sofort in den Zeitungen auf Seite 1 als Hauptschlagzeile. Es schaut nach einem absoluten Geheimtreffen aus. Ich nehme einen der zwölf Aufzüge und fahre hoch in mein Büro im 78. Stock. Ich frage George noch, ob er weis, um was es bei diesem Treffen geht, aber er geht gar nicht auf meine Frage ein und redet irgendwie wirres Zeug über Verschwörung, außer Kontrolle, usw.

Der Lärm im 79. Stock macht mich schon wieder rasend. Bei mir stapelt sich die Arbeit und über mir das ganze Getrampel. Es sind bestimmt 100 Leute anwesend und aufgrund der immer noch nicht isolierten Wände, hier hat „Nano-Sync" wirklich gespart, kann ich anhand der Geräusche genau wahrnehmen, wer wo steht. Da ich aufgrund des Lärms sowieso nicht arbeiten kann versuche ich zu lauschen und zu verstehen um was es in diesem Treffen geht. Es gibt bei mir eine Stelle im Büro, genau dort wo mein Glasschreibtisch ist, wo ich wirklich fast jedes Wort verstehen kann. Manchmal kam mir hier der Putz schon von oben entgegen und ich musste fürchten, dass bald keine Decke mehr über mir ist. Ich bin ganz ruhig, schließe meine Bürotür zu, steige auf meinen Glasschreibtisch und höre ganz konzentriert zu. Ich bin Mucksmäuschen still und kann jedes Wort verstehen. Es spricht George Fenton, Präsident der USA:

„Liebe Regierungen, liebe Kooperationspartner im Bereich neuer Technologien. Die Lage ist ernst. Die Nano-Technologie hat eine Eigendynamik entwickelt, die wir nicht vorhersehen konnten. Überall auf der Welt sind spürbare Veränderungen und Katastrophen entstanden. Wir wussten nicht, wie sich diese Teilchen entwickeln, geschweige denn, dass sie sich organisieren können und eine Art Eigenintelligenz und Eigendynamik schaffen. Den stark betroffenen Ländern, wie den Vereinigten Arabischen Emiraten, Indien und den vielen afrikanischen ist größtmögliche Unterstützung zu gewähren und die Bevölkerung dieser Länder in bewohnbare Gebiete umsiedeln. Helft alle zusammen!"

So wird noch an diesem 01. Juni 2016 die größte Evakuierung seit Menschen Gedenken ins Leben gerufen. Alle Staaten erklären sich solidarisch und bereit, Menschen diverser Völker bei sich im Land aufzunehmen. Der ganze vordere Orient und Afrika werden zur Sperrzone und zur anonymen Zone erklärt. Die Menschen dieser Länder können sich für das Land entscheiden, in dem sie leben wollen. Die Regierungen der einzelnen Länder stimmen zu. So eine Einigkeit hatte es in der Politik und zwischen den einzelnen Regierungen noch nie gegeben.

Ich steige wieder von einem Tisch herunter, da ich gar nicht glauben kann, was ich soeben hörte. Wie gesagt, ich höre eigentlich nie Nachrichten und schaue auch kein fern, geschweige denn lese ich die Nachrichten in den Zeitungen. Schwer betroffen verlasse ich am Abend mein Büro und fahre mit George nach Hause. Ich frage George hartnäckig, ob er mir mehr über den Stand der Dinge und die Ernsthaftigkeit der Lage erzählen kann, aber George sagt mir nur „kein Kommentar". George wird dabei so aggressiv, wie ich ihn noch nie erlebt habe. Er flippt regelrecht aus, geht mir an die Kehle und sagt „mein Junge, Du weist ja gar nicht, was hier alles gespielt wird und um was es hier geht".

Wir kommen wieder sehr spät nach Hause. Es ist bestimmt schon nach 23.00 Uhr und ich bin innerlich völlig zerrüttet und aufgewühlt, nachdem was ich heute mitbekommen hatte. Ich versuche mich ganz langsam und leise ins Schlafzimmer zu schleichen, damit ich Susanne nicht aufwecke. Clara schläft jetzt schon seit 5 Jahren in Ihrem eigenen Zimmer. Es ist ein typisches Teenie-Zimmer mit Postern von Ihren Idolen „Ray-Pack"; das ist eine Boygroup aus 4 Jungs, die Hip-Hop mit Chorgesängen machen; alle Jungs sind zwischen 16 und 18 und total angesagt in den USA, vergleichbar wie früher „Take That". Clara steht besonders auf Simon, ein blonder Schönling mit ganz zarter Stimme. Hier hängt ein lebensgroßes Poster von Simon über ihrem Bett. Es gibt sogar Silikonpuppen mittlerweile, die den gleichen Duft und das gleiche Lächeln von Menschen annehmen können; die schauen wirklich täuschend echt aus. Die gibt es dazu auch noch in allen verschiedenen Größen. Clara hatte so eine Puppe zum 10. Geburtstag geschenkt bekommen, aber im Kleinformat, 10cm x 30cm. Simon als kleines fast lebendiges Abbild. Sie nimmt Ihn jeden Abend mit ins Bett und behandelt die kleine Puppe ganz liebevoll, als ob sie ein Mensch wäre. Meine ganzen Anschleichversuche nützen nichts. Es ist wie Magie. Sowohl Clara als auch Susanne werden just in diesem Moment wach, als ich das Schlafzimmer betreten will. Manchmal kommt es mir vor, als ob Susanne und ich telepathisch miteinander verbunden wären. Clara kommt kurz zu Susanne und zu mir ins Schlafzimmer, erzählt mir davon, dass Sie heute auf einem „geilen" Konzert von „Ray-Pack" waren und auch erst vor knapp einer halben Stunde zurückkamen. Ich hatte das total vergessen, dass Susanne und Clara heute auf diesem Konzert waren. Wahrscheinlich waren sie deshalb innerlich noch sehr aufgewühlt und noch nicht richtig eingeschlafen. Anders ist es mir nicht zu erklären, dass sie mich bemerkten, obwohl ich keinerlei Geräusch machte. Ich hielt sogar die Luft an.

Oder glauben Sie an Telepathie?

Clara erzählt uns noch ganz begeistert eine knappe Stunde wie toll das Konzert war und wie es in der Konzerthalle in L.A. so richtig abging. Knapp 20000 Besucher, fast alles weibliche Teenies. Da muss wirklich die Hölle los gewesen sein. Susanne ist mittlerweile eingeschlafen. Das Konzert war anscheinend sehr anstrengend. Sie als Mama unter den ganzen weiblichen kreischenden Groupies. Da bin ich doch froh, dass ich nicht dabei sein musste. „Dad, affengeil waren die langsamen love-songs, speziell als Simon die hohen Töne sang. Mir kam es vor, als sänge er die nur für mich. Meinst Du, ob Simon meine Liebe spürt und er mit mir durch die Liebe verbunden ist, so wie du und Mam?"

Unglaublich was meine Clara schon alles denkt und fühlt. Das geht mir jetzt aber doch zu weit. „Deine Schwärmerei in allen Ehren, meine liebe Tochter, aber die Wahrscheinlichkeit, dass Dich Simon so vergöttert und anbetet wie Du ihn, geschweige denn, dass er Dich liebt, liegt bei max. 1:1Mio. Hier kam wieder der rationale Zahlenmensch in mir durch. Ich hätte mehr Einfühlungsvermögen für meine Tochter zeigen sollen. Susanne kann das einfach wesentlich besser und manchmal reiten mich zehn Kamele und ich kann sehr verletzend sein. „Entschuldige meine kleine Maus", sage ich reumütig zu Clara. „Es tut mir leid, dass ich Dir deine Illusionen zerstöre, aber die Realität ist einfach anders!" Wissen Sie, was Clara zu mir ganz rotzfrech antwortet? „Du mit Deiner Realität, Du hast doch überhaupt keine Ahnung davon!" Sie geht wütend ins Bett. Ich versuche sie noch zu beruhigen und sage Ihr, „es tut mir leid, vergiss einfach was ich gesagt habe, Erwachsene denken einfach anders".

„Lass mich in Ruhe", antwortet sie und verschwindet in Ihr Zimmer. Ihr letzter Satz, „Du mit Deiner Realität, Du hast doch überhaupt keine Ahnung davon", hat mich doch berührt. So einen ähnlichen Satz hatte mir doch vorhin George auch schon an den Kopf geschmissen. Wie war der Satz gleich nochmals? „Du...

Mist, ich kann mich nicht mehr genau erinnern. Vom Sinn her war es glaube ich so, dass ich nicht weis, was gespielt wird. Irgendwie macht mich das nachdenklich. Ich bin jetzt einfach nur müde und möchte schlafen. Eigentlich wollte ich Susanne noch erzählen, was ich heute „erlauscht" hatte, aber Susanne war schon eingeschlafen. Ist wahrscheinlich besser so, dass sie nicht alles weis, denn sie macht sich ja immer sofort so „Riesensorgen". Diese Nacht schlafe ich sehr unruhig. Was mir alles in meinen Träumen passiert und was mir alles durch den Kopf schießt. Jedes Mal hat es etwas mit Toten, Weltuntergangsstimmung, Angst und Misstrauen zu tun. In meinem letzten Traum werde ich sogar von einem hohen Turm herunter gestoßen. Zum Glück wache ich auf, zwar schweißgebadet, aber ich bin wach. Ich bin wach. Ich schaue sofort auf meine Armbanduhr, so ein sportlicher Chronograph, Marke TWS aus der Schweiz und vergewissere mich. Es ist der 02.Juni 2016 06.30 Uhr. Jetzt muss ich aber schnell machen um rechtzeitig in die Arbeit zu kommen. Hoffentlich ist George nicht schon weg. Normalerweis fährt er ja spätestens um 06.30 Uhr los. Ich stürme schnell zum Telefon im Flur und erzähle Ihm, dass ich noch zehn, fünfzehn Minuten brauche. Er soll doch bitte auf mich warten. Was habe ich für ein Glück. George ist noch da. Er geht auch ans Telefon und sagt zu mir nur kurz, aber ein wenig angesäuert, „okay!" Diese Nacht war eine Horrornacht für mich. Diese Alpträume und dann war sie auch noch viel zu kurz. Ich fühle mich so gerädert, als ob ich die Nacht durchgezecht hätte. Es nützt nichts. Ich muss heute zur Arbeit. George wartet unten auf mich. In solchen Augenblicken denke ich manchmal, gehe doch einfach zum Art und lasse Dir einen gelben Schein ausstellen. Dafür muss ich bei meinem Arzt zehn Dollar, eine Art Schmiergeld bezahlen, kann aber dann „blau machen". Solche Gedanken spuken mir schon manchmal im Kopf herum. Aber ich mache es nicht. Dazu bin ich einfach viel zu gewissenhaft. In den letzten 8 Jahren habe ich krankheitsbedingt vielleicht zwei Tage gefehlt, Susanne sogar nur 3 Tage. Wir sind beide sehr, sehr gewissenhaft und möchten unserer Tochter auch ein gutes Vorbild geben. Des Öfteren sollte ich mich dabei an die eigene Nase packen. Da gehe ich überhaupt nicht auf Clara ein und sage Ihr nicht, was sie hören will sondern sage Ihr genau das, was ich denke und was sie eigentlich nicht hören will. Manchmal bereue ich es, wenn ich so etwas tue, so z.B. wie gestern Nacht. Ich hoffe, dass das Clara nicht so ernst nimmt und mir verzeiht. Ich liebe meine Tochter über alles und versuche Ihr es so oft wie möglich zu zeigen. Manchmal missverstehen wir uns; das kommt schließlich in den besten Familien vor und sollte nicht so eng gesehen werden, oder......

Oft bringen einen gerade so genannte „Missverständnisse" im Denken und Handeln einen großen Schritt in der Persönlichkeitsentwicklung weiter, geht es Ihnen nicht auch so? Wenn Sie eine Dummheit machen müssen Sie diese selbst wieder ausbaden, aber Sie lernen daraus, diese Dummheit in der Zukunft zu vermeiden oder zu umgehen. Ich denke oft, wenn alles immer glatt gehen würde, wäre es ja langweilig im Leben. Gewisse Action und Spannung muss schon sein. Wenn alles so monoton vor sich hin dümpeln würde wäre das nicht mein Ding. Jetzt muss ich aber schnell machen. George wartet auf mich. Ich hüpfe in meine Klamotten, packe meine schwarze Aktentasche und ab geht es. Zähneputzen kann ich auch in meinem Büro. Muss ja niemand sehen,.... oder? George wartet mit seinem neue beigen Chevy vor unserem Zaum. Wir haben um unser Haus einen weißen Holzzaun gebaut, so ca. 1,40 m hoch. Der Zaum kann zwar niemanden davon abhalten darüber zu steigen, aber er zeigt zumindest, dass es sich hier um ein abgeschlossenes Grundstück handelt und er zeigt auch von unserer Absicht, dieses Grundstück zu schützen. Hier sind die Amerikaner ein bisschen verrückt, speziell in der Gegend um L.A. Jeder hat hier zumindest eine Schrotflinte im Haus; die meisten Leute haben sogar ganz andere Kaliber in der Schublade oder im Wandschrank, eine Walther, eine Smith & Weston, ja sogar Maschinengewehre und Handgranaten kann man in den Haushalten finden. Die Amerikaner schützen ihr Heim und verstehen dabei wirklich keinen Spaß. Wir sehen das Ganze nicht so ernst und haben nur eine abgesägte Schrotflinte bei uns griffbereit im Haus.

Teu, teu, teu. Seit wir hier wohnen ist noch nie etwas passiert, geschweige denn, dass wir zur Schrotflinte hätten greifen müssen. Ich steige zu George ins Auto. „Entschuldige bitte", murmle ich nur kurz. Er sieht mir an, dass ich schlecht geschlafen hatte und noch ziemlich müde bin. Er hat dafür ein Gespür und lässt mich in Ruhe. So fahren wir also fast wortlos die 90 Minuten bis ins Büro. Der Verkehr ist wie immer zu dieser Zeit sehr lebhaft. Ich glaube, man könnte sogar statistische Auswertungen anhand des Verkehrs hier machen, wie spät es ist. Wir brauchen auch immer gleich lang für die Strecke. Heute sind sogar zwei Mädels am Empfang. Chrissi und eine junge, hübsche ca.20-jährige Blondine, die ich nicht kenne. George kennt sie auch nicht. „Muss wohl neu sein", sagt er, „vielleicht ne neue Aushilfe", erwidere ich. Wir reden mit unseren Empfangsdamen so gut wie nie. Wäre für uns wohl eher Zeitverlust. Hier am Empfang zu arbeiten ist bestimmt nicht leicht. In dem Gebäude sind ja knapp 4000 Menschen. In meinem 78. Stockwerk sind auch eine Toilette und sogar eine Dusche im Waschraum. „Ich muss mir noch die Zähne putzen", denke ich und nehme meinen Waschbeutel mit auf die Toilette und in den Waschraum. Zuvor gehe ich noch auf die Toilette um ein größeres Geschäft zu verrichten. Mit dem Waschbeutel unter dem Arm setze ich mich auf die Toilette. Auf einmal höre ich die Stimmen von Herbert Weinberg und seinen Sohn John näherkommen. Ich versuche keinen Laut und keinerlei Geräusche von mir zu geben. Beide würden mich natürlich sofort fragen, warum ich denn mit dem Waschbeutel auf der Toilette sitzen würde und ich wäre in akuter Erklärungsnot.

Ich höre, wie die beiden anfangen sich aufgeregt zu unterhalten. Vorher vergewissern sie sich noch, ob sie auch wirklich alleine sind; schauen in den Waschraum, Toilettenraum, Duschraum und sperren alles ab.

Was ich jetzt zu hören bekam, machte mir wirklich Angst und bange.

„Herbert, glaubst Du, dass wir mit WTC zu weit gegangen sind? Denkst Du, dass die Schwingungen, die wir bei WTC einsetzen die Energie der Nano-Partikel so beeinflusst hat, dass wir sie nicht mehr kontrollieren konnten. Meinst Du, ob unsere Schwingungs- und Energieverstärkungsversuche mit den diversen Nano-Technologien schuld sind für die Katastrophen und das Desaster, was wir hier auf der Erde im Moment erleben?"

„John, Du bist mein einziger Sohn, und ich glaube, dass ich Dir jetzt die ganze Wahrheit anvertrauen kann. Falls ich bald sterben sollte, sollst Du wissen, wie sich das alles entwickelt hatte. Die statistischen Büros in den USA, China, Japan, Russland und Europa hatten im Jahr 2006 errechnet, dass das Bevölkerungswachstum auf der Erde einfach zu schnell verläuft. Innerhalb von nur 100 Jahren, von 1900 bis zum Jahr 2000 war die Bevölkerung von knapp 2 Mrd. auf über 7 Mrd. Menschen explodiert. Würde man das bis auf das Jahr 2100 hochrechnen, incl. der gesteigerten Lebenserwartung, dann wird sich das Lebensalter bis 2100 auf ca. 113 Jahre erhöhen. Dann hätten wir 2100 21 Mrd. Menschen auf unserem Planeten. Dafür ist die Erde einfach nicht ausgerichtet und es würde einen Super-gau geben. Die Rohstoffvorräte wären schon 2020 verbraucht, die ursprünglichen Treibstoffreserven wie Erdgas, Erdöl, etc. würden 2016 zu Ende sein, zuerst bei den Scheichs in den Emiraten, ca. 1 Jahr später im Iran und Irak; auch die Umweltbelastung, speziell in den Millionenmetropolen hatte die Höchstgrenze überschritten, so dass der Sauerstoffgehalt und der Smog immer bedrohlichere Ausmaße annehmen würden, vom Ozonloch in Australien ganz zu schweigen. Die Poolkappen sind durch den ständig ansteigenden Treibhauseffekt aufgrund verstärkter Kohlenmonoxid Belastung noch schneller geschmolzen als gedacht. Die in der Luft schwirrenden Nanopartikel haben diesen Effekt wie ein Katalysator verstärkt. Die Erde, speziell die Menschen auf der Erde, haben die Bedrohungen und das rasante Wachstum völlig falsch eingeschätzt. Sie hatten den großen Fehler gemacht, es einfach hinzunehmen und nichts zu machen. Und mittlerweile war es schon fast zu spät. Diese Hochrechnungen wurden sowohl in den USA, China, Japan, Russland und Europa gemacht und alle stimmten unabhängig voneinander überein. Aus diesem Grund wurde das weltweit einmalige Projekt „Nano secure" ins Leben gerufen. Dies führte dazu, dass diese Institutionen wie „Nano-Sync" in den USA oder „Nano-View" in China ins Leben gerufen wurden, um dieses Problem zu lösen und den kommenden Super-Gau zu vermeiden. Diese Institutionen sollten sich immer gegenseitig austauschen und zusammen entscheiden, welche Schritte gemacht werden. Deshalb wurden die Einzelnen Resorts oder Business-Units konform und identisch zu den Institutionen in den anderen Ländern errichtet. WTC sollte zur Daten- und Informationssynchronisation beitragen. Wir hatten bemerkt, dass die Entwicklungen der Nano-Technologien in den einzelnen Units zu langsam voranschritten im Verhältnis zu der rasant wachsenden Bevölkerung. Schon diverse erste Versuche mit der Nano-Technologie in den 90-iger Jahren hatten ergeben, dass diese neue Technologie das Allheilmittel sein könnte. Man stellte fest, dass diese Nano-Partikel eine Eigenschwingung, eine Eigenenergie und dadurch auch eine Art Eigenintelligenz haben. Sie verbinden sich mit dem nächstliegenden Material, das Ihrer Energie sehr ähnlich ist und kreieren ein neues Material mit höherer Energie. Damit wären alle Probleme bzgl. Der Energieversorgung, der Ernährung, der Rohstoffgewinnung, etc. gelöst. Da die Entwicklung aber zu langsam voranschritt hat man Versuche gemacht, wie „Nano-Partikel" auf zugeführte Fremdschwingungen reagieren. Und der Erfolg war bombastisch. Die Energie und die Verbindungsmöglichkeiten zu neuen Materialien hatten sich potenziert. Die neuen Materialien lebten länger, waren dauerhafter, einfach hochwertiger. Wir konnten unglaubliche Ergebnisse in einer Kürze der Zeit erreichen und das nur, indem wir die Eigenschwingung der Nano-Partikel erhöhten. Diese bildeten dann in kürzester Zeit neue Nano-Matrizen aus, für die unsere Forscher bestimmt Jahre gebraucht hätten. Mit den ganzen negativen Entwicklungen hatte natürlich keiner gerechnet. Wer konnte denn schon ahnen, dass uns die Projekte so aus dem Ruder gleiten? Um dies zu vermeiden wurden überall auf der Welt die besten Wissenschaftler rekrutiert und zusammengeführt; und die Regierungen stellten auch diese unglaublichen Gelder zur Verfügung, weil sie wussten, wie ernst die Lage der Dinge war. Hätte man jetzt nicht gehandelt, dann wäre nichts mehr zu retten gewesen. Das ist auch einer der Gründe, warum die Raumfahrt immer mehr Gewicht bekommt. Man versucht, neue Lebensräume zu erschließen, falls die alten Ressourcen auf der Erde ausgebeutet sind. Wir hatten gehofft, dass uns die Nano-Technologie neue Lösungsmöglichkeiten erschließt, die wir vorher aus Unwissenheit gar nicht in Betracht ziehen konnten".

„Vater, das ist ja starker Tobak, können wir denn jetzt noch etwas beeinflussen oder sind die „Nanos" schon an der Macht?"

„John, im Moment formieren sich die Nano-Partikel zu neuen Matrizen, zu neuen Organisationsformen, ja sogar verändern sie schon die Menschen. Hast Du mitbekommen, wie viel aggressiver die Menschen hier schon geworden sind. Es ist teilweise so, dass die Menschen ihre angesammelte Energie in Wut oder Gewalt entladen müssen".

Oh Gott, denke ich, als ich das höre. Vor lauter Angst blieb mir die Wurst im Darm glatt stecken, deshalb also die extrem steigende Kriminalitätsrate und diese Katastrophen.

Herbert und John verschwinden nach diesem Gespräch wieder aus dem Waschraum.

Mir ist die Lust am Zähneputzen gründlich vergangen. Ich putze mir schnell die Zähne und denke immer wieder, das kann doch nicht alles wahr sein. Wie soll es jetzt weitergehen? Jedenfalls darf ich mir nie anmerken lassen, was ich alles weis und was ich hier gehört hatte. Sonst wäre ich in Kürze ein toter Mann. Ob ich es Susanne sagen soll? Keinesfalls darf Clara etwas davon erfahren, sonst weis es innerhalb ein paar Tagen ganz L.A., wahrscheinlich sogar ganz Amerika. Was mich unglaublich zum Nachdenken bringt und fast verzweifeln lässt ist, warum klärten uns die Regierungen über die bevorstehenden Gefahren bzw. über den möglichen Supergau nicht auf? Warum dieses große Vertuschen. Waren die Menschen evtl. in Ihrem Bewusstsein noch nicht so weit, dass sie diese Nachricht ertragen hätten können? Trauten die Regierungen der Spezies Mensch nicht zu, dass sie alles erdenklich mögliche unternehmen würden, den Supergau zu vermeiden und das Weiterleben der Menschen auf der Erde zu sichern. Oder war es einfach die Machtposition, die die Regierungen ausnützen wollten um Ihr Ego zu befriedigen. Wahrscheinlich war sich wirklich keiner dem Ernst der Lage bewusst.

Es ist jetzt 18.00 Uhr. Nachdem was ich heute gehört hatte fahre ich pünktlich mit dem öffentlichen Bus nach Hause. Und wirklich, ich merke richtig, wie aggressiv die Leute im Bus sind. In Ihren Augen spiegelt sich die Aggressivität, der blanke Hass, und ich werde dann auch noch von so einem schwarzen Halbstarken, maximal 25, angepöbelt. „Halte Dein Maul" macht er mich an, obwohl ich kein Wort gesagt hatte. Ich ändere meinen Stehplatz in diesem überfüllten Bus. Hier muss man ja irgendwie die Panik kriegen, denke ich; diese Hitze, dieser Gestank, diese aggressiven Leute. Oh Gott, hoffentlich greifen die Nano-Partikel nicht auch auf mich über und lassen mich zum aggressiven Schläger oder sogar Mörder mutieren. Erst um 20.00 Uhr komme ich zu Hause an. Susanne wartet schon mit einem Lächeln auf mich. Sie ist der Sonnenschein in meinem Leben. Soll ich Ihr erzählen, was ich heute von den Weinbergs gehört hatte?

Ich bin so am hin- und her überlegen, dass mir fast die Birne platzt. Clara ist noch drüben bei Josh; sie schauen sich den Science-Fiction-Film „Reise in andere Dimensionen" an. Der geht noch bis knapp 23.00 Uhr. „Ich hoffe, dass Du nichts dagegen hast. So sind wir auch einmal allein und können die wenige Zeit zu zweit nutzen". Ich weis, was Susanne damit meint. Sie möchte Sex. Wir hatten ja schon länger keinen Sex mehr, bestimmt 3 Wochen. Ist ganz schwierig einzurichten, wenn man Kinder hat, die dann auch gleichzeitig mit uns Erwachsenen ins Bett gehen. Außerdem könnte man ja gehört werden...

Ganz langsam und liebevoll zieht mich Susanne aus. Sie küsst zuerst meinen Hals, dann meinen Nacken, meine Brust, bis Ihr fordernder saugender Mund in meinen Genitalien verschwindet und mich das Gefühl der Wollust überflutet. Ich nehme Susannes Kopf und flüstere Ihr zu, „warte......, nicht so schnell, nicht so schnell". Ich nehme Sie in den Arm und beginne, sie ganz langsam auszuziehen. Sie hatte sich extra schön gemacht und Ihre schwarzen Strapse mit Spitzen und den passenden BH dazu angezogen. „Was für eine tolle Figur sie doch noch hat und wie schön sie ist", denke ich. Ich trage Sie ganz sanft aufs Bett, öffne Ihren BH, ziehe ihn aus und beginne behutsam an Ihren Nippeln zu saugen bis sie immer härter werden. Ich höre langsam Ihr stöhnen „oh ja, weiter, weiter" und ich sauge fester weiter mit immer mehr Leidenschaft. Ihre Nippel werden steif wie ein gespitzter Bleistift und hart wie eine Kastanie. Susanne drängt mir immer fordernder Ihr Brüste entgegen. Ich nehme Ihr apfelgroßen Brüste in die Hände und massiere sie ganz sanft, zuerst die linke, dann die rechte. Mit meinen Lippen wandere ich währenddessen über Ihr Brustbein hinunter bis zum Bauchnabel. Dort verweile ich und lasse meine Zungenspitze in Ihrem Bauchnabel kreisen und merke wie Ihre Wollust weiter steigt. Ich wandere mit meinen Lippen weiter bis zu Ihrem Heiligsten. Ganz langsam streife ich Ihr den schwarzen String ab und ziehe Ihn an Ihren Beinen entlang, bis ich ihn Ihr ganz abstreifen kann. Es ist ein Bild für Götter, wie diese schöne Frau jetzt rücklings auf dem Bett liegt. Nur mit schwarzen Strapsen, so erotisch und fordernd wartend. Ich nähere mich mit meinem Mund Ihrem heiligen Dreieck, das nach zartem, blumigem Parfüm riecht. Ganz sanft küsse ich sie dort mit meinen Lippen und beginne, mit der Zungenspitze zu kreisen. Ihr stöhnen wird lauter und Ihr Schoß bewegt sich in dem wilden Rhythmus meiner Zunge. „Weiter, weiter" jammert sie lustvoll. Ich selbst bin auch schon ganz heiß. Mein Glied ist steif und hart wie ein Hammer. Ganz sanft und behutsam dringe ich in ihre feuchte Grotte ein, tiefer und immer tiefer. Unsere Becken beginnen zu vibrieren und unsere Körper schwingen im gleichen Rhythmus. Zuerst langsam, dann immer schneller. Meine Stöße werden schneller und tiefer und Susanne wird wilder und wilder. „Weiter", schreit Sie, „ich komme gleich, weiter"...und ich stoße tiefer. Der Schweiß tropft von meiner Stirn und meinem hochroten Kopf auf Ihr liebliches Gesicht, das im Moment ziemliche Verspannung ausstrahlt. Unser Rhythmus gleicht sich immer mehr an, wird schneller, schneller, bis wir gleichzeitig zum orgastischen Höhepunkt kommen. Mit einem lauten „jaaaaaaaaaaaaa....." zeigt sie mir, dass sie den Höhepunkt erklommen hatte, zeitgleich wie ich, als ich mich in ihr ergoss. Vor lauter Wollust bemerke ich gar nicht, dass Sie mir den Rücken ziemlich zerkratzt hatte. Es ist einfach nur schön mit dieser wunderbaren Frau, denke ich. Auf einmal durchströmen mich wieder die Gedanken, was ich heute von den Weinbergs gehört hatte.

„Was ist los, Schatz, Du bist so geistesabwesend, bedrückt Dich etwas?" fragt mich Susanne. Es ist wieder mal so, als ob sie meine Gedanken lesen könnte.

Ich erzähle Ihr das von heute und dass das wirklich niemand wissen dürfe und am wenigsten unsere kleine Tochter Clara. Nachdem ich Ihr alles erzählt hatte schmiegt sie sich in meine Arme und weint. Daraufhin fange ich auch zu weinen. Es ist gut, dass uns Clara so nicht sehen kann.

„Steuern wir auf eine Apokalypse zu?" fragt sie mich

Ich kann nur sagen, „ich weis es nicht"...

„Lass uns nicht daran denken. Lass uns so tun, als wüssten wir von nichts. Jeder muss doch irgendwann einmal sterben", antworte ich Ihr. Trotzdem bedrückte es mich sehr, da ich wusste, dass es wahrscheinlich zu Ende geht und ich vielleicht nichts mehr ändern kann.

03.Januar 2017

Die Automobile haben eine neue Antriebsquelle. Anstatt mit Benzin, wie es bis 2014 der Fall war, fahren sie jetzt mit einem Fluor-Wasserstoff-Gemisch, Methangas, Elektromotor oder Kernenergie. Benzin, Erdgas und Erdöl sind seit 2014 verbraucht. Methangas wurde in den Jahren ab 2013 immer wichtiger, da es schier unendliche Vorräte davon in unseren Meeren gibt, speziell dort, wo entweder starke Vulkanaktivität vorherrscht oder die Erdkruste nur sehr dünn ist wie an den Philippinengräben, Marianengräben oder auch dort, wo die Erdplatten aneinander grenzen, wie die europäische und die asiatische Platte oder auch in Kalifornien. Zwischen Norwegen und Helgoland wurde 2013 eine derartige Spalte im Meer gefunden, aus der Methangas ausströmt. Zu diesem Zeitpunkt konnte das Methangas aber noch nicht genutzt werden, weil es unmöglich war, es zu borgen. Niemand hatte eine Idee, wie ich dieses aus der Erde in das Wasser strömende Gas gewinnen kann. Zwischen Deutschland und Norwegen entstand 2013 ein Riesenstreit, der fast mit einem Krieg geendet hätte, weil jeder von sich dieses „Methangebiet" zwischen Helgoland und der Nordsee für sich beanspruchte. In Wirklichkeit war es eigentlich im Niemandsland, so dass die Eigentumsverhältnisse recht klar sind. Niemand ist der Eigentümer und das Methangas steht jedem uneingeschränkt zur Verfügung. Aber diese Profitgier.......

Man wollte sich schon über ungelegte Eier streiten, bevor die Eier eigentlich gelegt waren.

2010 begannen die Forscher in den USA, Japan und Deutschland an „Nano-Tubes" zu forschen. Das sind spezielle Metallröhren, die mit einer Nano-Versiegelung versehen jeder Art von Druck, Hitze, Feuchtigkeit und Korrosion statt halten. Quasi ein unzerstörbares und dazu noch ultraleichtes Material. Auch in der Luft- und Raumfahrt führte man Versuche mit diesen Nano-Tubes durch. Dort versprach man sich durch weniger Reibung und einer größeren Oberfläche erheblichen Geschwindigkeitsgewinn, außerdem wird die Außenhaut der Raumschiffe und der Flugzeuge wesentlich stabiler, druck-, hitze- und kälteunempfindlicher. 2013 war es so weit. Die ersten Nano-Tubes der Firmen „Nano-Met" aus Deutschland und „Nano-T" aus den USA kamen auf den Markt und wurden in den soeben erwähnten Bereich, also auch speziell zur Gewinnung von Methangas verwendet. Man muss sich das so vorstellen, dass riesige Metallschläuche vom Meerboden bis zu künstliche Raffinerieinseln reichen, vielleicht vergleichbar mit den veralteten Erdgasleitungen aus dem Jahre 2000. Und es funktionierte wirklich gut und niemand machte sich hier Gedanken, dass etwas passieren könnte.

Aber heute hören wir die ersten Katastrophenmeldungen. Vulkanausbrüche auf La Palma, Teneriffa, Lanzarote, Mauritius, Sizilien; Erdbeben der Stärke 7-8 in Australien, L.A., Japan, Taiwan, Pakistan, Iran, Irak und der Türkei. Und alles innerhalb von 24 Stunden. Starke Unterwassereruptionen und Unterwasserbeben erzeugen Mega Tsunamis in den Weltmeeren von einer Höhe über 100m, die auf die Küsten zurasen. Zum Glück sind Susanne, Clara und ich zu dieser Zeit im Skiurlaub in Aspen, als uns diese Schreckensmeldungen erreichen. Als wir das hören schalten wir sofort das TV-Gerät in unserer Lodge ein, einen ultraflachen 50 Zoll LCD Bildschirm und können unseren Augen kaum trauen, als wir die Bilder der Mega-Tsunamis sehen, die auf die Küsten zurollen. Verantwortlich für die Filme sind die wagemutigen Reporter der CNI-Network-Satellite-Station. Sie fliegen mit einem Militärflugzeug ca. 1000m über einem Riesentsunami und filmen genau, wie sie in Los Angeles einschlägt und die Stadt überflutet. Das gleiche geschieht in anderen Küstenstädten wie New York, Istanbul, Rio de Janeiro, Hong Kong, Shanghai. Überall dieselben Bilder des Grauens. Auch sämtliche Inselstaaten werden durch diese Riesentsunamis überflutet. An diesem Tag sterben weltweit über 2 Mrd. Menschen alleine durch die Riesentsunamis und weitere 500 Millionen durch die Erdbeben. Der 3. Januar 2017 geht als der schwärzeste Tag der Menschheit in die Geschichte ein.

Wie konnte sich so ein Riesenunglück mit diesen zeitgleich geballten Katastrophen ereignen?

Professor Rubbard, Spezialist für Neue Wissenschaften, u.a. Quantenenergie, Nano-Technologie, Parawissenschaften und Geomagnetismus erklärt im Fernsehen folgendes. „Unsere Erde ist in eine absolute Schieflage geraten. U.a. wurden durch die Ausbeutung der Methangase die elektromagnetischen Felder rund um den Erdkern vorschoben. Diese Felder waren sowieso schon leicht instabil aufgrund des Ozonlochs und des schwindenden Sauerstoffgehaltes der Luft. Dies hatte außerdem die Folge, dass sich auch rund um die Erdatmosphäre das äußere Elektromagnetische Feld verschoben hatte. Durch das Zusammenwirken dieser beiden gewaltigen Energiefelder kam es zu diesem Super-Gau auf der Erde. Wir müssen hier mit weiteren Veränderungen rechnen, die aufgrund der Verschiebung des Magnetfeldes stattfinden werden.

Was hatten wir für ein Glück, dass wir zu dieser Zeit nicht in L.A. waren. Unser Haus gibt es nicht mehr. In L.A. starben mehr als 14 Mio. Menschen; auch die umliegenden Küstengebiete waren wie ausradiert.

Die Firmen „WTC" und „Nano-Sync". wurden dem Erdboden gleichgemacht und niemand unserer Freunde und Bekannten hatte überlebt, bis auf unseren Nachbarn George und dessen Sohn Josh. Sie waren über Weihnachten bei Bekannten in den Rocky Mountains und haben dort die Einsamkeit der Natur genossen. Susanne, Clara und ich sind verzweifelt. Wir haben alles verloren, all unser Hab und Gut und konnten nichts retten bis auf unsere nackte Haut. Haus weg, Möbel weg, Bekleidung, Computer, Fernseher,..... alles weg.

„Wenn ich so recht überlege" sage ich zu Susanne und zu Clara, „wir hatten einen Schutzengel, der uns noch am Leben lässt, stellt Euch vor, wir hätten Weihnachten und Silvester wie jedes Jahr in unserem Haus verbracht, dann wären wir nicht mehr hier". Diese Denkweise und Dankbarkeit half mir schon in vergangenen Situationen immer wieder mein Leben anzupacken. Sogar in dieser schier aussichtslosen Situation keimte ein Fünkchen Hoffnung am Horizont. Als Clara dann auch noch zu mir sagt, „Du Dad, ich habe noch 5 Dollar in der Tasche, die schenke ich Dir", durchflutet mich plötzlich diese Energie, das schaffst Du für dich und deine liebe Familie. Auch Susanne bekräftigt mich mit ihrer Weichheit und unendlichen Liebe, dass wir das zusammen schon schaukeln werden.

Auf einmal fällt mir ein, dass ich noch meinen Geldbeutel und all meine Kreditkarten habe und meine Zuversicht beginnt zu wachsen. Natürlich haben wir sehr viel verloren, aber wir sind am Leben und können etwas ganz was Neues machen, etwas ganz Neues aufbauen. Und unsere Familie hält auch in den schlimmsten Zeiten und Situationen zusammen.

Es hätte uns viel schlimmer treffen können, wenn ich sehe, wie viele Menschen gestorben sind!

Alles kann man sich wieder besorgen, außer dem Leben. Und das wurde uns gewährt. Susanne Clara und ich wechseln aus der teuren Lodge in eine günstige Privatwohnung in Aspen, um Geld zu sparen, da wir noch nicht wissen wie es weiter geht.

07. Januar 2017

Susanne, Clara und ich sprechen darüber, wie unsere weitere Zukunft denn aussehen soll. „Bleiben wir hier in den USA oder gehen wir zurück nach Deutschland?" Deutschland wurde im Vergleich zu den USA kaum von diesen Katastrophen getroffen. Nur Norddeutschland mit seinen Städten wie Hamburg, Kiel, Bremen wurden überflutet und die Anzahl der Toten war mit 9 Mio. im Vergleich zu andere Länder noch sehr gering.

Wir entscheiden uns, in der USA zu bleiben und beim Aufbau wieder mit zu helfen".

Unseren „Dream of Life" wollen wir weiter leben. Unsere Familie hatte es keine Sekunde bereut, damals aus Deutschland zu verschwinden. In den USA war einfach alles leichter nach dem Motto „take it easy". Es gab hier kaum Neid sondern eher Bewunderung, wenn man etwas geschafft hat. Das habe ich auch so bewundert. Obwohl es hier bestimmt genau so viele Probleme wie in Deutschland gab befasste man sich kaum damit. Man dachte immer lösungsorientiert und fast nie problemorientiert. Und wenn einem das Haar in der Suppe nicht passt, dann bestellt man sich halt einfach eine neue Suppe und kaut nicht die ganze Zeit auf diesem einen Haar herum.

05.März 2017

Mittlerweile sind wir schon knapp zwei Monate hier in der Wohnung in Aspen. Auf der Welt hatte sich alles wieder einigermaßen normalisiert, wenn man nach 2,5 Mrd. Toten noch davon sprechen kann. Diese zwei Monate der Ruhe haben uns sehr geholfen, die richtigen Entscheidungen zu treffen, wie denn unser Leben weitergehen soll, wo und wie wir weiterleben wollen. Wir hatten Glück, dass wir durch unsere Kreditkarten und Bankkarten auf unser kleines Vermögen zugreifen konnten. Susanne und ich hatten bei WTC und Nano-Sync. ja sehr gut verdient, so dass unsere Ersparnisse bestimmt 2-3 Jahre reichen würden. „Jetzt ist es an der Zeit wieder richtig anzugreifen" sage ich zu Susanne. „Wir haben uns lange genug verkrochen und auch wenn hier noch so viel zerstört sein würde, können wir helfen, indem wir mit anpacken! Wem nützt es, wenn wir hier tatenlos herumsitzen und nichts tun?" Susanne und ich stellen einen Plan auf, was wir bis zum 10. März alles erledigt haben wollen. Wir teilen Clara mit, dass wir davon ausgehen, am 10. März hier aus Aspen abzuhauen. Clara hatte es hier sehr genossen, da Sie eine begeisterte „Carverin" und „Snowboarderin" ist. „Also, was müssen wir noch alles erledigen", rufe ich zu Susanne. Sie nimmt einen Bleistift in die Hand und beginnt alles akribisch aufzuschreiben. Susanne ist in diesen Dingen wesentlich genauer und organisierter als ich, und das hilft mir oft sehr. Stellenanzeige, Wohnung oder Haus, Auto, Schule, Wetterbericht, aktuelle Lage, Bankkonto, ... Susanne schreibt alles, wirklich auch alles auf und am Ende haben wir eine Liste von zwei Seiten. Zum Glück haben wir in diversen Seminars gelernt, das Wichtigste zuerst zu machen und eine gewisse Rangordnung, ja eine Art von Gewichtung in sehr wichtig und sofort zu erledigen, wichtig, innerhalb von 3 Tagen zu erledigen und weniger wichtig (zuletzt zu erledigen). Wir schreiben uns daraufhin die Liste mit sofort zu erledigen nochmals zusammen und die Liste enthielt nur noch 5 Punkte.

Aktuelle Lage und Lebensbedingungen, Job besorgen, Wohnung oder Haus, Auto, Schule für Clara.

Susanne und ich besorgen uns in diversen Kiosks verschiedene Zeitungen aus alle Regionen der USA und durchforsten diese nach den 5 soeben genannten Kriterien. Zwei Orte bleiben übrig. Las Vegas und Denver. In Las Vegas wäre eine Stelle frei als kaufmännischer Leiter im Madison. Das Madison ist so ein riesiger Hotelbunker mit Erlebnisgastronomie. In Denver ist eine Stelle ausgeschrieben im NSR-Center. Das NSR-Center (Nano-Science-Research-Center) wird am 01.April eröffnet und sucht einen kaufmännischen Leiter. „Ich bewerbe mich auf beide Stellen, oder was meinst Du, Susanne?" „Ja, Hauptsache wir kommen wieder von hier weg, mir fällt schon die Decke auf den Kopf".

Ist auch kein Wunder. Unsere Wohnung hier in Aspen ist ein vergrößertes Appartement mit einer Wohnfläche von ca. 40m². Es ist eine 1,5 Zimmer Wohnung, die wir uns zu Dritt teilen; und langsam wird das einem zu eng. Man geht sich dann doch ab und zu mal auf den Keks.

10. März 2017

Das Telefon bei uns im Appartement läutet. „Du Schatz, ein Herr Ryder aus Denver ist am Apparat", er möchte dich sprechen. Ob das schon das NSR-Center ist? Ich habe doch erst am 06. die Bewerbungsunterlagen geschickt. Und wirklich, Herr Ryder ist der Geschäftsführer des NSR-Centers und er möchte unbedingt, dass ich am 01.April meinen Job als kaufmännischer Leiter beginne. Nachdem er in meinen Unterlagen gelesen hatte, dass ich kaufmännischer Leiter bei „Nano-Sync" war würde er mich mit Kusshand nehmen. Ich soll auf keinen Fall woanders unterschreiben. Er wird mir auch das Gehalt zahlen, das „Nano-Sync" bezahlt hatte. So einigten wir uns nach unserem ca. 50-minütigem Telefonat, dass ich den Job als kaufmännischer Leiter bekomme und er mir sofort den Arbeitsvertrag zuschickt. „Wahnsinn, ohne dass er mich gesehen hat, nur aufgrund unseres Telefonats und meiner langen Zeit bei „Nano-Sync!" Susanne und ich konnten unser Glück kaum fassen, dass alles so leicht und problemlos verläuft. Die einzige, die es etwas bedauert ist Clara. Sie wäre noch gerne ein bisschen länger zum Skifahren hier geblieben.

Dass es so schnell klappen würde, damit konnte eigentlich niemand rechnen und dann auch noch so ein toller Job in einem neuen Start-Up Unternehmen.

12. März 2017

Tatsächlich, der unterschriftsreife Vertrag kommt heute per Eilpost in unserer kleinen Wohnung an. Ich lese den Vertrag aufmerksam durch und kann meinen Augen kaum trauen. Ich bekomme ein Gehalt von 150 000 US-Dollar jährlich zuzgl. Tantieme, Gewinnbeteiligung und eine 21% Beteiligung an der Firma. „Schatz, schau mal, ist das nicht der Wahnsinn? Dass wir soviel Glück haben...".

„Wir müssen uns wirklich bei unserem Herrgott bedanken, er hat es richtig gut mit uns gemeint und ist anscheinend immer bei uns, gerade wenn wir Ihn brauchen..... oder wie ist das sonst alles zu erklären?"

Wir packen unsere Sachen zusammen. Viel ist es ja nicht, weil wir ursprünglich nur für 2 Wochen Winterurlaub geplant hatten. Und jetzt wurden es 2,5 Monate. Wir lösen die Wohnung in Aspen auf und zahlen noch 30 US-Dollar für die Endreinigung, das war es. Clara sieht die Rechnung über die Wohnung und ruft zu Susanne und mir. „Hat ja nur 4000 US-Dollar gekostet, für 2,5 Monate. Das ist ja richtig billig". Auf so einen Spruch reagiere ich als Kaufmann immer etwas streng und tadle Clara. „4000 US-Dollar ist viel Geld. Wie viel das ist, wirst Du erst später mal merken, wenn Du erfährst, wie lange Du dafür arbeiten musst. Dann weist Du, was 4000 US-Dollar sind". Man konnte das in den letzten Jahren in den USA sehr gut nachverfolgen. Durch den ständigen Konsum hat die „neue Generation" wirklich realistische Wertvorstellungen verloren. Vielleicht waren Susanne und ich auch zu großzügig zu Clara. Sie wissen schon was ich meine, oder? Unserer Tochter soll es doch an nichts fehlen... und sie ist ja so lieb....

Alles hat wie immer zwei Seiten und es ist einfach eine Frage der Einstellung. Mache ich es so, oder so... ist das Glas halbvoll oder halbleer. Kann ich es immer recht machen oder nicht? Kennen Sie das nicht? Muss ich es immer recht machen? Wem? Am wichtigsten ist doch, dass ich mit meiner Entscheidung leben kann. Dann handle ich eigenverantwortlich. Natürlich spreche ich mit Susanne und Clara immer alles ab, aber die letzte Entscheidung muss ich treffen, ich bin der Hauptnährer der Familie. Es ist nur gut, dass ich meine Entscheidungen gegenüber Susanne und Clara gut verkaufen kann, so dass sie sofort mit mir einer Meinung sind. Mein verkäuferisches und diplomatisches Talent konnte schon oft zu einheitlichen Entscheidungen bei uns beitragen. Hoffentlich fühlen sich Susanne und Clara von mir nicht überrumpelt. Vielleicht sind sie ja sogar die Diplomatischen und Weitsichtigen in meiner Familie, weil sie mir Recht geben und mir das überlassen. Wenn ich das so sehe ist das Verhalten eigentlich sehr geschickt von den beiden. Denn wer trägt immer die schwere Bürde der Verantwortung dadurch auf den Schultern. Ich, ja ich. Das gibt mir doch zu denken. Aber eigentlich habe ich es ja gerne, wenn ich in der Verantwortung stehe. Das gibt mir ein besseres Selbstwertgefühl und stärkt mein Selbstvertrauen. Stellen Sie sich mal vor, sie hätten eine Frau, die immer sagt, „du hast ja recht aber es ist doch besser wenn wir es so und so machen, oder...", wie würden sie sich als Mann dann fühlen? Beschissen, oder als kleiner Schlappschwanz?

Susanne gewährt mir zum Glück das Vertrauen und sie weis was ich brauche.

Wir mieten uns einen „Kombi" bei Doubleseven um der Ecke. Ein Kombi ist viel praktischer als eine Limousine, speziell wenn man einiges an Gepäck hat und lange Strecken fahren muss. Im Notfall können wir auch mal im Kofferraum schlafen, fällt mir auf die Schnelle so ein. Das habe ich in meiner Jugend öfters gemacht. Speziell, als ich in meiner wilden Sturm- und Drangzeit, damals noch in Deutschland, hübsche Mädchen abgeschleppt hatte. Da war so ein Kombi für ne schnelle Nummer schon ein Riesenvorteil, und vor allem war es auch bequem. Ich komme gleich wieder ins Schwärmen, wenn ich an meine Zeit mit der wilden Roberta denke... wie oft wir damals mit dem Kombi ins Autokino gefahren sind konnte ich gar nicht mehr zählen. Und Roberta war wirklich ne Wilde. Sie war eine heißblütige Süditalienerin; wer dachte Sex vor der Ehe ist nicht, der wurde ganz schön getäuscht. Für sie war Sex fast so eine Art Sport. Kurz nachdem die Filme im Autokino zu Ende waren ging es ab in den Kofferraum, Und wie es dann dort abging, das können Sie sich gar nicht vorstellen. Wir hatten in den knapp 3 Monaten, in denen ich mit Ihr zusammen war, alle nur erdenklich möglichen Stellungen in diesem Kombi ausprobiert. Ich glaube sogar, dass ich zu dieser Zeit auch 3 Kilo abgenommen hatte. War auch kein Wunder, bei 3-4-mal Sex am Tag und dann auch noch so wild. Susanne weis zum Glück nicht alles darüber. „Doubleseven hat auch in Denver Niederlassungen, so haben wir keine Schwierigkeiten und Umstände, das Auto wieder loszuwerden", erkläre ich Susanne. Sie nickt mit dem Kopf und gibt mir Recht. „Mach ruhig, ich verlasse mich hier ganz auf Dich" antwortet sie kurz. „Der Kombi ist ja riesig, bestimmt 5,20m lang und 1,85m breit oder", ruft Clara. „5,18m und 1,87m um genau zu sein, mein kleines Fräulein", erwidert der Autovermieter. Das war schon so ein Wichtigtuer der mir ein bisschen auf den Geist ging. Und dann wollte er auch nicht meine Kreditkarte anerkennen, einfach nur um die Gebühren zu sparen, obwohl er wirbt „all cards are welcome". Von wegen! Aber wenn man Ihn auf das Schild anspricht sagt er nur, das war noch vom Vorbesitzer. „So ein Arschl...", denke ich. Nur gut, dass wir diesen Typen wahrscheinlich nie wieder sehen werden; höchstens wir kommen mal wieder nach Aspen. Die Wahrscheinlichkeit ist allerdings sehr gering, denn nach 2,5 Monaten ging mir Aspen ziemlich auf den Geist.

„So schnell werden wir hier nicht mehr herkommen, oder..." rief ich zu Susanne. „Da stimme ich Dir voll und ganz zu, mein lieber Mann, mein Bedarf an Aspen ist vorerst gesättigt".

17. März 2017

Heute haben wir unseren ersten Hausbesichtigungstermin mit Herrn Brettschneider. Er ist ein deutschstämmiger Immobilienmakler dessen Geschäfte sehr gut laufen. Das Häuschen, das er uns heute zuerst zeigt ist im nördlichen Teil von Denver und nur knapp 10 Autominuten vom NSR-Center entfernt. Infrastruktur stimmt, öffentliche Verkehrsmittel, Metro, Einkaufscenter, Schule, etc... alles da, quasi vor der Haustür. „Was mich stört ist der Lärm hier, oder was sagst Du Schatz?" fragt mich Susanne. Ich bin nicht so anspruchsvoll wie sie. Oft ist es gut so, dass Sie so anspruchsvoll ist und nicht sofort das erstbeste nimmt. So wie auch in diesem Fall. „Dieses Haus kommt für uns nicht in Betracht, Herr Brettschneider, sie haben ja meine Frau gehört". Herr Brettschneider ist clever. „Natürlich habe ich noch ein ganz anderes Haus nur für Sie übrig, das genau zu Ihnen passt", macht er uns neugierig. Er rechtfertigt die andere Immobilie speziell nochmals mit der guten Infrastruktur und dass sie relativ günstig gewesen wäre, gerade wegen diesem Lärm. Gut wie er das macht. Er weist wirklich nur auf die Vorteile hin und geht auf die Nachteile gar nicht ein, bzw. schwächt die Nachteile geschickt ab. Jetzt kann ich mir auch genau ausmalen, warum er so erfolgreich ist.

Das zweite Haus, das er uns anbietet ist ein Traum, genau so wie meine Frau und ich es uns gewünscht hatten. Eine Art modernes Herrenhaus auf einer Anhöhe mit Blick auf einen See, 2000m² großem Garten mit Rasen und Riesenbäumen, diversen Pflanzen und einen eigenen Swimmingpool. „Na, habe ich es Ihnen nicht gleich gesagt, ist das nicht das Richtige?"

„Robert, ich finde es einfach nur traumhaft, und was sagst Du dazu Clara?" Toll, der Swimmingpool, der riesige Garten", einfach Weltklasse, antwortet sie ganz begeistert.

„Und was kostet uns der ganze Spaß, Herr Brettschneider?" frage ich. „4000 US-Dollar im Monat, aber wenn Ihnen das zu viel ist, die andere Immobilie kostet nur...."

„Warten Sie, warten Sie,.... das passt schon, das können wir uns leisten, oder was meinst Du, Susanne? Möchtest Du soviel ausgeben?"

„Klaro, ich möchte das Haus", antwortet sie mit sichtlicher Begeisterung.

„Langsam, langsam", antwortet Herr Brettschneider, „haben Sie ihre letzten drei Gehaltsnachweise und Bankauszüge dabei. Ich muss hier schon auf Nummer sicher gehen, Sie verstehen mich doch". Ich erkläre Ihm, dass das mit den drei letzten Gehaltsnachweisen nicht machbar sei, speziell nachdem wir ja 2,5 Monaten in Aspen waren. Zum Glück hatte ich den neuen Arbeitsvertrag dabei und die Gehaltssummen dort und meine Position haben Herrn Brettschneider sofort beruhigt. Ganz clever antwortet er. „Ich bin wirklich heilfroh, dass dieses wunderschöne Haus auch passende Mieter bekommt, und ich könnte mir niemanden vorstellen, der besser hierher passen würde als Sie und Ihre Familie, Herr Smith".

„Wann können wir einziehen" fragt meine Frau Susanne? „Sofort", antwortet Herr Brettschneider, „sobald wir den Mietvertrag unterzeichnet haben".

„Wann wollen wir das machen?" frage ich. Wie wäre es heute Abend 18.00 Uhr in meinem Büro. Ich lade Sie, Ihre Frau und Kind dann auch zum Essen sein. So können Sie und Ihre Frau gleich gemeinsam den Mietvertrag unterschreiben, ist sowieso besser."

Wir fahren am Abend zu dritt zu Herrn Brettschneider, erledigen die Formalitäten und gehen dann mit Ihm zusammen ins Laredo, ein Steakhaus in dem es die besten Rinderfilets von ganz Colorado geben soll. Susanne und ich bedanken uns für die Einladung und fragen, wie Herr Brettschneider eigentlich in die USA kam und aus welchem Motiv.

Das war so, antwortet er. „Ich hatte 2002 eine kleine Immobilienfirma gegründet und war ein Existenzgründer. Unser damaliges Finanzamt hatte mir aber von Beginn die Hölle heiß gemacht. Das schlechte Wetter in Deutschland und diese ständige Miesmacherei haben dann Ihr übriges dazu beigetragen. Ich hatte ja nichts zu verlieren, und alleine war ich außerdem. Von so einer hübschen Frau und Tochter wie Sie sie haben konnte ich ja nur träumen. 2005 bin ich dann abgehauen"...

„Genau wie wir", geht Susanne sofort darauf ein. „Bei uns war der Fall so ähnlich".

„Vielleicht waren Sie mir deshalb von Beginn an schon sympathisch", antwortet er uns. „Manchmal ist es ja wie Magie oder Telepathie".

Wir essen jeder ganz brav unser Rinderfilet. Susanne nur mit Salat, Clara mit Pommes und ich mit Bohnen und Folienkartoffel. „Schmeckt wirklich ausgezeichnet" Herr Brettschneider, vielen Dank für die Einladung. Susanne und ich sind so froh, dass das mit diesem wunderschönen Haus so prima geklappt hatte. Quasi unser Traumhaus zu einem vertretbaren Preis und dann noch ein anständiger Makler, Gott was willst Du mehr.

31. März 2017

Wir sind fertig mit dem Einzug. Alles geschafft. Sämtliche Lampen und Lichter angebracht, das Wasser läuft und ein Großteil der Möbel, die wir uns gleich am 18.März gekauft hatten sind auch schon angekommen. Das Wohn- , Schlafzimmer, die Küche und Claras Zimmer sind fast schon komplett. Unser Glück ist uns wieder hold. Alles kommt dann, wann wir es brauchen. Genau rechtzeitig.

Bei der Einrichtung haben wir dieses Mal ein wenig gespart, da die Miete ziemlich hoch ist und ich zuerst einmal die Probezeit überstehen muss. Susanne wird in nächster Zeit auf Clara aufpassen, da wir noch keine neue Nanny haben. Josie ist leider bei dem letzten Riesentsunami ums Leben gekommen. Sie hatte Ihren Weihnachtsurlaub wie eigentlich jedes Jahr bei Ihren Freunden und dem Rest der Familie auf den Bahamas verbracht und wurde dort wie so viele andere auch von diesen besagten Riesentsunamis Anfang Januar überrascht. Welch ein Schicksal. Wir hatten Sie richtig gerne und Clara kam mit diesem gutmütigen „Brummbären" auch bestens aus. Sie hatte doch Respekt vor Josie. Clara ist noch ein bisschen traurig, dass Josie jetzt im Himmel ist. Wir haben Clara aber so erzogen, dass sie weis, dass das Leben dort oben weitergeht. Deshalb findet sie es auch nicht so schlimm, dass Josie auf dieser Erde gestorben ist und nicht mehr da ist. Sie lebt ja im Himmel als Engel weiter. So die Ansicht von Clara und das ist gut so. Clara hat durch diese Art von Erziehung auch keine Angst vor dem Tod. Das erleichtert uns die Erziehung schon sehr. Clara ist so weit für Ihr Alter, so verständnisvoll und hilfsbereit und immer fröhlich. Die negative Umwelt kann ihr nichts anhaben. Manchmal kommt es mir vor, dass sie in einer eigenen, positiven Traumwelt lebt, weil sie auf alles immer eine positive Antwort weis. Wirklich zu beneiden!

Heute Abend weihen wir auch unseren neuen Flachbildfernseher ein. Es ist ein total abgefahrenes neues Gerät, das Interaktivität zulässt. Das funktioniert so. Wir schließen Nano-Prozessoren an unsere Gehirnschläfen an. Das sind eine Art beschichtete Metallteilchen, die unsere Gedankenströme und Hirnwellen messen und die Wellen des Fernsehprogrammes beeinflussen. Je nachdem in welchem Zustand ich mich befinde, übertrage ich gewisse Gedankenströme auf das Fernsehprogramm und wirke darin mit. Das geht so weit, dass man nicht mehr eindeutig erkennt ob es ein Film oder Wirklichkeit ist. Sie kennen doch noch alle bestimmt den Film „Die Trueman Story mit Jim Carrey", oder?"

Meine Gehirnströme beeinflussen neuestens das Fernsehen. Je tiefer entspannt ich bin, umso liebevoller wird das Fernsehprogramm. Will ich also in einem Liebesfilm mitspielen muss ich mich einfach nur total entspannen und meine Aufmerksamkeit total herunterfahren. Will ich Action, muss ich extrem wach sein und das Geschehen willentlich beeinflussen. Wie das alles zusammenhängt ist mir im Moment noch zu hoch, aber die Techniker die das erfunden haben sind schon genial, oder? Gedankengesteuertes Fernsehen bzw. virtuelle Realität mithilfe von Nano-Prozessoren. Nach einer Stunde Test des neuen Fernsehers bin ich wirklich müde. Ich komme mir richtig ausgelaugt vor und je müder ich wurde, umso mehr wurde mein geliebtes Actionprogramm in eine „Liebesschnulze" umgewandelt. So hatte ich mir das eigentlich nicht vorgestellt. Wahrscheinlich muss ich mehr die interaktive

Bedienungsanleitung fragen, wie das richtig funktioniert? Das Ergebnis war doch anders als ich wollte.

Wir essen noch gemeinsam zu Abend. Es ist 19.00 Uhr und Susanne macht ihre berühmten Spaghetti Bolognese. Die sind mir und Clara lieber als der teuerste Hummer im Schicki-Micki Restaurant „Bogarts" hier um die Ecke. Von der Preiseinsparung ganz zu schweigen. Niemand kann wirklich so gute Spaghetti-Bolognese machen als Susanne, und Clara eifert ihr hier nach. Clara vergisst immer noch die Knoblauchzehen, die bei Susanne den einzigartigen Geschmack ausmachen. Clara hat aber fürs Kochen, wenn man Spaghetti machen als kochen bezeichnen kann, auch schon ein gutes Händchen und den richtigen Geschmack. Die Soße wieder schon richtig schön saftig und mit einer gehörigen Portion Knoblauch. „Hoffentlich stinke ich morgen nicht so nach Knoblauch, denn morgen ist ja mein erster Arbeitstag in der neue Firma", denke ich. Aber ich weis zum Glück ein altes Indianermittel, das gegen starken Knoblauchgestank wirkt. Das können Sie ruhig auch mal ausprobieren. Einfach zwei oder drei Kaffeebohnen kauen und der Knoblauchgestank ist so gut wie weg. Das wirkt besser als jeder Kaugummi mit starkem Mentholgeschmack. Der Kaugummi wirkt nur oberflächlich, die Kaffeebohne geht aber direkt ins Blut.

01. April 2017

Es ist so weit. Mein erster Arbeitstag in der neuen Firma NSR-Center. Ich konnte die Nacht kaum schlafen, so aufgeregt war ich. Ein neuer Lebensabschnitt sollte beginnen. Um 05.30 Uhr stehe ich auf, damit ich auch genug Zeit habe, mich passend herzurichten und nicht gleich am ersten Tag Stress zu haben. Susanne, meine liebe Frau, steht extra auf und macht mir ein ausgiebiges Frühstück und wünscht mir viel, viel Glück und einen guten Start. „Susanne, Du bist ein Schatz und ich weis nicht, was ich ohne Dich machen sollte!" Ich hatte ja noch nicht ausprobiert, wie lange ich mit der Metro zur neuen Arbeit brauche. Schlecht vorbereitet, würden sie wahrscheinlich sagen und da muss ich Ihnen ausnahmsweise Recht geben. Deshalb bin auch so zeitlich aufgestanden. Von unserem Haus zur Arbeitsstätte sind es knapp 15 Meilen. „Mit dem Auto wird man wahrscheinlich länger brauchen als mit der Metro", denke ich, speziell wenn dann noch Rushhour ist.

Die nächste Metro-Station ist nur 5 Fußminuten von unserem Haus entfernt, also auch keine so schlechte Lage. Ich erwische die Metro um 06.40 Uhr und bin schon um 07.10 an der Station „Delaware-Street", an deren Nordausgang direkt das neue Gebäude vom NSR-Center anschließt. Das Firmengebäude ist ein kleines 3-stöckiges Haus, aber sehr modern. Natürlich nicht zu vergleichen mit dem Riesengebäude der „Nano-Sync", aber trotzdem ganz hübsch. Hier wird bestimmt jeder gleich jeden kennen, das ist mir viel lieber als diese Anonymität bei der „Nano-Sync". Ich schaue auf die Uhr und es ist glatt erst 07.15 Uhr. So früh bin ich noch nie zu einer Arbeitsstätte gefahren. Ich gehe zum Eingang der Firma, aber es ist noch geschlossen. Öffnungszeiten ab 08.00 Uhr steht draußen an der Eingangstür. Ich hatte mich heute extra sehr schick angezogen, brauner Nadelstreifenanzug, lachsfarbenes Hemd, braun-rot-quergestreifte Krawatte, elegante braune Slipper passend zum Anzug aus Italien. Ich konnte glatt mit einem Model konkurrieren, zumindest von den Klamotten her. Da ich eine Führungsposition innehabe ist es schon wichtig, gleich am ersten Tag der Firma einen Top-Eindruck zu hinterlassen. Wie man so schön sagt ist der erste Eindruck ja immer der Entscheidende und ich wollte unbedingt von Beginn an den bestmöglichen Eindruck hinterlassen. Meine Einstellung ist folgende: „Alles was ich zu Beginn nicht richtig mache, kann ich später nur sehr schwer aufholen". Und mit dieser Einstellung bin ich bisher immer sehr gut gefahren, auch wenn ich von Anfang an vielleicht als Streber gelte, aber besser so, wenn es mich weiterbringt. Wichtig ist meiner Meinung nach auch gleich Offenheit, Freundlichkeit und Ehrlichkeit. Mit dieser Einstellung bin ich für heute bereit, meine neue Arbeit anzutreten. Ich gehe noch schnell rüber ins Kaffee an der Ecke und kaufe mir einen frisch gepressten Orangensaft. Ich liebe frisch gepresste Säfte, egal ob Orange, Erdbeere, Banane. Heute steht mir der Sinn nach Orange, auch der Vitamine wegen. Es ist ein bisschen kühl zu dieser Jahreszeit in Denver; ich schätze so 5 Grad hat es im Moment und ich hatte das wirklich unterschätzt und keinen Mantel mitgenommen, nur den Anzug; der war ein bisschen dünn. Hoffentlich hilft das Vitamin C, nicht dass ich zum Start gleich eine Erkältung bekomme. Das würde mir überhaupt nicht passen. „Denk positiv, Du wirst schon nicht krank" murmle ich vor mir her und rede mir das immer wieder ein. Mir ist doch ein bisschen kalt. Der frische Orangensaft schmeckt richtig köstlich und kostet gerade mal 2 US-Dollar. Ein guter Preis! Ich gehe jetzt in das Innere des

Kaffees und flirte mit der jungen Bedienung. Sie hatte mich ganz auffällig angeschaut. Wahrscheinlich denkt sie, „der muss aber Kohle haben, so gut wie der angezogen ist". Jedenfalls lacht sie mich die ganze Zeit an, obwohl sie bestimmt 20 Jahre jünger ist als ich. Wenn das Susanne sehen würde, würde Sie stocksauer werden. Ich bin froh, dass sie jetzt nicht hier ist. Susanne kann immer noch extrem eifersüchtig sein und sie hütet mich wie Ihren Augapfel. Das zeigt mir Ihre grenzenlose Liebe.

Um fünf vor acht verlasse ich das Kaffee und gehe rüber zum Eingang. Es stehen knapp 30 Leute vor der Tür und warten auf Einlass. Davon sind ca. ein Drittel Frauen und zwei Drittel Männer. Also auf jeden Fall kein Frauenüberschuss in der neuen Firma, denke ich mir. Herr Ryder ist schon da und nimmt mich sofort bei Seite. „Komm Robert, ich habe einen Schlüssel für den anderen Eingang. Wir gehen hinten rein", sagt er zu mir. „Sag einfach John zu mir, ich nenne dich Robert, das ist einfacher. Du wirst überrascht sein, wer hier sonst noch arbeitet?" Ich bin neugierig, wer sollte denn noch hier sein? John führt mich zuerst durch das Gebäude, zeigt mir die Büros und die kleinen Labors. Tja und wer kommt da auf einmal. Ich kann meinen Augen kaum trauen. Es ist George Henderson, mein alter Nachbar und verrücktes Genie aus „Nano-Sync" Zeiten. „Ist das nicht eine Überraschung?" fragt mich John. „Und ob", erwidere ich und umarme George überschwänglich. „Hast Du alter Hund auch Glück gehabt? Lebt Dein Sohn Josh noch", frage ich Ihn ein wenig taktlos, aber die Neugierde war größer als mein Taktgefühl. George wird mir das schon nicht übel nehmen. Wir kennen uns ja bereits sehr lange und waren immerhin Nachbarn.

„Nur Deborah ist damals ertrunken; aber wie Du weist hatte sie ja die Scheidung eingereicht und war zu Ihrem Lover gezogen. Trotzdem tut es mir leid für sie. Und wie schaut es bei Dir aus, Robert?"

„Wir hatten riesiges Glück. Just zu jenem Zeitpunkt, als die Katastrophe kam, waren wir komplett im Skiurlaub in Aspen". „Und ich mit Josh in den Rocky Mountains", wie das Schicksal so spielt. „Es war anscheinend für uns noch nicht die Zeit zu gehen, oder was meinst Du, George?" Er als Astrophysiker hatte hier immer spezielle Antworten parat, bei denen ich niemals durchstieg. „Gar nicht so dumm, deine Frage", erwidert mir George.

„Hast Du dich in letzter Zeit mit solchen Dingen etwa beschäftigt?" höre ich Ihn mit großer Neugierde fragen. Ich sage Ihm „nein". „Schade; weist Du Robert, es ist alles für den Menschen in einem gewissen Grad vorbestimmt, kleine Nuancen kann er aber immer verändern".

„Stell Dir nur mal den lieben Gott vor oder irgendeine andere Macht von oben; die ist außerhalb unseres Systems und für die gibt es logischerweise keine Zeit. Er kann als genau sehen, wann Du oder ich stirbst; er oder diese Macht könnte auch sehen, wenn ich mein Leben verändere und wie sich das dann auf mein Leben und meine Lebenserwartung auswirken würde". Ich als Wissenschaftler finde solche Art von philosophieren eigentlich sehr spannend. Diese Erklärung kommt mir doch recht logisch vor, denn wenn ich mich als Außenstehender nicht in dem System befinde, gelten doch auch nicht die Regeln des Systems für mich, oder was sagst du dazu, Robert? „Oh Gott George, Du überforderst mich hier maßlos. Ich bin weder Wissenschaftler noch Philosoph. Das ist mir einfach zu hoch. Bitte verstehe mich und lass mich in Zukunft mit diesen Dingen in Ruhe".

John lauschte ganz gespannt diesen Ausführungen von George und es kommt mir so vor, als würde er das glatt verstehen. Bin ich so dumm, dass ich das nicht verstehen mag? Oder sind es einfach nur Desinteresse und meine Abneigung, Neues zu zulassen? Jedenfalls komme ich mir schon am ersten Arbeitstag ziemlich klein vor, obwohl ich eigentlich von Beginn an richtig auftrumpfen wollte. Und dann so was.

George und John nehmen das ganz gelassen hin. „Du Robert, George ist übrigens der wissenschaftliche Leiter unserer Firma. Er hat den gleichen Arbeitsvertrag wie Du und ist ebenfalls mit 21% an der Firma beteiligt. Ich erzähle Euch das, weil ich Transparenz, Ehrlichkeit, Ethik und Offenheit in dieser Firma haben will. Es gibt hier keine Geheimnisse und jeder weis, dass er sich nach oben arbeiten kann, wenn sein Leistung stimmt. Die Leistung wird gemessen am Gehalt. Wir haben nur drei Stufen hier in der Firma, also eine sehr flache Hierarchie. Das muss so sein, denn wir sind ein Start-Up Unternehmen und zum Wachstum verdammt, sonst können wir gleich wieder dicht machen. Es gibt Angestellte, Leiter und den Vorstand, der aus meinem Vater Richard und mir besteht. Man Vater macht nur noch repräsentative Aufgaben in der Firma und ist ein Art Überwachungsorgan. Er hat 30% Anteile an der Firma, ich 28%. So jetzt wisst Ihr beiden wirklich alles und ich erwarte von Euch, dass Ihr wirklich Euer Bestes gebt und mir zeigt, dass Ihr euer Geld auch Wert seid.

Ich bin überzeugt von Euch, denn sonst hätte ich Euch nicht soviel geboten. Dadurch seid Ihr mir natürlich jetzt auch etwas schuldig, …Bestleistungen".

Rums, das hat gesessen. John ist sehr ehrlich und aufrichtig und weis genau was er will und von uns erwartet. Er hat ganz schön Druck aufgebaut, und das gleich am ersten Tag. Jedenfalls ist mir so ein Boss lieber als einer, bei dem man nicht weis woran man ist. Mit seiner Offenheit hat mich John wirklich im Herzen berührt und meinen Ehrgeiz geweckt. Fast zeitgleich antworten George und ich, dass John sich auf uns 100% verlassen kann und wir täglich unser Bestes geben werden. Das hatte John wahrscheinlich geschmeckt.

Es ist als ob John Gedankenlesen könnte. „Toll, dass Ihr beide so reagiert! Wir werden eine super Truppe, davon bin ich überzeugt", teilt uns John enthusiastisch mit. „Eure Antwort hat mich sehr berührt. Ich habe noch ein kleines Schmankerl für Euch, das nicht in Eurem Arbeitsvertrag steht. Ich wollte vorhin Eure Einstellung und euer Verhalten testen und ich bin überzeugt von Euch. Ihr bekommt beide die neuesten Fahrzeuge von C-Kat vom NSR-Center zur Verfügung gestellt, sowohl zur privaten als auch zur geschäftlichen Nutzung. Es gibt davon weltweit nur vier Prototypen, die C-Kat in enger Zusammenarbeit mit dem NSR-Center bauen wird. Unsere Planung geht davon aus, dass diese Prototypen am 01.01 2018 fertig sind. Es werden die ersten Hybridmotor Fahrzeuge sein, die mit Elektroenergie und Nano-Energie betrieben werden. George hatte uns hier seine grandiosen Ideen und Planungen ja schon im März mitgeteilt. „Vorher bekommt Ihr noch normale Firmenfahrzeuge zur Verfügung gestellt; jeder einen Cey-bat mit 300 PS, George eine Limousine, Robert einen Kombi für die Familie. Ich hoffe, dass mir die Überraschung gelungen ist".
„Und ob. Ich freue mich wirklich wie ein kleines Kind". Konnte John meine Gedanken lesen, dass ich auf Kombis abfahre? John ist wirklich erstaunlich. Zuerst versteht er das Gefasel von George, jetzt gibt er uns das, was wir genau wollen, denn ich weis auch, dass

George eine Limousine lieber fährt. Dann trifft er uns mit seiner Ansprache über Ethik und unserer Wichtigkeit in der Firma noch genau ins Herz. Alle Achtung. John hat richtig etwas auf dem Kasten.

Er zeigt uns jetzt unsere Büros, zuerst meins, dann Georges. Die Büros sind beide gleich groß, ca. 20m², modern, aber auch ein wenig verspielt eingerichtet. Warme Holzschreibtische, Flatscreen, braunen Ledersessel, modernste Telefonanlage, orange-gelbe Vorhänge; einige Pflanzen, alles sehr warm und in sanften Tönen gehalten. „Das Büro ist nach neuesten Erkenntnissen von Feng-Shui errichtet worden. Ihr solltet Euch 100%-ig wohl fühlen und Euer Energiefluß soll auch stimmen. Es wurde alles mit einem Energiependel und einer Wünschelrute ausgemessen, so dass Euer Arbeitsplatz wirklich optimale Bedingungen für Höchstleistungen bietet. Ich sage Euch das schon alles jetzt; Ausreden für schlechte Leistungen gibt es fast keine. Um ein bisschen Individualität in Euer Büro zu bringen könnt Ihr natürlich eigene Bilder aufhängen oder auch Fotos von Eurer Familie, oder was Ihr gerne sehen wollt, aufstellen. Was ich auch begrüßen würde wäre ein kleiner Brunnen oder so was, was ganz leicht plätschert. Das überlasse ich aber Euch und Eurer Individualität". Auch George ist verblüfft, an was John alles denkt. „John erstaunt mich sehr", flüstert George zu mir, damit es John nicht hören kann. Und was kommt auf einmal wie aus der Pistole geschossen aus Johns Mund. „Und seid Ihr ein bisschen erstaunt?" Er konnte das nicht gehört haben, was George zu mir sagte. George hatte ja so leise geflüstert, dass sogar ich Schwierigkeiten hatte George zu verstehen.

George und ich kommen uns fast irgendwie ertappt vor. Kennen Sie dieses Gefühl?

John führt uns in die Labors. Insgesamt 10 Wissenschaftler unterschiedlichster Ausrichtungen sind im Team von George dabei. Medizin Chemie, Biotechnologie und Biochemie, Mathematik, Physik und Astrophysik, neueste Computertechnologien und Unterhaltungselektronik, Philosophie, Maschinenbau, Quantenforschung und James Ender, spezialisiert auf neue Wissenschaften wie Psi-Phänomene, Parawissenschaften, Telepathie und Zeitreisen. „Ja, hier wird Wissen geschaffen und ist in großem Maße da", sagt John. „Trotzdem, Stillstand ist Rückschritt, deshalb wurden hier Spezialisten aus den unterschiedlichsten

Zweigen geholt um neueste Ansichten zu vertreten. Nur durch unterschiedliche Sichtweisen können wir Kreativität schaffen". Auch George ist ganz begeistert von der Weitsicht von John.

„Hört mir bitte einmal zu. Ich möchte Euch mitteilen, dass mein Vater und ich große Stücke auf Euch setzen und wir unser ganzes Privatvermögen in diese Firma und in Euch investiert haben. Wir haben es abgelehnt Regierungsgelder zu verwenden. Ich appelliere an Euren Forscher- und Erfindungsgeist Euer Bestes zu geben um mit neuesten Innovationen und Erfindungen das Weiterleben der Menschen auf dieser Erde zu ermöglichen. Wie Ihr wisst, ist unser Planet in eine absolute Schieflage geraten. Wer oder was auch immer hier schuld war; darauf möchte ich nicht eingehen. Wir müssen lösungsorientiert denken und mit neuesten Technologien positiv das Leben hier beeinflussen. Ich bitte Euch, dass all Eure Forschungen und die gefundenen Ergebnisse strengster Geheimhaltung unterliegen. George Henderson, Euer Leiter und Boss bekommt den einzigen Schlüssel für das „Inno-Lab". Das wird das Labor sein, in dem die neusten Erkenntnisse im Cyber Computer N-Robot niedergeschrieben werden. Dieser spezielle Computer kann nur mit diesem Schlüssel bedient werden und wird zudem noch in den gepanzerten Q-Raum gestellt. Spezielle radioaktive Materieenergieströme schützen diesen Computer vor unbewussten Eindringlingen. Das elektromagnetische Kraftfeld kann nur mit diesem Universalschlüssel ausgeschaltet werden. Einen davon bekommt George und einen hat mein Vater oder ich. Ich wünsche Euch einen guten Start bei NSR. George, Robert, kommt bitte mit. Ihr lernt jetzt meinen Vater kennen."

Wir gehen hoch in den 3. Stock; zuerst zeigt uns John sein Büro. Es ist sieht genauso aus wie Georges und meins, nur dass er schon einen Brunnen aufgestellt hat, der ein leises angenehmes Plätschern erzeugt. Ich frage John wie es ausschaut mit Familie. Schlagartig verfinstert sich seine Miene und er fühlt sich sehr gekränkt.

„Wussten Sie nicht Robert, dass meine Frau Rita und mein Sohn Richard zur Zeit der großen Katastrophe in New York bei meiner Mutter zu Besuch waren und von den Tsunamis überrascht wurden? New York wurde doch dem Erdboden gleich gemacht und niemand hatte überlebt. Hatte ich Ihnen das nicht erzählt?" Eine gewisse Sehnsucht, Traurigkeit und Wehmut macht sich in Johns Blick breit. „Mein Vater und ich waren genau zu jener Zeit in Denver um die letzten Firmenvorbereitungen für NSR zu treffen. Ach, wären meine Frau und mein Sohn nur mitgekommen, dann wären sie noch am Leben".

„Entschuldigen Sie bitte, mein Beileid. Ich wusste das nicht, das tut mir wirklich sehr leid", antworte ich betroffen. „Das ist ein Grund mehr, warum diese Firma jetzt meine Familie ist und ich jeden Mitarbeiter wie ein Familienmitglied behandeln will. Bitte entschuldige Robert, ich hatte gedacht, Du wüsstest das alles".

Wir gehen rein in Richards Büro. Dieses Büro ist etwas anders. Mit schweren Holzmöbeln, ohne Computer, noch mit festem Telefon. Alles etwas schwermütiger. Und auf dem Schreibtisch ist ein Familienbild von seiner Frau, zusammen mit Rita und Richard jr. Er macht einen traurigen, aber gefassten Eindruck.

"Hallo Robert, hallo George, hallo John. Ich begrüße Euch bei NSR, unserer kleinen Familie. Wie Ihr wisst, sind John und ich die einzig Überlebenden aus unserer Familie. Deshalb seid Ihr jetzt für John und mich wie Familienmitglieder. Alle Mitarbeiter sind Familienmitglieder von NSR". Wie er das so sagt, denke ich. Absolut überzeugend und in seiner Stimme steckt diese Ehrlichkeit und Stärke, so wie ich sie schon bei John kennen gelernt und bewundert hatte. „Wir werden uns zukünftig zweimal pro Woche auf eine Stunde zusammensetzen. Montags um 08.30 Uhr und freitags um 17.30 Uhr. Montags werden wir unsere Pläne, Ziele und Aufgaben für die kommende Woche besprechen, freitags machen wir dann den Ergebnischeck und überprüfen, ob wir im Soll liegen und unsere Ziele erreicht haben. Es liegt also immer an Euch, mit welcher Stimmung Ihr ins Wochenende gehen könnt und wie Ihr die Woche wieder startet. Ich weis, das ist ein bisschen ein Druck, aber ein wenig Druck braucht jeder, damit er seine Aufgaben auch bestmöglich erledigt. Wir werden uns, falls die Ziele erreicht werden, natürlich auch immer sehr großzügig zeigen und jedem Mitarbeiter, egal welcher Hierarchie oder Hautfarbe er hat, gewisse Extras geben.

„Wir sind ein kleines Start-Up und auf Ergebnisse angewiesen. Unser ganzes privates Vermögen und unsere Komplette Vision stecken in dem Unternehmen. Wir wollen weltweit die Nummer 1 bis zum Jahre 2020 im Bereich der Nano-Technologien und der neuen Wissenschaften sein. Warum ich das sage ist, weil diese beiden Bereiche untrennbar miteinander verbunden sind. George, als absolutes Genie und global denkender Wissenschaftler der neuen Denkrichtungen weis das".

Das ist mir jetzt wieder zu hoch, denke ich. Was weis denn George alles?

Ich lasse es damit bewenden und nehme die Vision so hin, wie sie mir von Richard förmlich in mein kleines Gehirn einzementiert wurde. Wenn ich jetzt nachfragen würde, weil mir nicht alles klar ist, hätte ich sofort das Image eines „kleinen Dummchens", nachdem das ja auch mit John schon war, und das möchte ich auf alle Fälle vermeiden. Also halte ja die Klappe denke ich mir und beiße mir extra auf die Lippen, damit mir kein Blödsinn auskommt.

„John, George, Robert, ich denke, Ihr wisst, auf was es ankommt. Lasst es uns einfach tun".

„John, hast Du Ihnen schon das Büro gezeigt und die Firmenwagen übergeben?"

„Ja Vater".

„John, hast Du George schon mit „Inno-Lab" vertraut gemacht?"

„Ja Vater".

Der Vater hatte John doch noch ganz schön im Griff....

„Dann ist ja alles klar. Ihr könnt gehen. Guten Start wünsche ich Euch und wenn Ihr etwas braucht bin ich immer für Euch da".

Wenn ich mir John und Richard so anschaue, dann kann ich nur denken, „meine absolute Hochachtung". Wie stark die auftreten obwohl sie diesen herben Verlust mir Ihrer Familie hatten, alle Achtung.

Es ist jetzt 18.00 Uhr und ich mache mich auf den Nachhauseweg mit meinem Firmenwagen. Der Tag verlief unspektakulär. Was vielleicht erwähnenswert ist, ist, dass ich keine Sekretärin habe. Hier muss ich alles noch selbst in den Computer eingeben. Ist aber auch nicht weiter schlimm, da unsere Computer schon mit neuen „Nano-Rezeptoren" ausgestattet sind, die meine Gedankenströme und Impulse in die passenden Buchstaben umwandeln. Ich habe mich in den anderen Büros ein wenig umgesehen und überall hallo gesagt. Wir sind ja eine kleine Firma. Der Altersdurchschnitt war maximal 30. Also wirklich extrem jung. Alle waren sehr freundlich und sehr offen zu mir und Gesprächen nicht abgeneigt. Man konnte schon am ersten Tag richtigen Teamgeist verspüren. Ganz anders als in so großen, streng hierarchischen Riesenunternehmen. Mein Gefühl für den ersten Tag ist wirklich spitze. Jedoch zeige ich auch ein bisschen Ehrfurcht und Respekt vor John und seinem Vater Richard. Die haben wirklich etwas auf dem Kasten.

Um 18.30 Uhr bin ich schon zu Hause. Kaum Berufsverkehr. Das ist hier alles doch eine ganze Nummer kleiner als in L.A. Susanne kann es kaum glauben, dass ich schon so früh da bin. Und als ich Ihr das alles von George, Deborah und Josh erzähle kann sie es noch weniger glauben. Meine Frau kommt aber immer sehr schnell und sehr trocken mit Antworten. Sie sagt ganz kurz. „Es tut mir leid um Deborah!" Mit George hatte ich ja weniger Kontakt. Clara wird sich wahrscheinlich freuen, wegen Josh. Schauen wir mal, ob Sie Josh nicht schon vergessen hat.

„Clara ist gerade im Kung-Fu Unterricht", sagt mir Susanne und kommt nicht vor 21.00 Uhr zurück. Wenn Susanne das so explizit zu mir sagt, dann weis ich genau was sie will. „Du willst also......," flüstere ich Ihr liebevoll ins Ohr.

„Ja", haucht sie mir lustvoll entgegen. „Lass es uns auf der Herdplatte treiben!" So richtig wild faucht sie mich gleich wild an. Das sind immer solche Spielchen. „Frauchen zeigt Ihre Krallen", nennen wir das Spiel. Zufälligerweise hatte Susanne heute einen längeren Wollrock an, da es heute empfindlich kalt war. Ich greife sie an Ihren festen Po-Backen, Sie umschlingt mich mit Ihren Beinen, Ihre Arme sind um meinen Hals und mit einem Hieb sitzt Sie auf der Herdplatte. Sie drückt meinen Kopf fest an Ihre Brüste und ich beginne fordernd zu saugen. Susanne fährt mit Ihren Händen ganz wild durch meine Haare und zieht auch daran, so dass es nicht unangenehm schmerzt. Das ist die Leidenschaft. Sie reißt meinen Kopf an den Haaren nach oben und beißt mich zuerst in den Hals, dann in den Nacken und zuletzt ins Ohr. Sie saugt mit Ihren Lippen an meinen Ohrläppchen und kreist danach mit Ihrer Zungenspitze in meiner Ohrhöhle. Das macht mich so richtig geil und wild. Ich hebe Ihren Rock hoch und reiße Ihr den Slip vom Leib. Mit einem gekonnten Griff lockere ich mit der linken Hand meinen Gürtel und streife Hose und meine mittlerweile für meinen steifen Schwanz zu eng gewordene Unterhose ab. Mit einem beherzten Stoß dringe ich in Ihre feuchte, alles verschlingende Grotte ein und war verwundert, wie schnell sie mich aufnimmt. Ich stoße immer heftiger, tiefer und höre Ihr lautes Schreien. „Ich komme, jaaaaa, ich komme, schneller" ..... und gleichzeitig erreichen wir den Höhepunkt mit einem lauten Aufschrei, „jaaa...."

„Du bist schon so eine Kanone", hauche ich ganz zärtlich zu Susanne. „Und Du hast Dein Pulver gut platziert und genau richtig geschossen". Wir küssen uns leidenschaftlich, aber zärtlich und ziehen langsam wieder Unterhose und Hose, bzw. Slip und Rock an. „Das war jetzt nur das Vorspiel, heute Abend bist Du nochmals dran", sagt sie mir mit einem kleinen Augenzwinkern.

Das sind ja herrliche Aussichten...

Clara begann mit dem Kung-Fu-Training vor einer Woche und findet das so klasse, dass Sie jeden Abend dorthin tigert. Ich glaube ja, dass dort viele Jungs sind und sie deswegen so gerne geht, aber... die ganzen Tricks, die sie dort gezeigt bekommt. Man merkt Ihr richtig die Leidenschaft an und dass sie sich mit dieser Sportart, ja man kann schon sagen, mit dieser Lebensphilosophie total identifiziert. Wenn Clara Ihre Ruhe vor mir haben will, weil Sie meditiert und Ihre Stärke verbessern will sagt sie nur kurz zu mir. „Dad, lass mich alleine, ich muss mich auf mein Harra konzentrieren, damit mehr Wille und Stärke in meiner Energie sind".

Was zum Teufel das auch immer heißen will!

Clara kommt pünktlich um 22.00 Uhr nach Hause. „Wie war´s heute?" frage ich Sie. „Spitze" ist Ihre Antwort. „Bist Du noch hungrig?" „Nein, ich hatte gerade noch einen Cheeseburger, ich brauche nichts mehr".

„Du Clara, wir haben eine Überraschung. Weist Du, wer auch hier in Denver wohnt?"

„Nein, woher soll ich das denn wissen, komm, lass es raus, Papa". „Josh wohnt hier, Georges Sohn, unser ehemaliger Nachbar und deine Sandkastenliebe".

Clara springt mich jubelnd an und tränen bilden sich in Ihrem Gesicht. „Er lebt", schreit sie erleichtert auf, „er lebt!" „Ja, er lebt", erwidert Susanne „und George arbeitet sogar mit Dad zusammen bei NSR. Die Welt ist doch so klein".

„Weist Du wo er wohnt, Dad?" „Nein, ich habe Ihn noch nicht gefragt, aber morgen werde ich Ihn fragen, okay, kleine Maus". „Okay. Da bin ich aber gespannt".

08. April 2017

Heute haben wir die erste Besprechung. Wir sind zu viert. Richard, John, George und ich. Richard zieht seine Agenda raus, die viele verschiedene Tagesordnungspunkte aufweist „Wie Ihr seht, ich war fleißig übers Wochenende". George macht uns klar, dass es diese Woche richtig losgeht. „Die erste war zur Eingewöhnung noch piano aber jetzt gehen wir in Media Res, Ihr wisst, was das heißt! Jetzt geht's los".

John und ich haben uns einmal vorgestellt, was wir in den einzelnen Abteilungen für Projekte machen wollen.

Im Bereich Medizin, Pharmazie wollen wir neue Medikamente für Zellverjüngung, Hautstraffung, Anreicherung des Sauerstoffs im Blut und auch neue Nano-Sonden entwickeln. Wir wollen bis 2020 den Krebs, die Vogelgrippe, Aids, Ebola, Rinderwahnsinn, Schweinepest und andere Krankheiten besiegen.

In der Biotechnologie und Genforschung wollen wir neue Lebensmittel kreieren, die auch an unwirtlichen Plätzen, wie z.b. in Trockengebieten oder sogar verseuchten oder verstrahlten Gebieten wachsen und gedeihen können. Ferner wollen wir neue Lebewesen schaffen, die mit weniger Sauerstoff auskommen und die sich künstlich fortpflanzen können: Dies probieren wir zuerst bei den Tieren und dann bei den Menschen aus.

Im Bereich der Physik, Astrophysik, Quantenphysik und Mathematik wollen wir den Energiefluß und die Energie dieser Nano-Partikel exakt bestimmen und auch deren Wirkungsweisen. Ferner wollen wir nachweisen, dass diese Partikel eine eigene Intelligenz haben, und wenn möglich versuchen wir nachzuweisen, dass diese Intelligenz aus dem Universum stammt. Obwohl diese Nano-Partikel so immens klein sind können Sie sich zu neuen Materialien und neuen Lebensformen zusammenfügen und verbinden. Irgendwoher muss ja dieser Trieb kommen. Nichts ist zufällig.

In der Computerindustrie haben wir ein Hauptanliegen. Das Schaffen von Nano-Robots im Mikroteil und die Schaffung von intelligenten Robotern, also eine Art Cyborg, die sich selbst weiterentwickeln und Ihre Energie und Intelligenz aus den Nano-Partikeln bekommen.

Das Ressort der neuen Wissenschaften wird mit Hilfe der Nano-Technik Phasen-Frequenzanalysen, Verhältnis von Telepathischen Schwingungen und Nano-Partikel, Steuerung der Nano-Intelligenz durch menschliche Gehirnwellen; Auswirkung von Telepathie und deren Reichweite in die Zukunft und die Vergangenheit, Intelligenztransport mit Hilfe von Nano-Teilchen (hier in enger Verbindung mit der Genforschungsabteilung) sowie gedankliche Erhöhung und die Auswirkung auf das elektromagnetische Feld der Nano-Partikel.

„George, was denken sie, ist das alles machbar? Ist das realistisch erreichbar?"

„Richard, es sind jedenfalls großartige Ideen und Visionen, die Sie und John uns hier aufgetischt haben. Mit dem Großteil Ihrer Ideen kann ich mich anfreunden, nur nicht mit dem

Cyborg-Mensch, der sich selbst weiterentwickeln soll. Hier sehe ich große Gefahren für die Zukunft".

„Okay, dann lassen wir dieses Projekt. Der Rest scheint ja machbar. Deshalb werden wir jetzt richtig Gas geben, damit wir unsere ehrgeizigen Pläne verwirklichen können. Die Konkurrenz schläft nicht!"

„Jetzt wissen wir woher der Wind weht" sage ich ganz kleinlaut zu George. „Hättest Du dir etwa gedacht, Du kriegst das hohe Gehalt geschenkt? So weit sind wir hier in Amerika noch nicht. Hier muss sich jeder sein Geld verdienen und je besser und einzigartiger die Leistung, umso höher das Gehalt. Schlechtleistungen werden nicht akzeptiert. So ist das nun mal hier. Robert, Du bist doch auch schon sehr lange dabei und müsstest eigentlich wissen wie der Haase läuft. Manchmal kommst Du mir so vor wie ein Träumer", spricht George zu mir.

„Danke für die Standpauke George. Ich habe verstanden. Du, wo wohnst Du eigentlich? Meine Tochter wollte das unbedingt wissen wegen Josh, Du weist schon". „Klar, ich verstehe, ich wohne im Norden bisschen außerhalb der Stadt. Mit dem Auto max. eine halbe Stunde. Das ist hier ganz anders mit dem Verkehr als in L.A".

Gar nicht zu vergleichen. Kannst Du mir die Straße noch geben? „Prescott Drive, Hausnummer 15. Ist ein kleines Häuschen mit schnuckeligem Garten, so fast im Key West Stil, mit Holzterrasse, ganz einfach. Die Größe von 100m^2 reicht für Josh und mich. In einem größeren Haus würden wir uns eher einsam vorkommen, außerdem macht es nur Dreck. Du weist, wie lange ich immer arbeite! Abends wenn keiner mehr da ist, habe ich oft die besten Ideen und kann sie auch in Ruhe verwirklichen. Und jetzt, wo Deborah nicht mehr da ist habe ich sowieso keinen Druck mehr früher nach Hause zu kommen. Josh ist so selbständig. Er ist jetzt 11 und ein richtiger Teenie, ein Sport-Ass, Mietglied im Eishockey-, Football-, Baseball- und Basketballclub und in jeder dieser Sportarten ist er einer der besten seines Teams. Ich hatte mich in seinem Alter nur mit Computern beschäftigt. Josh tickt hier ganz anders als ich, zum Glück. Bisher kann er sich noch nicht entscheiden, auf welche

Sportart er am meisten Wert legen soll. Halt, Golf spielt er auch. Hier zeigt er mir oft, wenn wir zusammen eine Runde am Golfplatz bei uns machen, welches außerordentliche Ballgefühl er hat".

„Lass Ihn mal weiterhin alle Sportarten machen", sage ich zu George. „Das fordert seine ganze Vielseitigkeit und später kann er sich ja immer noch spezialisieren wenn er genau weis was er will".

„Da gebe ich Dir absolut recht, Robert, danke". „Macht deine Tochter auch irgendwas? Wie alt ist sie jetzt?"

„Sie wird jetzt im Mai 11. Im Moment geht Sie jeden Tag mit Begeisterung ins Kung-Fu Training und nimmt die Sache wirklich sehr ernst. Was genau dahinter steckt, ob evtl. Jungs oder was oder warum auch immer; das konnte ich noch nicht herausfinden. Auf jeden Fall ist sie sehr ehrgeizig".

„Das war sie doch schon immer!", erwidert George.

18.00 Uhr abends.

Rückblickend auf den Tag kann ich sagen, dass ich sehr fleißig war. Zuerst die Besprechung, dann habe ich mir die zur Verfügung stehenden Budgets angeschaut, noch die Planzahlen, Liquiditätskennzahlen und den Cash Flow.

Ich bin zufrieden mit mir. NSR steht für ein junges Start-Up Unternehmen auf guten und gesunden Füßen.

13.Juni 2017

Neue Schreckensmeldungen aus China. Ein neuartiger Vogelgrippevirus ist ausgebrochen. Im „Nano-View" Center in China arbeiteten die führenden Forscher an der genmanipulierten Veränderung für Vogelfutter mittels Nano-Technologie. Der neue Virus springt von Vögeln auf Tiere und auf die Menschen über und ist nicht eindämmbar. Er verbreitet sich fünffach so schnell wie der bisherige Krankheitserreger. Lt. Aussagen im Fernsehen liegt es an der erhöhten Energie der einzelnen Proteine, die diese Krankheit übertragen, aber auch an dem niedrigen Sauerstoffgehalt der Luft, speziell in den chinesischen Großstädten im Landesinneren. Die großen Weltmetropolen an den Küsten wurden von den Tsunamis ausradiert.

China manipulierte sämtliche Nahrungsmittel, sowohl Pflanzen, als auch Tiere mit diversen geheimen Technologien, um den Ertrag und den Profit in die Höhe zu treiben. Und jetzt, so wie es aussieht, sind sie nicht mehr Herr der Lage, dies zu steuern.

30. Juni 2017

Mittlerweile hat sich das Virus auf ganz China verteilt. Mehr als 700 Mio. Chinesen verenden auf grausame Weise. Nur einem neuen Antiserum, entwickelt von Peter Serr aus Deutschland ist es zu verdanken, dass die Epidemie eingedämmt werden konnte.

Aber weitere Gefahren aus dem Reich der Mitte sind schon unterwegs. Aufgrund der übertriebenen Anwendungsweise der Nano-Technologie, die Chinesen hatten wirklich in jeder Industriesparte auf die Nano-Technologie gesetzt, hat sich der Sauerstoffgehalt in China auf unter 9% reduziert. Die Nano-Partikel schwirren als frei schwingende Energie in der Luft und verbrennen durch deren starke Rotation den Sauerstoff. Zusätzlich bilden sie ein neuartiges Energiekraftfeld aus, das den Sauerstoff einfach absorbiert

Experten schätzen, dass der Sauerstoff in den Ballungszentren von China noch für ca. 3 Jahre reichen kann.

Ferner erkranken immer mehr Menschen dort an Lungenkrebs, weil der menschliche Körper diese niedrige Sauerstoffzufuhr auf Dauer einfach nicht gewohnt ist. Die Krankheitsquote beträgt schon 40% und es herrscht absoluter Ausnahmezustand und Katastrophenalarm in China.

15. Dezember 2017

In China hat sich die Lage einigermaßen erholt. Insgesamt starben in den letzten 6 Monaten knapp eine Mrd. Chinesen. Aufgrund der vielen Toten hat sich der Sauerstoffgehalt der Luft wieder auf 16% erhöht. China, das noch 2014 Exportweltmeister und Industrienation Nummer 1 war, ist auf den Stand eines Entwicklungslandes zurückgefallen. Um weiteres Leben dort zu ermöglichen war es erforderlich, die Industrie zu stoppen und auf den primären Sektor, die Landwirtschaft zurück zu kehren. Unglaublich was sich hier ereignet hatte. Die Chinesen waren sich aber bewusst, dass dies evtl. die einzige Art der Rettung war.

Es sickerte durch, dass „Nano-View" an zwei Geheim-Projekten forscht. Erstens: Zeitreisen mit Nanoenergien im ultrakurzwelligen Bereich mithilfe eines elektromagnetischen Feldes und zweitens Schaffung eines neuartigen, genmutierten Lebewesens, das unsterblich sein soll und das mit den jetzigen Lebensbedingungen hier in China zurecht kommt.

Wenn das möglich sein soll, hat der Mensch wie er jetzt ist überhaupt noch eine Daseinsberechtigung? frage ich mich.

19. Dezember 2019

George, Richard und John liegen ermordet in Ihren Büros. Ich bin vollkommen am Ende und alarmiere sofort die Sicherheitskräfte.

Wie es zum Tod dieser 3 kam, weis niemand. Alle Projekte, die wir vor 2 Jahren angesprochen und ins Leben gerufen hatten wurden erfolgreich umgesetzt. Nach einem kurzen Check merke ich, dass in die Büros eingebrochen wurde. Es fehlt alles, der Schlüssel für Inno-Lab und die Universalschlüssel, einfach verschwunden. Auch alle Dokumente, alles was auf die Forschungen von NSR-HC zurückschließen lässt. Waren es die Cyborgs mit den nano-gesteuerten PSI-Prozessoren, um die Macht auf der Erde zu übernehmen und den Menschen in der Weiterentwicklung seines Bewusstseins und der technischen Fortschritte zu stoppen? Oder die Regierung, oder die Wettbewerber aus China, Japan, Russland oder Europa? Hier ist etwas aus den Bahnen gelaufen, aber was, weis ich nicht. Hatten mich

Die Realität

Schweißgebadet und mit Schmerzen am ganzen Körper wache ich auf und finde mich zwischen Mülltonnen und Pennern in einem kleinen Hinterhof im Herzen von New York wieder. Ich schaue auf meine Uhr und es ist der 20.April 1996, 07.00 Uhr morgens. Habe ich das soeben nur geträumt? Es war alles so unglaublich realistisch bis ins kleinste Detail. Ich konnte mir wirklich alles, aber wirklich jede Einzelheit aus diesem Traum merken und stehe auch jetzt, um 07.00 Uhr morgens noch unter Schock, was sich mir im Traum alles gezeigt hatte.

Woran liegt es, dass dieser Traum so real und so lebendig war? „Ein Actionfilm im Kino ist ja ein Dreck dagegen", denke ich. Dieser Traum beschäftigte mich noch eine Weile. Vielleicht können ja Sie, sie liebe Leser, mir helfen herauszufinden, warum ich so schlecht geträumt hatte und warum dieser Traum so realistisch war.

Damit sie mich besser kennen lernen, ich heiße Bill Smith, bin 31 Jahre alt und lebe hier in einem 40m² großen Appartement in New York, Manhattan. Ich hatte vor einem halben Jahr mein Studium in Harvard zum MBA mit Spezialgebiet Börsenhandel abgeschlossen. Und zwar sehr erfolgreich, Notenschnitt 1,4. Geld hatte mich schon seit meiner frühesten Kindheit sehr interessiert, da wir in unserer Familie einfach kein Geld hatten. Mein Vater, der schon ein paar Jahre tot ist, war einfacher Fabrikarbeiter bei Coke, meine Mutter putzte und holte mit ein paar Aushilfsjobs das zum Überleben notwendige Geld rein. Sie war sich einfach für keinen Job zu schade. Sei es Bedienung, sei es Toilettenfrau in Diskotheken, Bars oder am Highway, Tellerwäscherin in den Fast-Food Restaurants oder auch als Putzkraft. Trotzdem waren meine Mutter und mein Vater immer sehr positiv und gut gelaunt und haben mir immer Ihre Liebe gezeigt. Meine Mutter hatte außer meinem Vater keinen einzigen anderen Mann bis zu seinem Tod; bewundernswert finde ich das.

Wir lebten in einer 3 Zimmer Sozialwohnung in der Eastside, aber im schäbigsten Viertel. Mir war schon als kleines Kind klar, dass ich so ein bescheidenes Leben wie meine Eltern, dieser ständige Kampf um ein paar Kröten einfach nicht leben will. Diese Unsicherheit, dieses ständige Suchen nach neuen Arbeitsgelegenheiten, täglich jeden Heller umdrehen zu müssen und schauen, wie lange das Geld noch reicht, das kann doch nicht das wahre Leben sein.

Mein Vater und meine Mutter gaben wirklich alles und ermöglichten mir die bestmögliche Kindheit in diesem Wohnviertel. Speziell mein Vater achtete sehr darauf, meinen Ehrgeiz anzustacheln und mir immer wieder klarzumachen, nur mit guter Schulbildung kannst Du das erreichen, was Du willst. Hier war er wirklich sehr clever. Nur für Top-Zensuren bekam ich eine kleine Belohnung, so dass ich schon in meiner frühesten Kindheit den Wert des Geldes schätzen lernen konnte. „Hast Du welches, bist Du wer, hast Du keines bist Du niemand". Das war der Spruch, den er mir immer wieder in mein Gehirn einzementierte. Von frühester Kindheit an war dadurch mein Ehrgeiz und der Wunsch nach Geld extrem ausgeprägt, ist jetzt auch verständlich, oder? Andererseits wurde mir auch von meinen Eltern mitgegeben, „wer Geld hat, der muss auch teilen können" oder „wer Geld hat, hat das Geld, um anderen zu helfen".

Auch das hatte sich in meinem Unterbewusstsein manifestiert. So kam es oft vor, dass ich gerade in meiner Kindheit oder Jugendzeit, speziell wenn ich etwas geschenkt bekommen habe, plötzlich sehr viele Freunde hatte, weil sie wussten, dass sie von mir etwas abstauben konnten. Manchmal fühlte ich mich dann doch ausgenützt, gerade wenn diese sogenannten Freunde nur etwas von mir wollten, wenn ich etwas hatte. Sie selbst gaben aber nie etwas ab. Hier tat ich mir wirklich sehr schwer zu verstehen, warum.

Schon als 6 jähriger Junge war mir klar, „ich werde Millionär". Wenn ich damals auf meinen Berufswunsch angesprochen wurde antwortete ich immer „Millionär". Oft wurde mir gesagt, sei es von Oma, Opa, Tante, Onkel oder Bekannten, Millionär ist doch kein Beruf. Wissen Sie, was ich als kleiner Junge daraufhin gesagt hatte. „Wieso, ein Millionär arbeitet doch auch und wer arbeitet, der macht einen Beruf, ist es nicht so?" Auf solche Antworten hörte ich dann immer, „ ......aber Junge, das ist doch...."

Meine Kindheit verlief wirklich sehr glücklich. Wir konnten uns zwar nicht viel leisten, aber es war immer genug zu essen da. Manchmal hatte ich den Eindruck, dass meine Eltern einfach zusätzliche Arbeiten annahmen, um mir ein besseres Leben zu gönnen. Wenn jemand zurückgesteckt hat, dann waren es immer mein Vater und meine Mutter. Mir lasen sie nahezu jeden Wunsch von meinen Augen ab, auch kostspielige Wünsche. Natürlich musste ich auch meinen Teil dazu beitragen, sei es durch gute Noten in der Schule, oder durch außergewöhnliche Leistungen im Sport. So hatte jeder immer etwas davon. Meine Eltern waren stolz auf Ihren „gescheiten" und „sportlichen" Sohn und ich habe die Dinge bekommen, die ich wollte, oder besser gesagt, ich hatte mir diese Dinge dann auch verdient.

Schon im Alter von 7 steckte mich mein Vater in den hiesigen Baseballclub, den New Yorker Eagles. Ich konnte schon im Alter von 7 Jahren die Bälle härter schmeißen, und das auch noch mit mehr Effet, als die meisten 10-jährigen. Auch beim Schlag mit der Keule traf ich nahezu jeden Ball. Ich hatte das Gefühl, dass ich den Flug des Balles richtig antizipieren konnte, woher auch immer ich diese Fähigkeiten hatte. Es war fast wie Magie.

Mein Vater schenkte mir immer wieder die neuesten und besten Schlägermodelle, die besten Schuhe, weil er einfach so stolz auf mich und unser Team war, weil wir immer alles gewannen. Wahrscheinlich hatte er in seiner Kindheit und Jugendzeit sehr oft verloren, weil er diese Erfolge fast mehr genoss als ich. Für mich waren diese Erfolge fast selbstverständlich. Das birgt natürlich die Gefahr, dass man etwas überheblich wird und sich als „Großkotz" gibt. So kam es dann auch. Nichts oder niemand war mehr gut für mich. Ich dachte einfach immer nur „Du bist der Beste" und wurde von meinem Vater auch immer wieder bestätigt. Es kam soweit, dass ich im Alter von 12 Jahren den Spitznamen „der Großkotz" bekam. Oder oft hörte ich auch „hier kommt der Angeber". Egal was ich auch tat, ob ich meine Sachen verschenkte oder mit jemanden teilte, dieses Image konnte ich erst 3 Jahre später loswerden. Das lag vor allem daran, dass meine Eltern die Erziehung etwas änderten. Speziell wenn ich wirklich mit Abstand der Beste in einem Spiel war sagte mir mein Vater, „das war in Ordnung, aber andere sah er noch stärker" und wenn ich einen schlechten Tag hatte baute er mich auf. „So schlecht wie Du dich siehst warst Du nicht". Das hatte zwar zur Folge, dass ich manchmal nicht wusste, woran ich bin, aber für meine Erziehung war es mit Sicherheit sehr gut. So nahm ich mich im Laufe der Zeit doch immer mehr zurück und bekam dann auch wieder ein anderes Image. Eines möchte ich Ihnen noch erzählen, was ich genial fand von meinen Eltern. Und zwar, wie sie mich am Rauchen gehindert hatten. Das war wirklich eine Superstrategie, die ich bei meinen Kindern später auch einmal anwenden werde.

Soll ich Sie Ihnen erzählten? Okay. Ich war ja Sportler und im Baseball-Team. Damals rauchte niemand. Zumindest als ich 12 war. Im Alter von 12 nahm mich mein Vater an die Hand und sagte mir, „wenn Du rauchst wird sich das negativ auf Deine Leistung auswirken, willst Du das mein Junge?" Ich, der immer der Beste sein wollte konnte dies auf keinen Fall zulassen und sagte sofort, dass ich niemals rauchen werde. „Ich habe dann noch etwas ganz spezielles für dich. Wenn Du bis zum 15. Geburtstag keine Zigarette anfasst bekommst Du von mir ein nagelneues Mofa, das Modell das Du dir wünschst, egal wie teuer es auch sein mag, geschenkt. Gib mir die Hand und der Deal gilt". Ich konnte es kaum glauben, dass mir mein Vater so etwas Tolles anbot und ich war mir zu 100% sicher, dass ich dieses Mofa unbedingt will. Ich hatte die Leidenschaft für Mofas im Alter von 10 entdeckt. Robert Graig, ein Freund von meinem Vater und dessen 10-jähriger Sohn Peter hatten ein Mofa, mit dem Peter manchmal in einer abgelegenen Kiesgrube fahren durfte. Das ist zwar verboten, aber es war ja außerhalb des täglichen Verkehrs, Robert war als Aufsicht dabei und was sollte schon passieren. Im Alter von 10 durfte ich das erste Mal mitfahren und es selbst ausprobieren. Das Mofa war auch noch frisiert so dass es schneller als 40 Meilen lief. Das war für mich damals das absolute Non-Plus-Ultra. Dieser Geschwindigkeitsrausch und dieses Gefühl von Freiheit und Unabhängigkeit. Wir rasten durch die Kiesgrube mit High-Speed und nachdem wir geübter waren und nichts passiert war, fuhren wir sogar immer ein Art Privatrennen, Peter und ich. Wir schauten wer von uns der schnellere war. Und das wechselte. Einmal war er schneller, einmal ich und es war einfach nur cool, mit mehr als 40 Meilen auf diesen Schotterstraßen und Schotterbergen zu heizen. Und nie ist etwas passiert, Gott sei Dank. Mein Vater hatte meine Leidenschaft richtig erkannt und auch den passenden Köder ausgelegt. Wie wichtig und richtig das von meinem

Vater war, das sollte ich bald merken. Und dafür bin ich Ihm heute noch dankbar, wie vorausschauend er hier gehandelt hatte.

Im Alter von 13 hatten wir uns nach der Schule öfter verabredet, auch schon mit den ersten Mädchen. Die Clique wuchs und wuchs und wir wurden älter. Die Mädchen brachten wieder neue ältere Jungs mit und auf einmal hatten die die ersten Zigaretten dabei. Weil es ja so cool ist. Es war wirklich so, dass unter dem Zwang der Gruppe jeder zum Rauchen animiert wurde, sonst gehöre man ja nicht dazu. Und es ist doch so cool...

Niemand, aber auch niemand konnte mich zum Zigarettenkonsum verführen. Selbst meine Clique nicht. Ich hatte mein Ziel und Leidenschaft, dieses Mofa. Und ich werde es auch heimlich nicht aufs Spiel setzen. Zigarettenrauch stinkt und verändert die Zähne und mein Vater oder meine Mutter hätten dies bestimmt gemerkt und aus wäre es mit meinem Mofa gewesen. Was mich allerdings erstaunt hatte, war folgendes. Ich war vielleicht die erste Woche ein Außeneiter in der Clique weil ich nicht rauchte aber schon nach einer Woche war wieder alles normal, es drehte sich zum Positiven. Jeder wusste, dass ich nicht rauchte und ich wurde auch gar nicht mehr darauf angesprochen ob ich eine Zigarette habe oder eine will. Es ging sogar soweit, falls ein neues Mitglied der Clique mir eine Zigarette anbieten wollte, die anderen sofort sagten, brauchst Du nicht machen, der wird nie rauchen. Es war fast wie eine Sensation, dass ich nicht rauchte.

Kurz vor meinem 15. Geburtstag ging ich dann zu meinem Vater hin und sagte, „ich habe niemals geraucht und mich an unsere Abmachung gehalten. Jetzt bist Du dran, Deine Versprechungen einzulösen!" Und dann hatte mein Vater den nächsten genialen Schachzug parat. Wissen Sie, was er zu mir gesagt hat? „Du kriegst natürlich das Mofa, aber Du darfst nicht zu rauchen beginnen. Oder möchtest Du noch lieber warten bis zum 16. Geburtstag und statt eines Mofas ein Mokick oder Kleinkraftmotorrad? Die gehen ja mehr als doppelt so schnell, kosten das Dreifache und ich würde Dir auch das kaufen, wenn Du nicht rauchst bis zum 16. Geburtstag. Stell Dir vor, ein Jahr ist kurz und dann kannst Du mit diesem Kleinkraft-Motorrad durch die Gegend heizen. Darauf fahren die Mädchen ab. Ein Mofa ist für die Mädchen doch schon wieder langweilig!" Mein Vater hatte bei mir mit dieser Aussage wieder absolut ins Schwarze getroffen. Ich hatte soeben meine zweite Freundin Jessica, und Sie gab mir glatt den Laufpass zugunsten eines älteren Jungen, der ein Kleinkraft-Motorrad hatte. Das tat mir schon weh. Jessica war mit Abstand die hübscheste in unserer Clique, wirklich ein „geiler hübscher Feger". Gegen Nico, mit seinem Kleinkraft-Motorrad konnte ich nichts ausrichten. Er trug zwei Helme bei sich, fragte Jessica, „möchtest Du mit?" und Jessica schwang sich aufs Motorrad und kam seitdem nicht wieder in unserer Clique. Und wenn ich Sie angerufen habe hat sie sofort wieder aufgelegt. Ich willigte natürlich bei meinem Vater ein und so verstrich auch ein weiteres Jahr ohne Zigarette. Mein Ehrgeiz auf Geld war ungebrochen. Speziell wenn man dann auch noch hübschen Mädchen imponieren kann und Ihnen was ausgeben kann.

Aus diesem Grund bewarb ich mich schon nach meinem 14. Geburtstag als Synchronsprecher bei TSC Satellite Radio. Der Job war mehr als begehrt. Dank meiner Deutschlehrerin konnte ich diesen Job ergattern. Es machte richtig Spaß, Tierstimmen in Zeichentrickfilmen oder Stimmern von Außerirdischen in Science-Fiction-Filmen zu sprechen. Die Gage war zu Beginn bescheiden, manchmal nur 10 US-Dollar. Aber ich lernte wirklich viele Leute kennen und je öfter ich mitmachen durfte umso besser und selbstbewusster wurde ich auch hier. Am Anfang kam ich mir schon sehr klein vor, weil ich auch nicht gut war, aber mit der Übung stieg auch hier mein Selbstbewusstsein und ich wurde immer besser. Und weil ich immer besser wurde bekam ich auch immer größere Rollen. Teilweise konnte ich dann mit 15 Jahren schon 700 US-Dollar am Tag verdienen, mehr als meine Mutter im ganzen Monat. Natürlich waren diese Gagen selten und die Konkurrenz war groß, aber jeder Cent, den ich mit dieser Arbeit verdiente, trug zur Entlastung und Entspannung unserer finanziellen Situation bei.

Zwischen 14 und 15 begann meine Disko-Zeit. Das ist sehr früh werden Sie einwerfen, aber es war so. Wahrscheinlich deshalb, weil ich sehr weit entwickelt und frühreif war. Schon als 14-Jähriger sah ich aus wie ein 18-Jähriger. 1,80m groß, so groß bin ich noch heute und seitdem nicht mehr gewachsen, 67 Kilo schwer und erster Bartansatz. Bart ist vielleicht übertrieben, sagen wir mal Bartflaum. Flaum ist eher das richtige Wort. Ich hatte mich aber mit 14 sogar schon das erste Mal rasiert. Unsere Disko in New York war eigentlich eine

Tanzschule und hieß „Pay-Back", die Samstags und Sonntags Discomusik spielten. Sie hatten extra einen großen Discoraum hierfür und es war immer brechend voll. Geöffnet war jeden Samstag von 17.00 Uhr bis 23.00 Uhr und Sonntag von 16.00 Uhr bis 22.00. Das Durchschnittsalter war vielleicht so 17 oder 18.

Die nächsten 3 Jahre sollte ich hier Stammgast sein und meine ersten Freundinnen und ersten Sex kennen lernen.

Ich erinnere mich noch ganz genau an das erste Mal, als ich ins „Pay-Back" ging. Es waren noch ein paar Freunde aus meiner Clique dabei, aber alle schon 1-2 Jahre älter als ich. Eine Traube junger Menschen stand am Eingang und bat um Einlass. Ganz ganz langsam näherten wir uns dem Türsteher und der Kasse. Ich konnte es kaum glauben. Es war soweit und ich war das erste Mal in meinem Leben in einer Diskothek. Mir rutschte fast das Herz in die Hose, obwohl eigentlich kein Grund dafür bestand, denn der Türsteher war nur da, damit er da war. Keine Anstalten von Gesichtskontrolle oder so. Jeder kam an Ihm vorbei und an die Kasse. Als ich neben Ihm stand, dem Schrank von 2m Länge und 100 Kilos sagte ich ganz lässig „hallo". Er antwortete auch recht freundlich zurück mit „hallo". Und drin waren wir, in diesem Glitzermeer aus Metall, künstlicher Pflanzen, qualmender Leute und lauter Hip-Hop Musik. Alle bewegten sich wie im Rausch im Einklang der Musik. Und laut war es. Es war mir, als wäre ich in einer Traumwelt, einer unwirklichen Welt aus sein und schein. Jeder Junge und jedes Mädchen waren aufgestylt, um das Beste aus dem eigenen Typ herauszuholen. Ich übrigens auch. Fortan sollte ich jedes Mal, bevor ich ausgehe mindestens 40 Minuten vor dem Spiegel stehen und schauen, ob jedes Haar auch an der richtigen Stelle sitzt. Ach die Haare. Die war immer das wichtigste. Ich war so eitel, ein Pfau hätte besser die Haare nicht aufstellen können als ich. Und dann natürlich noch die Klamotten. Ich hatte alte Wildledercowboystiefel, in beige. Je abgewetzter sie waren, umso angesagter waren sie. Ich habe sie extra mit Schlamm und Dreck gebürstet, damit sie diesen „old-look" bekamen. Das konnte ich richtig gut. Meinem Erfindungsreichtum waren hier keine Grenzen gesetzt. Was das absolute „must-have" außer einer tollen Frisur und Cowboystiefel war, war natürlich eine coole Jeans im „Vintage look". Je abgefuckter und zerrissener, umso lässiger war man. Da konnte ich natürlich nicht nachstehen und präparierte meine Jeans dementsprechend, meistens trug ich dann ein weißes Hemd oder ein enges T-Shirt dazu und der lässige Look war okay.

Ich ging zu dieser Zeit sogar zum Kosmetiker, damit ich ja keine Pickel bekomme. Viele der Jungs oder Mädchen hatten richtige Streuselkuchen im Gesicht. Das sah aus, die konnten einem richtig leid tun. Hier war meine Mutter super. Damit ich diese Pubertätsprobleme mit diesen Pickeln nicht bekomme, hatte sie extra Termine mit dem Kosmetiker für mich vereinbart. Da ich mir das vorher auch noch als Aknebehandlung vom Arzt verschreiben lies, haben die Krankenkassen sämtliche Kosten übernommen. So war ich stolz auf mein Äußeres und mir meiner Wirkung auf die Mädchen durchaus bewusst. Um noch besser auszusehen ging ich 1-2-mal pro Woche unter das Gesichtssolarium. Das Ganzkörpersolarium konnte ich mir nicht leisten, obwohl ich meine ersten kleinen Gagen von den Synchronsprecherrollen bekam.

Das „Pay-Back" war ungefähr 5 Kilometer oder zwei Stationen mit der Metro entfernt. Sogar hier habe ich auf jeden Cent geachtet und bin die Strecke immer zu Fuß gelaufen, bei Tag und bei Nacht, bei Regen oder Sonnenschein, Herbst oder Winter. Ich hatte einfach geschaut, wo ich nur sparen kann. Außerdem, wer fährt denn schon nach 23.00 Uhr gerne in New York mit der Metro, so ganz angstfrei. Den oder die müssen Sie mir mal zeigen. Auf dem Rückweg bin ich meistens schnell gejoggt, und das mit den Cowboystiefeln. Manchmal kam es mir so vor als würde ich verfolgt werden, kennen Sie das Gefühl? Dann bin ich immer schneller gelaufen und habe mich nie umgedreht und geschaut, ob wirklich jemand hinter mir ist. Die Angst war einfach zu groß. Mein Streckenrekord für die 5 Kilometer durch den Nachtdschungel in New York lag bei knapp 20 Minuten und ich wurde immer schneller. Falls wir uns in der Disco mal ein Getränk geleistet hatten war es meist eine Cola, ein Fanta oder ein Mineralwasser. Die anderen Getränke, speziell die alkoholischen waren mir einfach zu teuer. Sogar ein Bier kostete das Doppelte von einer Cola, von den Longdrinks ganz zu schweigen. Was mich absolut verwunderte war, dass Alkohol auch unter 21-Jährige ausgeschenkt wurde, obwohl das in Amerika sonst sehr streng gehandhabt wird. Aber hier ging alles nach dem Motto „was ich nicht weis, das macht mich nicht heiß!" Na ja, mich hatte es ja nicht betroffen. Alkohol war für mich zu teuer und dadurch auch tabu. Ich spürte gar keinen Reiz Alkohol oder Zigaretten, geschweige denn Drogen zu konsumieren. Hier konnten sich meine Eltern 100% auf mich verlassen und weil dem so war und weil ich Ihnen immer gesagt hatte, wo ich hingehe, war es keine Schwierigkeit, dass ich Samstag und Sonntag ausgehen durfte. Ich durfte es sogar, wenn ich am nächsten Tag ein Liga-Spiel mit den Eagles hatte. Meine Leistung wurde nicht beeinflusst, da ich weder rauchte, noch trank, von Drogen ganz zu schweigen. Sie werden sich jetzt denken, was war das denn für ein Lämmchen. Wirklich der Typ vom langweiligen Schwiegersohn von nebenan. Ganz so unschuldig war ich natürlich nicht. Ich hatte sehr früh das liebliche Geschlecht im Auge. Magisch wurde ich von den hübschen Mädels immer angezogen und weil ich mir meiner Wirkung durch mein Äußeres durchaus im Klaren war, lies ich einige abblitzen. Auch haben wir in der Schule diverse Streiche gespielt und öfters einen Verweis bekommen, aber Drogen, Rauchen und Alkohol waren für mich tabu. Und ich war stolz und glücklich darauf, dass mir meine Eltern so viel Freiheiten und Vertrauen geschenkt hatten. Wenn ich da an meine anderen Freunde denke. Für die war es immer ein Horrorszenario, wenn sie ausgehen wollten. Entweder die Eltern stellten sich quer, dann sind die Jungs oder Mädels einfach aus Ihrem Zimmer über die Feuerwehrleiter ausgebüchst oder es dauerte oft mehr als eine halbe Stunde bis das Ja-Wort kam und die ganze gute Laune und Freude war schon wieder verdorben. Man hatte dann fast keine Lust mehr auszugehen. Ich wette, dass es heute noch vielen Teenagern so geht und sie nach mehr Vertrauen und Anerkennung bei Ihren Eltern suchen. Nur wer Vertrauen zeigt, dem wird auch Vertrauen gegeben. Hier gilt das Gesetz der Resonanz, so wie im gesamten Kosmos.

Was dieses Gesetz der Resonanz so alles auf sich hat, hatten Sie ja schon in einigen Passagen dieses Besuches lesen können, es wird Ihnen aber beim Weiterlesen noch viel mehr auffallen.

Mein erstes Mädchen, das ich in der Disco kennen lernte hieß Sara. Ich war gerade 14 Jahre und 4 Monate. Sie war schon 15, mexikanischer Abstimmung und man würde sagen so richtig rassig, 1.65m groß, 47 Kilo schwer. Es war am Samstag, 14. August 1980, als ich sie das erste Mal im Pay-Back sah. Sie trug auch Cowboystiefel, eine enge Jeans und hatte die orange Bluse zu einem Knoten am Bauchnabel zusammengebunden. Man konnte sofort sehen, dass sie einen aufregend braunen Haut-Teint hatte. Und die Haare trug sie offen, diese pechschwarze glänzende Pferdemähne, die bis 10 cm an die Poobacken heranreichte. Und wie sie sich bewegte. Es war einfach wie aus einem Guss. Kennen Sie das Gefühl. Man sieht etwas oder jemanden und fühlt sich sofort angezogen. Es waren bestimmt 30 oder 40 Leute zwischen Ihr und mir und trotzdem konnte ich sie ganz genau anstarren. Mein Blick konnte sich gar nicht mehr von Ihr wenden, auch wenn ich es gewollt hätte. Vielleicht war es Telepathie. Sie merkte, dass Sie von mir beobachtet wurde, obwohl diese Masse an Menschen zwischen uns stand und sie mir eigentlich den Rücken zeigte. Sie drehte sich auf einmal um und lachte mich sofort an. Ich lächelte ganz verlegen zurück und wusste nicht, was ich machen soll. Sara nickte mit dem Kopf und winkte mich mit dem Zeigefinger der rechten Hand zu Ihr. Mein Herz raste und langsamen Schrittes näherte ich mich Ihr, und die Traube der Menschen die zwischen uns war, schien sich wie in Luft aufzulösen.

„Ich heiße Sara, möchtest Du mit mir tanzen?" konnte ich leise von Ihren Lippen vernehmen. „Ja", antwortete ich Ihr, „nichts lieber als das". Wir bewegten uns wie in Trance und unsere Körper kamen uns langsam näher. Just in diesem Moment wechselte der DJ von funkiger Disco-Musik zu langsamer Soulmusik. Sara nahm zuerst meinen rechten Arm, dann meinen linken Arm und legte sie um Ihren Hals und drückte sich näher an mich. Ich merkte richtig, wie das Blut in mir aufsteigt und wie heiß mir plötzlich wurde. „Möchtest Du mit mir weiter tanzen?" fragte sie mich unschuldig, und schaute mit Ihren wunderbaren braunen Rehaugen tief in meine Augen, während sich ihre Hüften leicht hin und her bewegten, ganz langsam im Rhythmus der Musik. „Natürlich", hauchte ich ihr ganz aufgeregt zu; mir war, als ob ich einen Knochen verschluckt hätte; ich bekam fast keinen Laut heraus. So wiegten wir uns langsam und eng umschlungen den Rhythmen der Musik. Für mich war es das erste Mal und dementsprechend aufgeregt war ich. Ich konnte Ihren Herzschlag spüren, so eng hatte sie sich an mich gepresst. Uns wurde beide heiß und immer heißer, so dass die ersten Schweißperlen aus meinem Gesicht auf Ihr Gesicht tropften. „Macht nichts", sagte sie. „Mir ist auch so heiß!" Wir bewegten uns ganz langsam weiter im Rhythmus der Musik und intuitiv begann ich, mit meiner rechten Hand ganz langsam an Ihrem Rücken sanft auf-

und abzugleiten. Ich spürte auch einen Handstrich Ihrer Haut auf meinem Rücken. Mir wurde immer heißer und zwischen meinen Beinen bemerkte ich gewisse Aktivitäten. Ich spürte, wie mich das alles erregte und meine Gedanken reichten bis zwischen meine Beine. Zum Glück hatte ich eine enge Jeans an, sonst hätte jeder meine Erregung sehen können. Der DJ meinte es gut mir und legte eine weitere Schmusenummer auf. „Against all odds" von Phil Collins. Meine Knie wurden immer weicher. Unsere Köper schmiegten sich immer mehr aneinander und ich konnte auch Ihre Erregung spüren. Es zeichneten sich ihre kleinen steifen Brustwarzen unter der Bluse ab. Ihr Atem war ganz anders als ich ihn von jungen Mädchen kannte. Manchmal hörte ich kleine Seufzer und ein leises Stöhnen. Sara gab sich mir und der Musik ganz hin und ich nahm Ihre Erregtheit war. Mir erging es genauso. Ich nahm um uns herum nichts mehr wahr, so gab ich mich ihr hin. Keine anderen Leute, sogar teilweise keine Musik mehr. Ich weis nicht mehr, wie lange wir insgesamt so eng umschlungen getanzt hatten. Mir war auf jeden Fall unglaublich heiß. Auch unter den Achseln und am Rücken war ich total verschwitzt. „Zum Glück habe ich ein weißes Hemd an, da sieht man die Schweißspuren nicht so stark", dachte ich. Eigentlich war mir das in diesem Moment doch ziemlich egal. Ich fühlte mich einfach nur auf Wolke sieben. Sara war ganz außer Atem und sagte zu mir noch ganz spitzbübisch. „Ist Dir auch so heiß wie mir?". Das war doch unverkennbar. Jedenfalls war sie bildhübsch und genau mein Typ und hatte anscheinend noch etwas auf dem Kasten.

„Mir ist so heiß, lass uns doch was trinken". Sie nahm gleich wieder die Initiative in Ihre Hände.

„Was trinkst Du?" fragte sie mich.

„Ich trinke eine Cola und was Du?"

„Ich nehme auch eine Cola".

Dieses Mal war das erste Mal, dass ich einem Mädchen etwas ausgegeben hatte. Und ich hatte Glück. 3,90 US-Dollar für zwei Colas und ich hatte genau 4 US-Dollar dabei. „Hoffentlich reicht Ihr ein Getränk", dachte ich, „sonst schaut es schlecht aus". Ich spürte irgendwie, dass sie auch aus einfachem Haus stammte, da sie die Cola und die Atmosphäre hier in der Disco genauso genoss wie ich. Wir unterhielten uns den ganzen Abend blendend. Wir sprachen über die Schule, über Ihre Freundinnen, über mein Baseball und die Eagles, über Popgruppen und den Film „La Boum" die Fete. Ein totaler Schnulzenfilm, aber alle Mädchen fuhren auf diesen Film ab und die Jungs fuhren auf die Hauptdarstellerin ab. Erste Liebe ist doch wirklich etwas Schönes. Der DJ spielte dann sogar noch den Titelsong von La Boum und Sara und ich gingen wieder auf die Tanzfläche, ganz eng umschlungen. Ich gab Ihr einen sanften Kuss auf die Backe und sie war doch etwas erstaunt, tat aber so, als stünde sie über den Dingen. Kurz bevor der Song zu Ende war blickte sie mir in die Augen, schlang Ihr Arme um meinen Hals und küsste mich auf meine Lippen, zuerst ganz sanft, dann fordernd und steckte mir Ihre Zunge in den Mund. Für mich war das absolut neu und ich konnte damit zuerst noch nichts anfangen, aber ich machte einfach mit und steckte Ihr meinerseits die Zunge in den Mund. Und ich spürte, wie sich unsere Zungen trafen und miteinander spielten und ich fühlte, dass mich das erregte. Wir küssten uns bestimmt drei Minuten am Stück und konnten gar nicht mehr aufhören. Es war wirklich sehr, sehr schön. Das waren also meine ersten Zungenküsse.

Am Ende des Abends, es war kurz vor 23.00 Uhr, fragte sie mich, ob wir unsere Adressen und unsere Telefonnummern austauschen wollen. „Sehr gerne sagte ich zu Ihr, das gleiche wollte ich Dich auch fragen"? „Bist Du immer so langsam", antwortete sie keck. „Ich hatte schon Angst, dass wir uns sonst nicht mehr sehen würden und wollte Dich unbedingt wieder sehen". Das war ein richtig kleines Liebesgeständnis von Ihr und mir wurde daraufhin ganz warm ums Herz und ich brachte kaum ein Wort über die Lippen. Das einzige, an das ich mich noch erinnern konnte war, dass ich zu Ihr stammelte.... „du... bist... so...schön, ich möchte Dich so schnell wie möglich wieder sehen". Zum Glück hatten wir die Telefonnummern und Adressen schon ausgetauscht. Ich musste noch kurz auf die Toilette und als ich wiederkam war Sara schon weg. Maximal 3-4 Minuten war ich weg. Ganz verzweifelt suchte ich überall nach Ihr, konnte Sie aber nicht finden.

Ein junger Typ sah, wie ich herumirrte und sprach mich an, was los sei. Und ich erzählte Ihm aufgeregt, dass ich das hübsche dunkelhaarige Mädchen mit der orange-farbenen Bluse verloren hätte. „Ah, ich weis wen Du meinst. Die wurde von Ihrem Vater abgeholt, und der blickte verärgert, weil sie so spät noch unterwegs war. Er machte Ihr eine Szene. Sie wehrte sich mit Händen und Füßen weil sie noch nicht gehen wollte, aber gegen Ihren wütenden Vater hatte sie keine Chance. Sie konnte strampeln wie sie wollte. Er nahm sie einfach an der Hand, hievte sie hoch und trug sie hinaus. Jeder konnte das Schauspiel sehen und jedem fiel auf, wie das Mädchen weinte und bettelte, dass sie wenigstens noch ein paar Minuten hier bleiben dürfe. Aber keine Chance. Je mehr sie bettelte umso mehr kam Ihr Vater in Rage".

„Jetzt verstehe ich….., danke", sagte ich. Einerseits machte ich mir Sorgen um Sara, andererseits war ich doch froh, dass sie von Ihrem Vater abgeholt wurde. Das lag daran, dass Sie auf der Westside wohnte und das hätte mindestens eine Metrofahrt von 1 Stunde bedeutet. Und das um die Uhrzeit. Kurz nach 23.00 Uhr als 15 jähriges Mädchen alleine in der Metro von New York. Da bin ich jetzt schon beruhigter, dass ihr Vater kam, auch wenn Sie zu Hause Stunk hat. Ich holte nochmals den Zettel raus, den sie mir gab und sah mir die Telefonnummer und die Adresse genau an und lernte beides auswendig. Sowohl Adresse als auch Telefonnummer. „Nicht, dass ich den Zettel verliere und Sara dann nie mehr wieder sehe", dachte ich. Dieses Risiko wollte ich nicht eingehen. Ich lief natürlich zu Fuß nach Hause um die Metrokosten zu sparen. Ich hatte nur noch 50 Cent dabei und hätte mir die Metro nicht mehr leisten können, denn die einfache Fahrt kostete 70 Cent. Machte mir aber nichts aus. Ich begann zu joggen und immer wieder sprach ich mir die Telefonnummer und die Adresse vor, 7-2-3-4-1-1 , Westbeemroad 13, immer wieder 7-2-3-4-1-1, Westbeemroad 13.

Da ich Angst hatte, die Nummer oder die Adresse zu vergessen tat ich mir auch wirklich schwer, beides zu merken. Geht es Ihnen manchmal auch so. Wenn Sie sich unbedingt etwas merken müssen fällt es wesentlich schwerer als wenn man keinen Druck hat. Immer wieder wiederholte ich die Telefonnummer und die Adresse, 7-2-3-4-1-1, Westbeemroad 13. Nach bestimmt 20 Wiederholungen war ich mir sicher, dass ich beides jetzt intus habe. Ich war beruhigt und habe nicht mehr weiter daran gedacht und den Zettel in meine Jeans wieder verstaut. Ich lief schneller und schneller und fühlte mich frei wie ein Vogel. Ich hatte so viele Glückshormone angestaut, dass mir das Laufen überhaupt keine Anstrengung bereitete. Auch das Reiben des linken Cowboystiefels an meiner Verse habe ich nicht wahrgenommen. Kurz vor Mitternacht war ich zu Hause. Meine Eltern hatten schon geschlafen. Jetzt dachte ich noch einmal an die Telefonnummer und an die Adresse, war mir aber plötzlich nicht mehr so sicher ob ich hier nicht evtl. einen Buchstaben- oder Zahlendreher drin hätte. Wie war die Telefonnummer gleich noch mal, dachte ich. 7-3-2-1-4-4 oder war sie 7-2-1-4-3-3. Ich war sehr durcheinander und geriet richtig in Panik. Ich stülpte meine Hosentaschen der Jeans um und zum Glück fand ich den Zettel mit der Adresse. Sofort notierte ich mir Name, Telefonnummer und Adresse in mein Aufgabenheftchen und auch noch in meinen Schulblock, so dass Sara immer bei mir war. Ich war erleichtert, als ich sie sowohl in meinen Aufgabenheft, hier stehen alle Adressen und Telefonnummern meiner Freunde drin, als auch in meinen Schulblock aufgeschrieben hatte.

„Puh, nochmals Schwein gehabt". Ich stellte mich vor den Spiegel und schaute mich mehrmals an und dachte, wie geil ich doch aussehe und dass ich ein toller Hecht bin. Ich posierte dann vor dem Spiegel, so mit den Oberarmen und so weiter; es sah bestimmt lächerlich aus und wenn mich jemand jetzt gesehen hätte, dann hätte derjenige bestimmt gedacht, „der hat ein leichtes Rad ab". Aber die ersten Gefühle des Verliebt seins veranlassen Teenager einfach verrückte Dinge zu tun. Ich ließ mich einfach mit meinen kompletten Klamotten rückwärts aufs Bett fallen und betrachtete meine Decke. Mein Zimmer war sehr klein, ca. 7m². Es hatte einen großen Spiegel, einen kleinen Schrank, ein Bett und das war es schon fast. Natürlich standen auch ein paar Utensilien von mir wie Baseballschläger oder Turnschuhe herum. Aber mehr hatte in diesem kleinen Zimmer nicht Platz. Ich starrte an die Decke und ging diesen wunderbaren Abend nochmals mit meinen Gedanken und Gefühlen durch. Es war so, als ob Sara direkt bei mir im Raum wäre. Ich konnte sie richtig riechen und spüren. Alles, jede Kleinigkeit ging ich nochmals durch, wie wir uns ansahen, tanzten, berührten, spürten und küssten.

Danach zog ich mich langsam aus bis ich nackt war und zog mir nur ein T-Shirt zum schlafen an. Das machte ich schon seit frühester Kindheit, dass ich unten nackt schlafe. Ich weis auch nicht, aber mit Slip ist das für mich ein eingeengtes, unangenhemes Gefühl.

In dieser Nacht hatte ich einen feuchten Traum. Ich konnte mich nur noch schemenhaft daran erinnern, dass er sehr aufregend war und Sara darin die Hauptrolle spielte. Jedenfalls wurde ich wach, weil mein Bettlaken feucht war und meine Oberschenkel fast richtig zusammenklebten. Ich war mir jetzt nicht sicher, ob ich ins Bett gepinkelt hatte oder ob ich einen Sextraum hatte. Aber als ich die weis-gelblichen, klebrigen Flecken im Spannbetttuch sah, war mir alles klar. Ob der Traum durch mein vorheriges intensives Gefühl mit Sara ausgelöst wurde? Zu dieser Zeit wusste ich noch nicht, wie Träume entstehen und wie sich meine Gefühle und mein Erleben auf meine Träume auswirken. Das sollte ich erst wesentlich später erfahren. Zu jener Zeit hätte ich als 14-jähriger nichts damit anfangen können. Meine Mutter hatte die Flecken im Betttuch am nächsten Morgen natürlich bemerkt. Sie sagte aber nichts und hielt es für ganz normal. Wahrscheinlich wollte sie mich nicht in Verlegenheit bringen, dachte ich. Sie zeigte in solchen Dingen sehr viel Feingefühl. Gerade deshalb konnte ich ihr wahrscheinlich immer alles anvertrauen. Weil einfach alles ganz normal war. Und wenn diese Flecken halt im Bett sind, dann sind sie im Bett. Mein Vater interessierte das weniger. Für Ihn war es wichtiger, dass ich gute Leistungen bringe. Sei es in der Schule oder im Sport. Hätte er die Flecken im Bett gesehen, dann käme wahrscheinlich ein dummer Spruch wie z.B. „war es schön" oder „geht es jetzt los", etc...

Ich schlief bis elf Uhr aus, weil Sonntag war und ich ausnahmsweise kein Spiel hatte. Es roch schon nach Mittagessen. Meine Eltern waren beide Frühaufsteher. Sogar am Wochenende, wenn Sie ausschlafen konnten, standen sie spätestens um 07.00 Uhr auf und frühstückten bereits um 08.00 Uhr. Mittagessen war dann immer so gegen 12.00 Uhr angesagt. Wenn ich am Wochenende mal kein Spiel hatte, genoss ich es in vollen Zügen, bis mittags zu schlafen. Und diesmal wachte ich durch leckeren Bratenduft auf, der mir in die Nase stieg. Wie gut das roch. Sofort überfiel mich ein „Riesenkohldampf". Das Essen war aber leider noch nicht so weit. Ich durfte noch nicht mal probieren. So schmierte ich mir noch schnell ein Butterbrot und belegte es mit Salami und Gurke. Das konnte meine erste Hungerattacke einigermaßen befriedigen. Ich trottete danach ganz langsam ins Bad um mich zu duschen und frisch zu machen, Zähne putzen, rasieren, usw. Es dauerte immer etwas, bis mein Biorhythmus in Gang kam, speziell wenn ich lange geschlafen habe. Dann fiel es mir ein. Ich wollte heute doch sofort bei Sara anrufen und fragen wie es Ihr geht. Also wählte ich die Nummer 7-2-3-4-1-1. Es tutete und es dauerte fast eine Ewigkeit, bis jemand an den Apparat ging. So kam es mir jedenfalls vor. Ich war schon wieder sehr nervös und konnte kaum richtig atmen. Auf einmal meldete sich eine Herrenstimme mit dem Namen „hier Sanchez".

„Entschuldigen Sie bitte, dass ich Sie sonntags störe, ist Sara schon wach?" „Junger Mann, warten Sie, ich hole sie". Die Stimme klang recht freundlich und deckte sich gar nicht mit dem Vater, wie er mir gestern Abend geschildert wurde.

„Hallo Bill, ich freue mich so, dass Du anrufst. Ich hatte gestern Abend so ein schlechtes Gewissen, dass ich mich bei Dir nicht mehr verabschieden konnte. Aber mein Vater hatte mich abgeholt und sofort mitgenommen. Er machte mir richtig die Hölle heiß".

„Dein Vater hörte sich aber soeben sehr freundlich an", wandte ich ein. „John, das soeben war nicht mein Vater sondern mein älterer Bruder Gonzales. Du solltest wissen, ich habe insgesamt noch drei Brüder, einen jüngeren und zwei ältere. Mit meinem ältesten hast Du soeben gesprochen. Er ist mein großer „Lieblingsbruder" und mein Beschützer. So ist es bei uns Sitte, dass die großen Brüder auf die kleinen Schwestern aufpassen, dass Ihnen nichts passiert. Deshalb geht er auch immer an jedes Telefonat ran. Wenn wir fertig sind wird er mich bestimmt ausfragen wer Du bist. Hier ist er extrem neugierig. Das hasse ich an Ihm, aber so ist es bei uns nun einmal Brauch".

„Und war Dein Vater sehr streng mit Dir?" frage ich besorgt nach. „Es geht, ich habe die nächsten zwei Tage Hausarrest und Fernsehverbot, weil ich nicht wie versprochen um 22.00 Uhr zu Hause war. Ich hatte einfach die Zeit vergessen, als ich mit Dir gestern zusammen war und ich wäre auch nicht früher gegangen, auch wenn ich die Zeit gewusst hätte; es war einfach so schön mit Dir", schwärmte sie mir vor. „Erging es Dir genauso?" fragte Sie sehr aufgeregt nach.

„Ja Sara, ich hatte auch Schmetterlinge im Bauch und wollte Dich sofort wieder sehen. Es war gestern Abend einzigartig. Deswegen habe ich auch heute sofort angerufen. Ich hatte große Angst, dass Du mir die falsche Nummer aufgeschrieben hattest, vor allem nach Deinem plötzlichen Abgang. Jetzt bin ich beruhigt und einfach nur happy. Hast Du Lust, dass wir uns treffen? Wann geht es bei Dir denn frühestens?" fragte ich.

„Ich habe ja heute und morgen Hausarrest, wie wäre es denn mit Dienstag?"

„Okay, welche Uhrzeit?" fragte ich.

„15.oo Uhr, am Dienstag ist Kinotag und dann kostet es nur die Hälfte".

„Okay gerne. Nur, dass Du Bescheid weist. Ich habe Montag, Mittwoch und Freitag immer Baseball-Training bei den Eagles, immer von 16.00 Uhr bis 18.30 Uhr. Bitte notier oder merk Dir das", erwiderte ich Ihr.

„Klaro, ich freue mich schon so auf Dienstag. Lass Dich umarmen und küssen. War bei Dir alles in Ordnung, wenn Du so spät nach Hause kommst?" wollte sie wissen. Und ich teilte Ihr mit, dass meine Eltern großes Vertrauen in mich setzen und es keine Schwierigkeiten gab.

Mädchen reden am Telefon ja immer viel mehr als Jungs. Warum das so ist, weis ich nicht. Zu dieser Sorte gehörte auch Sara. Sie war so neugierig und wollte alles von mir wissen. Speziell was ich bis Dienstag alles tun werde und ob ich auch immer an Sie denke. Und ich erzählte Ihr meine geplanten Tagesabläufe mit Schule, Training, Essen, Fernsehen und natürlich, dass ich jede Sekunde an Sie denken werde.

Jetzt war schon kurz vor 12.00 Uhr und Zeit zum Mittagessen. Ich bemerkte gar nicht, wie schnell die Zeit während meines Telefonats mit Sara verflog. Auf einmal hörte ich die Stimme meines Vaters wie er brummig rief. „Wer blockiert denn hier die ganze Zeit das Telefon?" Er fragte mich ganz neugierig und interessiert, mit wem ich denn solange, es war fast eine Stunde, telefonierte. Und ich antwortete, dass ich gestern in der Disco ein total nettes Mädchen kennen gelernt hatte. Mein Vater fand das richtig gut.

„Hoffentlich hast Du den gleichen Geschmack wie ich, mein Junge. Weist Du meinen Geschmack eigentlich?" fragte er mich.

„Nein, woher soll ich das wissen".

„Ich stehe auf die blonde aus der Fernsehserie „Ein Colt für alle Fälle", weist Du wie die aussieht? Und natürlich stehe ich auf Deine Mutter", fügte er sofort diplomatisch hinzu, als er sah, dass Mumm in der Nähe war.

„Erzähl mal von gestern Abend wie es war".

Zum Glück kam meine Mutter und nahm mich sofort in Schutz. „Lass Ihn doch in Ruhe; er wird es Dir schon etwas erzählen, wenn er will".

Und ich war so stolz darauf, dass ich Sara kennen gelernt hatte, so dass ich meinen Eltern meinen gestrigen Abend erzählte. Das ist es wahrscheinlich auch, was meine Eltern so an mir schätzen, diese Ehrlichkeit und Offenheit und auch das Vertrauen, das ich zu Ihnen beide habe.

„Und wann triffst Du dich wieder mit Sara?" wollten beide natürlich sofort wissen.

„Am Dienstag gehen wir zusammen ins Kino in den Film „Love-Dreams", darf ich?" fragte ich.

„Natürlich", antworteten beide und mir fiel ein Stein vom Herzen. „Vergiss aber vor lauter verliebt sein nicht die Schule und Deinen Sport". Mein Vater machte sich ein wenig Sorgen, weil das jetzt doch eine Situation war, die es bei uns im Hause bisher nicht gab.

Ich hörte beide noch tuscheln und es fiel auch der Satz von Mumm zu Dad „jetzt wird er erwachsen und ich gespannt, wann er uns Sara vorstellt".

„Jetzt wird es aber Zeit, dass wir Mittagessen. Vor lauter Gerede ist der gute Braten bestimmt schon kalt", fauchte mein Vater. „Ach Adam, der Braten ist doch in der Röhre und kann gar nicht kalt werden, zumindest nicht in so kurzer Zeit", hörte ich meine Mumm rummaulen. Mein Vater hieß Adam und meine Mumm hieß Ruth.

Wir ließen uns den Braten schmecken. Es gab Schweinebraten mit Nudeln und Rotkohl. Mumm war im Kochen einfach Weltmeister und die Soße war immer ein Gedicht. Ich brauchte oft gar nicht so viel Fleisch; Beilagen mit Soße waren mir wichtiger. Mein Vater dagegen liebte Fleisch und je fettiger es war, umso besser. Speziell beim Schweinebraten liebte er diese fette, knusprige Haut. Dies spiegelte sich nicht in seiner Figur wieder. Obwohl schon knapp über 60 wog er bei einer Größe von 1,70m nur 67 Kilo. Er konnte wirklich Essen was er wollte und nahm nicht zu. Vielleicht lag es auch an seiner exzellenten Verdauung. Er ging am Tag bestimmt 3-mal auf die Toilette. Meine Mutter hatte dagegen ganz andere Gewichtsprobleme. Bei einer Größe von 1,55m wog sie 70 Kilo. Sie könnte für Rubens Modell stehen. „Von den 70 Kilo sind bestimmt 20 Kilo Brüste", denke ich mir. Bei dem Vorbau, den Sie vorne mit sich rumschleppt.

15. Juli 1980

Ich konnte diese zwei Tage kaum abwarten. Es war so weit. Mein erstes richtiges Date. Sofort als ich kurz nach eins aus der Schule kam ging ich ins Bad und stylte mich auf. Zum Essen war gar keine Zeit. Meine Eltern waren beide zur Arbeit und konnten zum Glück nicht sehen, was ich im Bad für ein Schauspiel abzog. Die Haare waren wieder mein größtes Problem. Bis sie so lagen, wie ich das wollte verging mehr als eine Stunde so dass ich richtig unter Zeitdruck kam. Und ich wollte auf keinen Fall zu spät kommen. Sara und ich hatten uns für 15.30 Uhr an der Kinokasse verabredet. So hatten wir eine halbe Stunde Puffer, bis der Film anfing und genügend Zeit, die Karten an der Kinokasse zu besorgen. Ich überlegte gar nicht groß, was ich anziehen sollte, sondern nahm das nächstbeste T-Shirt, die Markenjeans von TF und die Cowboyboots. Ein kurzer Blick in den Spiegel und ich war bereit abzuhauen. Ich nahm noch kurz ein Gebäck aus dem Kühlschrank, vertilgte dieses in weniger als drei Minuten und trank ein Mineralwasser dazu. Um dieses Mal etwas mehr Geld als in der Disco dabei zu haben knackte ich mein Sparschein und nahm einen Zwanziger mit und noch 5 Dollar Kleingeld für die Metro. Das Kino war ziemlich im

Stadtzentrum und ich war mehr als 1 Stunde unterwegs. Ich saß richtig auf glühenden Kohlen, da ich keine Ahnung hatte, wie lange ich mit der Metro brauchen würde. Das Glück war mir hold. Punkt halb vier erreichte ich Madison Garden, die Metro-Station, an der das Kino war. Sofort spurtete ich aus der Metro die Rolltreppe hoch und lief in einem Affentempo zum Kino. Beinahe rannte ich zwei ältere Damen um, die meinen Laufweg kreuzten. Um 15.32 erreichte ich vollkommen aus der Puste die Kinokasse. Sara war schon da und strahlte wie der Sonnenschein. Sie fiel mir sofort um den Hals und küsste mich ganz leidenschaftlich. Ich war von meinem Spurt noch so außer Atem, dass ich wirklich Schwierigkeiten hatte, Luft zu bekommen.

Sara merkte das und sagte zu mir ganz keck. „Ruhe Dich kurz aus und komm wieder richtig zu Atem. Den wirst Du im Kino noch brauchen".

Das sind ja Versprechungen, dachte ich. Ich konnte es kaum erwarten, dass wir endlich die Kinokarten besorgten. Ich lud Sara ein und sie war froh darüber; andererseits hatte sie das auch von mir erwartet. So kam es mir jedenfalls vor.

„Du schaust ja heute wieder super aus", sagte ich zu Ihr.

Sie hatte einen weiten weißen Spitzenrock mit Rüschen, eine weiße Bluse und eine verwaschene Jeansjacke an, dazu passende braune Flip-Flops. Es war ein heißer Tag heute mit Temperaturen von über 30 Grad. Dementsprechend war an der Kinokasse auch nichts los. Es waren nur knapp 8 Leute, die in den gleichen Film wie wir gehen wollten. Sara kaufte noch Popcorn und eine Cola Light.

„Die spendiere ich, weil Du schon das Kino bezahlt hast", deshalb nahm sie auch jeweils eine doppelte Portion. Popcorns sind normalerweise nicht mein Fall, aber die gesalzene Variante, die Sara auswählte schmeckte gar nicht so schlecht.

Wir gingen also beide mit diesem Eimer Popcorn und den 1 Liter Cola-Bechern zu unseren Sitzen. 19. Reihe Mitte. Das Kino war so ein futuristischer Riesensaal mit Platz für mehr als 800 Leute verteilt auf 30 Reihen. Und es verliefen sich gerade mal 10 Leute hier. In unserer Reihe waren wir sogar die einzigen.

Wir stellten die Becher zu Boden, Sara zog noch Ihre Jeansjacke aus und wir machten es uns bequem. Ich saß links von Ihr und Ihre linke Hand nahm sofort meine rechte. Und so Händchen haltend warteten wir auf den Beginn des Films. Nach zwanzig Minuten Werbung war es endlich soweit. Sara wurde schon wieder frech. Sie fragte mich doch glatt, ob ich müde sei.

„Warum", fragte ich verdutzt. Sie fiel mir um den Hals und begann mich so leidenschaftlich zu küssen, dass ich fast keine Luft mehr bekam.

„Darum" sagte sie nur kurz. Diese Antwort war für mich ein Wink mit dem Zaunpfahl. Das wollte ich nicht auf mir sitzen lassen. Ich nahm sie in die Arme und küsste sie bestimmt 4 Minuten ununterbrochen, einmal ganz sanft und zärtlich, das andere Mal ganz wild und leidenschaftlich. Und ich spürte, wie sie das genoss und mir erging es genauso. Meine Erregung stieg und ich fühlte wie meine Hose immer enger wurde.

„So ist es schön" hörte ich Sie nur kurz lustvoll stöhnend dieses Satz hauchend. Sie sah mir in die Augen, dann ging sie Richtung rechtes Ohr und flüsterte „ich liebe dich". Sie begann an meinem Ohr zu saugen und mit Ihrer Zunge in meiner Ohrhöhle zu spülen und stöhnte mir dabei ins Ohr. Zuerst fand ich es etwas seltsam, je mehr ich mich jedoch fallen lies umso mehr wirkte sich das auf meine Erregung aus. Ich hatte das Gefühl, dass meine Hose platzt.

Sara bemerkte, wie sehr meine Erregung und meine Leidenschaft wuchs. „Streichel mich bitte an den Beinen, ich habe extra einen Rock für Dich angezogen".

Ich beugte mich zu Ihr rüber. Meine Fingerspitzen der linken Hand berührten ganz leicht Ihr rechtes Knie. Dann fuhr ich ganz langsam mit meiner Hand ihre Oberschenkelinnenseiten entlang. Mich erregte das sehr. Sie nahm meine linke Hand und führte sie behutsam weiter nach oben. Auf einmal war ich ganz erschrocken, da sie keinen Slip anhatte. Sie führte meine Hand geradewegs zu Ihrem Heiligsten und Sie öffnete die Beine mit einem Seufzer. Ich begann meine Fingerspitzen ganz langsam zu bewegen und ihr Schoß bewegte sich im passenden Rhythmus dazu. Ich hörte leise, spitze Seufzer von ihr, die immer lauter wurden. In Ihrem Gesicht spiegelte sich die ganze Lust wieder, die sie in diesen Momenten empfang. Meine Erregung wuchs und ich machte weiter und Sara lies mich gewähren. Ein kurzer Seufzer und ein lustvolles „ja..." und sie presste die Oberschenkel wieder zusammen, so dass meine linke Hand in ihrem Schoß gefangen war. Sie streichte mir ganz liebevoll mit der rechten Hand durch meine Haare und lächelte sehr zufrieden. Danach lockerte sie wieder ihren Schoß und gab meine Hand frei. Währenddessen berührte ihre rechte Hand ganz sanft meinen rechten Oberschenkel und ging höher, bis Ihre Hand auf meinem Schoß verweilte. Ich konnte die Wärme richtig durch meine fast zum zerreißen angespannte Hose spüren. Sara fühlte mit Sicherheit meine Erregung und das pulsieren aus meiner Hose. Auch mein Atem veränderte sich so, dass ich fast keine Luft mehr bekam. Ganz langsam öffnete Sara mit ihrer rechten Hand meinen Reisverschluss und ich lies sie gewähren. Ich war so gespannt und neugierig, weil ich das noch nie erlebt hatte, andererseits war ich auch baff, gelähmt und wehrlos Sara ausgeliefert. Behutsam zog sie meinen Reisverschluss nach unten, öffnete meinen obersten Knopf der Hose und tastete sich an meinen Slip ran. Den Slip schob sie mit einem kleinen Zug ganz raffiniert auf die Seite und mein Penis lag frei. Zum Glück war das Kino ziemlich lehr und in unserer Reihe saß sowieso niemand. Sara ging aber auf Nummer sicher und legte Ihre Jeansjacke über meine Hose und ihre Hand, so dass wirklich nichts zu sehen war, falls....

Sie nahm mein erigiertes Glied in Ihre Hand und spielte mit Ihm. Ganz sachte und behutsam drückte sie die Eichel und streichelte sie. Ich bekam Gefühle, die mir noch absolut fremd waren. Mein Herz raste vor Begeisterung und mein Puls trommelte ein Stakkato, schneller und immer schneller. Ich spürte Hitzewallungen in mir hochkommen und ich wurde buchstäblich richtig verspannt. Dies hinderte Sara nicht daran aufzuhören, im Gegenteil. Ihr Griff um mein Glied wurde fester und sie begann, es langsam auf und ab zu schieben. Ich verlor fast die Sinne und Sara machte weiter, immer schneller und fester bis eine weiße Fontäne aus meinem Glied spritzte. Ich konnte mich gerade noch zusammenreißen, nicht laut los zu schreien, da sonst jeder im Kino gewusst hätte, was hier in dieser Reihe los war. Es war ein unbeschreibliches Gefühl, das mir Sara hier im Kino besorgt hatte. Sie nahm die Serviette, die sie wegen des Popcorns mitgenommen hatte und wischte meinen tropfnassen Penis ab. Ganz sanft streichelte sie ihn nochmals, verpackte ihn in meinen Slip und schloss meinen Reisverschluss wieder zu. Dann noch den Knopf und alles war wieder so wie vorher.

Sie legte Ihren Kopf auf meine Brust und hörte mein Herz rasen, was sie richtig glücklich machte. Der Film war ihr und mir mittlerweile egal, weil wir bisher sowieso nichts mitbekommen hatten. Wir genossen einfach dieses Gefühl des Zusammenseins und der innigen Zweisamkeit. Ich strich ganz sanft durch Ihre schwarze wilde Mähne und küsste sie behutsam am Hals und im Nacken. Es war einfach wunderschön und so ging es den ganzen Film. Einfach nur Küssen, seufzen und dieses Gefühl des Verliebt seins genießen. Als wir das Kino nach Filmende freudestrahlend verließen mussten viele Gedacht haben, das muss aber ein schöner Film gewesen sein, den müssen wir uns auch ansehen. Es war mittlerweile 18.00 Uhr und eng umschlungen gingen wir einfach die Straße entlang und schauten uns die Auslagen an. Ich hatte meine rechten Arm um Ihre Hüfte geschlungen und sie Ihren linken Arm um meinen. Da machte auch der Größenunterschied von 15cm keine Schwierigkeit. Sie war so zart und Ihre Taille schön schmal.

„Möchtest Du noch ein Eis, ich lade Dich ein?" fragte ich sie.

Und Sara nahm dankend an. Zum Glück hatte ich etwas mehr Geld mitgenommen, so dass ein schöner Eisbecher für uns beide noch drin war. Wir nahmen uns zusammen einen Riesenbecher für zwei Personen mit Früchten, Alkohol, Sahne und verschiedenen Eissorten und ließen uns zwei Löffel bringen. Es ist doch viel schöner, dass man etwas Großes teilt, als wenn jeder sein Ding ist, gerade wenn man frisch verliebt ist, dachte ich. So genossen wir den riesigen Eisbecher Happen für Happen, Löffel für Löffel. Wir machten auch neckische Spielchen die sich steigerten. Zuerst fütterten wir uns gegenseitig, das war noch das Harmloseste. Hier konnte ich von Sara nur lernen. Ich merkte, dass sie hier schon wesentlich mehr Erfahrung hatte als ich. Sie nahm etwas Sahne auf ihren Zeigefinger der rechten

Hand und schmierte etwas davon auf meine Nasenspitze und leckte sie ab, den Rest, der noch auf den Zeigefinger war nahm sie ganz genussvoll in den Mund, Sie wissen schon wie, oder.....

Sara hatte es wirklich faustdick hinter den Ohren und so wusste ich, dass mein erstes Mal mit Sicherheit nicht lange auf sich warten lassen würde. Ich brachte sie an diesem Abend noch bis vor Ihre Haustüre im westlichen Part der Stadt. Kurz nach 08.00 Uhr waren wir da. Wir umarmten uns ganz innig und gaben uns einen „megalangen" Zungenkuss. Wieder und immer wieder trafen sich unsere Lippen und unsere Zungen und wir wollten einfach nicht voneinander lassen. Wir drückten uns fester und fester und ließen uns treiben. Just in diesem Moment hörten wir einen Schrei aus dem dritten Stock des Gebäudes.

„Jetzt ist es aber genug Sara, komm jetzt endlich hoch, was sollen den die Nachbarn denken!" Ihr Bruder und ihr Vater standen gemeinsam schon in Unterhosen auf dem Balkon und ihrem Vater riss der Geduldsfaden. Endlich konnte ich mir auch ein Bild von Ihrem Vater machen, auch wenn er im 3. Stock stand. Seine Stimme alleine reichte, um mir auch eine gehörige Portion Respekt einzuflößen.

„Ich ruf Dich morgen an, geh lieber hoch, bevor Du wieder größeren Ärger kriegst", sagte ich zu Ihr besorgt.

Sie hauchte mir noch einen letzten Kuss zu und verschwand freudestrahlend nach oben. Ich hatte auch ein Gefühl, wie wenn Schmetterlinge in meinem Bauch wären. Das Gefühl war unbeschreiblich, fast schwerelos oder leicht wie eine Feder. So tänzelte ich und hüpfte auf dem Trottoir und machte einen Freudesprung nach dem anderen. Viele Passanten kamen mir entgegen und schauten verdutzt. Ich nahm die Metro und war gegen kurz nach 09.00 Uhr zu Hause. Meine Eltern warteten schon auf mich und meine Mutter fragte mich, ob ich noch etwas essen wolle. Natürlich hatte ich keinen Hunger mehr und meine Mutter verstand das sofort. Mein Vater dagegen fiel mit der Tür ins Haus und fragte mich gleich „und, wie war es?"

Ich hatte dieses Mal aber keinen großen Bock etwas zu erzählen. Und Mumm merkte das sofort und nahm mich in Schutz. „Lass Ihn heute doch einfach mal in Ruhe" redete sie auf Dad ein. Dad verstand auch sofort und gewährte mir die Ruhe, die ich nach diesem tollen Tag einfach genießen wollte.

Die ganze Nacht über konnte ich kaum schlafen und musste immer an Sara denken; an das, was wir im Kino gemacht hatten; alles schoss mir in den Kopf und manchmal wusste ich nicht, ob ich es mir wieder nur vorstelle, bzw. ob mir meine Gedanken einen Streich spielen oder ob ich schlafe und träume. Jedenfalls kam es mir am nächsten Morgen so vor, als hätte ich keine Sekunde geschlafen und dementsprechend fühlte ich mich auch. So richtig gerädert oder wir durch den Kakao gezogen. Es half alles nichts. Ich musste in die Schule gehen. Denke einfach daran, wie Du aus der Schule wieder mittags nach Hause kommst, und alles geht leichter. So hatte ich das immer gemacht, wenn ich mich etwas müde oder schlapp fühlte. Ich stellte mir vor, dass der Schultag schon wieder vorbei war und dass jetzt wieder Freizeit ist. Sofort waren meine Laune besser und meine Motivation wieder da.

15. Oktober 1980

Heute sollte es so weit sein. Das erste mal richtigen Sex und Geschlechtsverkehr. Wir trafen uns während der letzten 3 Monate so ca. 3-4-mal pro Woche, manchmal bei mir, manchmal bei Ihr. Sie hören richtig, sogar bei Ihr. Ihr Vater war nicht so schlimm, wie es den ersten Eindruck machte. Er konnte sogar richtig verständnisvoll sein. Durch seine Strenge und seine Sorgen gegenüber Sara drückte er einfach nur seine grenzenlose Liebe zu seiner Tochter aus. Er hatte zwar noch drei Söhne, aber seine Tochter war ihm doch am meisten ans Herz gewachsen. Er war sehr stolz, dass er so eine hübsche Tochter hatte. Und ich war erst stolz, dass ich so eine hübsche Freundin hatte. Saras Vater mochte mich. Er sah, dass ich in seine Tochter richtig verliebt war und dass ich ein ehrlicher Junge bin, der die Wahrheit sagt und offen ist. So etwas kannte er bisher noch nicht, auch nicht von seinen Söhnen. Seine Söhne waren alle in so einer mexikanischen Straßengang und trieben sich rum und sagten dem Vater nicht, was sie alles treiben. Da war ich ein ganz anderer Schlag. Eher der Typ Sportler und „liebe Junge von nebenan", nicht so ein Halbstarker und aufmotzendes, manchmal gewalttätiges Straßengangmitglied. An diesem Tag sollte Sara kommen. Meine Eltern waren außer Haus, so dass wir „sturmfreie Bude" hatten. Es war das erste Mal in den drei Monaten, dass Sara und ich alleine sein konnten. Pünktlich um 15.00 Uhr kam sie. Sie läutete an der Haustür, ich machte Ihr sofort auf und kam Ihr aus dem 2. Stock entgegengestürzt. Unsere kleine Wohnung befand sich im zweiten Stock. Schnellen Schritts eilten wir beide nach oben. Ich schloss die Wohnungstüre auf und sofort fiel mir Sara um den Hals. Ganz leidenschaftlich küssten wir uns. Und wie gut sie roch....

Wir gingen in mein Zimmer und ich hatte Kerzen aufgestellt, so richtig romantisch. Die blau-grünen Vorhänge hatte ich zugezogen, so dass es ziemlich dunkel war und niemand in mein Zimmer schauen konnte. Langsam setzten wir uns, ich stellte die Musik der Stereoanlage im Wohnzimmer an und spielte die schönsten Love-Songs aus „Silent mood". Ich hatte ja keine Musikquelle in meinem Zimmer, dazu war es einfach zu klein. Wir genehmigten uns beide eine Wodka-Cola aus Vaters Barschrank und dadurch wurden wir noch lockerer und gelöster. Sara hatte einen brauen Baumwoll-Popeline-Rock mit Falten und Rüschen, ihre orangefarbene Bluse, Jeansjacke und Stiefel an. „Wie rassig sie doch aussieht", dachte ich. Ich hatte meine Markenjeans, enges gelbes T-Shirt und Badeschlappen an. Schon vorsorglich, weil ich diese leicht und schnell ausziehen konnte. Sara zog Ihre Stiefel aus und wir machten es uns auf meinem schmalen Bett bequem und nahmen uns in die Arme. Zuerst schob ich Ihr ganz sachte die Jeansjacke von der Schulter bis sie langsam auf den Boden glitt. Sie fiel mir um den Hals und küsste mich leidenschaftlich. Zuerst mit der Zuge und dann biss sie mir genussvoll in den Hals und in den Nacken. Wahrscheinlich wird das Knutschflecke geben, dachte ich mir. Aber das war mir in diesem Augenblick scheißegal. Sie küsste mich auch auf die Wange, auf die Stirn und spielte mit meinem Ohr. Ich spürte Ihre Zunge kreisen und merkte die Erregung, die langsam in mir aufkam. Sara war im Schmusen und Küssen wesentlich erfahrener als ich. Sie hatte hier ein sehr breites Repertoire für ein Mädchen im Alter von 15 Jahren. Dies lies auf einige Freunde vor mir zurückschließen. Alles was ich drauf hatte, lernte ich von Ihr. Sara machte mir unmissverständlich klar, dass sie diesen Tag heute als besonderen Tag erleben will und es ganz langsam genießen möchte. Das war für mich sehr schwer, da meine Erregung schon sehr groß war und kurz vor der Explosion stand, schon bevor wir richtig begonnen hatten. Sie verstand es, meine „Geilheit" bis zum Äußersten durch das Warten zu reizen. Immer wieder legte sie eine kurze Pause ein und legte sich einfach auf den Rücken um den Augenblick zu genießen und der Musik zu lauschen. Ich bewunderte sie, wie sie die Ruhe bewahren konnte, da es ihr mit den Gefühlen doch bestimmt genauso ging wie mir.

Um 17.00 Uhr war es endlich so weit. Sie teilte mir mit, dass wir kein Kondom brauchen, da sie schon seit einem halben Jahr die Pille nimmt. Was war ich froh! Eine Möglichkeit weniger, mich zu blamieren. Ich sagte Ihr, dass ich noch nie mit einem Mädchen geschlafen habe und das freute sie. „Dann soll es unvergesslich für Dich werden" hauchte sie mir in mein linkes Ohr. Sie nahm mich an der Hand und führte mich langsam zu meinem Bett. Ganz langsam entblößte sie ihre Bluse. Sara trug einen schwarzen Spitzen-BH darunter. Ich konnte richtig sehen, wie das Ausziehen sie erregte und Ihre Nippel steif und immer steifer wurden. Mit einem gekonnten Griff öffnete sie ihren BH und stand mit nacktem Oberkörper vor mir. Sie nahm mit beiden Händen meinen Kopf und führte meinen Mund an Ihre Brust, zuerst an die linke, dann an die rechte. Instinktiv begann ich zuerst mit den Lippen daran zu saugen und dann mit der Zunge daran zu spielen. Ihre Reaktion zeigte sich in einem lustvollen Stöhnen und in spitzen Schreien. Während sie sich hingab entledigte sie sich ihre Gürtels und ihres Rockes, so dass sie nur noch im schwarzen String Tanga vor mir stand. Meine Erregung kannte keine Grenzen mehr, als ich diese Top-Figur mit diesem wunderschönen braunen Haut-Teint sah. Langsam streifte mir Sara mein T-Shirt über dem Kopf und begann, ebenfalls an meine Brustwarzen zu spielen, zuerst mit den Fingern und dann mit Ihren Lippen. Sie begann immer fester zu saugen und manchmal biss sie mich auch ganz leicht. Ich hätte mir niemals vorstellen können, dass so etwas mich derart in Leidenschaft versetzt. Es war, als wären meine Brustwarzen mit meinem Glied verbunden. Mit einem kurzen Ruck öffnete sie den Gürtel meiner Jeans, dann den obersten Kopf und streifte sofort meine Hose nach unten. Es fiel ihr nicht so leicht, da mein steifer Penis wie eine Art Widerhaken war, an dem die Hose erst vorbei musste. Aber wo ein Wille ist, ist auch ein Weg. Ein gekonnter Griff Ihrerseits und ich war der Hose entledigt. So standen wir nun beide da und schauten uns neugierig und aufgeregt an. Sie nur noch bekleidet mit

Ihrem schwarzen String und ich mit meiner roten geblümten Boxershort. Wieder machte Sie den ersten Schritt und kam auf mich zu. Sie umarmte mich und küsste mich sehr leidenschaftlich auf die Lippen. Danach wanderten Ihre Lippen weiter an meinem Körper entlang, Hals, Nacken, Brust Brustwarzen, Bauchnabel, bis sie an meiner Short ankam. Meine Erektion war nicht zu übersehen. Eine große Beule machte sich in der Short breit.

„Jetzt wollen wir ihn mal aus seinem Gefängnis herauslassen", sagte sie wieder in Ihrer frechen Art.

Mit einem Ruck zog sie mir die Boxershort nach unten und mein erigiertes Glied sprang ihr buchstäblich entgegen. Sie nahm es ganz sanft in den Mund und begann mit kreisenden Bewegungen daran zu saugen. Mein Atem wurde immer schneller und schneller und ich schrie „ich komme gleich!"

Und sie. „Komm ruhig, ich möchte dich schmecken!" und sie saugte so lange bis ich mich mit einem lauten Aufschrei in Ihrem Mund ergoss.

Und sie lächelte mich an. „Du wirst doch nicht schon Dein Pulver verschossen haben" sagte sie ganz neckisch, weil sie genau wusste, dass so ein junger geiler Bursche wie ich mit Sicherheit gleich nochmals kann. Und so war es auch. Sofort stand mein Penis wieder wie eine eins. Ich merkte, dass sie sehr erregt war. Mit einem Ruck streifte sie sich Ihren Ministring ab, legte sich auf den Rücken und zog mich zu ihr. Sie nahm meinen Penis in die Hand und führte ihn ganz sanft und behutsam in ihre feuchte, heiße Grotte ein. Zuerst ging es ganz langsam und ich merkte, wie eng es in Ihr war. Mit etwas Geduld und Liebe drang ich immer tiefer ein und es wurde immer glitschiger und feuchter in Ihr. Ihr Becken passte sich meinem Rhythmus an und teilweise gab Sara durch ihre kreisenden Bewegungen die Geschwindigkeit vor. Wir bewegten uns schneller und immer schneller und ihr Stöhnen und Ihre spitzen Schreie wurden lauter. „Jaaaaaaaa, mach weiter...., ich komme gleich" schrie sie mir ins Ohr und auf einmal merkte ich wie sie zuckte und vibrierte und dass sie Ihren Orgasmus erreicht hatte. Mit einem tiefen Seufzer löste sie sich ganz langsam von mir und umarmte und küsste mich.

Sie wollte jetzt noch etwas trinken, aber nichts Alkoholisches, sondern nur Mineralwasser. Ich war erstaunt, dass sie auch so schnell kam wie ich und dass es doch relativ kurz dauerte.

„Sollte das schon alles gewesen sein?" fragte ich mich. Ich merkte, dass ich immer noch erregt war und dass ich nochmals wollte.

So begann ich Sara ganz langsam zu streicheln, zuerst an den Brüsten, dann an den Beinen hinauf zu den Oberschenkeln. Und ich merkte, wie Ihr Atem wieder schneller wurde und sie förmlich darum bettelte, dass ich wieder eindrang.

Mit einem Stoß war ich in Ihr und es ging ganz leicht. Sie war noch sehr feucht, so dass ich immer tiefer in sie eindringen konnte. Und diesmal ging es länger und wir schaukelten uns zu einem gemeinsamen orgastischen Höhepunkt. Es war einfach unbeschreiblich, als wir zusammen den Höhepunkt erreichten. Ich war sehr froh, dass Sara schon sexuelle Erfahrungen gesammelt hatte, sonst wäre das erste Mal bestimmt wie bei vielen anderen Jugendlichen ziemlich in die Hose gegangen. Ich hatte Glück, dass......

30. November 1980

Sara und ich hatten uns getrennt. Meine erste große Liebe war vorbei. Es gab zuletzt ständig Streit, weil ich so oft ins Baseballtraining musste. Sie wissen ja wie das ist. Plötzlich fühlt sich jemand vernachlässigt und entdeckt nur noch die negativen Seiten an einer Beziehung. Zu Beginn konnte Sara sehr gut mit meinem 3 mal wöchentlichen Baseballtraining leben, je länger aber wir zusammen waren umso mehr hatte sie den Eindruck, dass das Baseballtraining für mich wichtiger war als sie. Es kam so weit, dass sie mich vor die Alternative stellte „Baseball oder ich". Ich fand das sehr schade, denn für mich gab es nur die „und Lösung", d.h. Baseball und Sara. Mit dieser Lösung konnte sich Sara nicht anfreunden und je mehr Zeit verging umso schlimmer wurde es.

„Du mit deinem scheiß Baseball" bekam ich immer öfter zu hören und meine Verliebtheit wechselte in Ratlosigkeit. Ich wusste nicht, was ich denn machen kann, geschweige denn, wie ich es mir, meinen Eltern und gleichzeitig Sara recht machen konnte. Ich lies alles so laufen bisher, versuchte Sara zu zeigen, wie wichtig sie mir ist und gab auch beim Baseball mein bestes. Doch ich fühlte Saras Unzufriedenheit und die wirkte sich prompt auf meine Leistungen in der Schule und beim Sport aus. Daraufhin reagierten auch meine Eltern, was selbstverständlich ist, in dem Maße, dass sie mich fragten, ob Sara ein schlechter Umgang für mich sei, weil ich nicht mehr konzentriert bei meiner Sache bin. Es war irgendwie ein Negativkreislauf, der mich immer weiter nach unten zog und in meinen jungen Jahren wusste ich einfach noch nicht, wie ich dem entfliehen konnte. „Irgendwie muss sich das doch regeln und wieder umkehren lassen", dachte ich. Oft fühlte ich mich auch von meinen Eltern oder Sara missverstanden. Es entstanden quasi zwei „verfeindete" Lager. Auf der einen Seite Sara, auf der anderen meine Eltern. Versuchte ich es meinen Eltern recht zu machen indem ich wieder mehr lernte und besser beim Baseball trainierte und dann natürlich auch besser spielte, dann hatte ich weniger Zeit für Sara und sie fühlte sich wieder im Hintertreffen. Egal was ich tat, ich konnte es nicht allen recht machen. So entschied der Zufall oder die Zeit für mich, falls es Zufälle denn wirklich gibt.

Die ganze Entwicklung in unserer Beziehung nervte Sara natürlich sehr und sie sah meine Eltern mittlerweile als Feinde an. Es kam so weit, dass sie von mir verlangte „zu wem stehst Du, zu deinen Eltern oder zu mir". Und da war die Antwort für mich klar. Ich konnte und wollte mich mit meinen Eltern noch nicht überwerfen. Dafür war ich einfach viel zu jung und meine Eltern hatten mir schon so oft bewiesen, dass sie mir absolut vertrauen und dass dieses Vertrauen auf Gegenseitigkeit beruht.

„Wenn Du auf diese Entscheidung bestehst, Sara", dann kann ich mich nur für meine Eltern entscheiden.

Ihr Kommentar war kurz und klar. „Wenn Du das machst, dann müssen wir uns trennen". Mir tat es in der Seele weh und ich redete in diesem Moment wahrscheinlich sehr wirres Zeug zu Sara, denn einerseits wollte ich sie nicht verlieren, andererseits war mir aber klar, dass unsere Beziehung so wie sie das wollte, einfach nicht mehr funktionieren konnte. Und Sara war sehr stur und sie bestand auf Ihren Standpunkt.

So war das Schicksal meiner ersten Liebe an jenem 30. November besiegelt.

Aber es war im nachhinein betrachtet eine schöne Zeit, und Sara war ein tolles Mädchen. Ich bin dankbar, dass ich sie näher kennen lernen durfte.

15.März 1981

Die letzten Monate verliefen wenig ereignisreich. Ich konzentrierte mich auf meinen Sport, auf meine Schule und wechselte die Freundinnen wie die Unterhose, meist nur so 2 Wochengeschichten. Maximal dauerte eine Beziehung einen Monat. Es war die Zeit des „Erfahrungen-Sammelns". Und ich sammelte wirklich einige und es machte mir Spaß. Meine Eltern sahen das recht locker, so lange ich die gewünschten und geforderten Leistungen erbrachte. Ich war immer so der Typ Leader und ging mit dem Kopf voran, schon von kleinster Kindheit an. Diese Stärke wurde von meinen Klassenkammeraden als auch im Baseballteam bewundert. So wurde ich immer zu deren Anführer gewählt, d.h. zum Klassensprecher in der Schule und zum Teamkapitän im Sport. Und mir machte es richtigen Spaß, ständig voranzupreschen. Warum das alles so war hatte ich zu diesem Zeitpunkt natürlich nie hinterfragt. Dazu war ich einfach noch zu jung. Ich genoss es und öfters als mir lieb war schoss ich auch über das Ziel hinaus. Das war es aber gerade, was mich für die anderen auch interessant machte. Ich war einfach anders als die große Masse. Instinktiv tat ich immer das, was ich für richtig hielt, obwohl mich meine Eltern natürlich in ein gewisses Schema pressen wollten, das auch sie befolgten.

Typisch waren z.B. ihre Ansichten „was sollen die Nachbarn denn bloß denken, gib nicht so an, ehrlich währt am längsten", oder „the early bird catches the worm" was ungefähr heißt, „der frühe Vogel fängt den Wurm".

Hier könnte ich zig Sachen aufzählen, mit denen mich meine Eltern zu jener Zeit konfrontierten.

Irgendwie beeinflussen einen diese Sätze doch in seinem Verhalten, aber es schien so, als wäre ich dagegen einigermaßen resistent, oder ich identifizierte mich nur mit den Sprüchen, die mir gefielen. Warum sollte ich zu diesem Zeitpunkt noch nicht wissen und auch nicht erkennen. Natürlich war ich ein folgsamer Junge, da ich auch keine großen Nachteile zu befürchten hatte, wenn ich den Anforderungen meiner Eltern Folge leistete. Jetzt war es aber so weit. Ich erinnerte meinen Vater, dass ich in zwei Wochen Geburtstag habe und er jetzt sein Versprechen einlösen müsse. Er wusste sofort Bescheid. Und jetzt machte er wieder etwas Grandioses, das ein Top-Verkäufer mir auch nicht besser hätte verkaufen können. Mein Vater fragte mich, ob ich mit 18 nicht lieber ein Auto wolle und erklärte mir alle Vorteile eines Autos gegenüber eines Mokicks oder Kleinkraftrades, z.B. dass es wesentlich sicherer sei, es viel schneller sei, es teurer sei und dass man mit großem Stolz vor die Disco vorfahren kann, wenn man 18 ist. Und das wiederum zog bei mir, und zwar ganz gewaltig. Mein Vater erzog mich in der Art, dass ich quasi immer nach Höherem strebe, wenn ich mein eigentliches Ziel erreicht hatte. Das hatte seine Vor- und Nachteile. Einerseits lernte ich zu verzichten, andererseits musste dieser Verzicht auch immer an etwas Besserem gekoppelt sein. Aber ich hatte dadurch das Vertrauen gewonnen, dass immer etwas Besseres folgen wird. Und dieses Vertrauen war in meinem Leben mit keinem Geld der Welt zu bezahlen. Ich konnte mich also definitiv darauf verlassen, wenn ich mich an gewisse Abmachungen halte und während dieser Zeit mein Bestes gebe, dass etwas Besseres nachfolgen wird.

Liebe Leser, liebe Leserinnen, lesen Sie diesen Satz bitte so oft, bis er Ihnen in Fleisch und Blut übergegangen ist und ich verspreche Ihnen, Ihr Leben wird positiv verlaufen. Leben Sie diesen Satz.

Ich willigte mit einem Handschlag bei meinen Vater ein. „Diese zwei Jahre sind schnell vorbei, und so lange kann ich auch noch warten, aber dann bist Du dran, dann gibt es keine Ausflüchte mehr", sagte ich zu meinem Vater.

Und so hatten es meine Eltern, speziell mein Vater ganz clever geschafft, mich vom Rauchen abzuhalten. Dafür bin ich heute noch dankbar, wenn ich sehe, wie viele Menschen gesundheitliche Beschwerden durch das Rachen haben, wie viele an Lungenkrebs sterben und wie viel Geld man dadurch einsparen kann. Ein durchschnittlicher Raucher verpafft doch bis zu 100 Dollar pro Monat, das sind aufs Jahr hochgerechnet schon wieder 1200 Dollar, also ein wirklich schöner Urlaub.

Die nächsten zwei Jahre verliefen wenig spektakulär. Schule, Baseball, Mädchen, Disco. Es war immer das gleiche. Das einzige was vielleicht erwähnenswert ist, ist, dass ich schon mit 16 und ein halb bis in die frühen Morgenstunden in die In-Discos durfte. Hier werden manche Elternteile bestimmt schimpfen und sagen, dass das zu früh sei. Aber meine Eltern zeigten mir ihr Vertrauen, ich rauchte nicht, trank keinen Alkohol und war immer pünktlich. Was hätte also schon passieren können. In dieser Hinsicht war ich vernünftiger als mancher 20-jähriger und meine Eltern zeigten mir einfach durch Taten, dass Vertrauen sich auszahlt. Ich fand das natürlich klasse, dass ich junger Spund schon in die Szeneläden durfte, und ich hatte auch keine Schwierigkeiten an den DJs vorbei zu kommen, da ich älter aussah, bestimmt wie 19 und auch gut gestylt war. Ich fühlte mich schon sehr früh wohl in diesem erlauchten Kreis der Twens und Schicks. Das bekräftigte mich immer mehr, dass ich hier eines Tages einmal richtig dazugehören möchte. Da die Getränke in diesen Läden sehr teuer waren, teilweise bis zu 7 US-Dollar für eine Cola hielt ich mich fast die ganze Zeit auf der Tanzfläche auf. Und wenn mich mal ein Kellner fragte, ob ich denn etwas trinken wolle, dann antwortete ich nur kurz, „ich hatte schon einen Drink, ich möchte nichts mehr". Das zog immer und so waren die Abende immer sehr günstig, eigentlich umsonst. Ich gab keinen Cent aus und da ich zu jener Zeit Angst hatte, ganz am frühen morgen in der Metro zu fahren lief ich die Strecke zu Fuß nach Hause. Von dem einen „In-Schuppen", dem Larrys waren es bestimmt 10 Kilometer zu mir nach Hause. Trotz durchgetanzter Nacht lief ich diese 10 Kilometer im Jogging-Tempo nach Hause. Das wirkte sich natürlich auch positiv auf meine Kondition für den Sport aus.

20. März 1983

Es war so weit. Mein 18-ter Geburtstag stand kurz davor. Jetzt musste mein Vater sein Versprechen einlösen und mir ein Auto kaufen, dachte ich. Führerscheinprüfung ist nächste Woche und die werde ich bestimmt bestehen, war ich mir sicher. „Keine Zweifel, dann schaffst Du es auch".

28. März 1983

Ich habe den Führerschein! Geschafft! Es war leichter als gedacht. Wenn ich daran denke, dass ich vorher vor lauter Angst fast in die Hose gemachte hatte, so nervös war ich. Die Angst war komplett unbegründet. Ich musste nur eine Runde um den Häuserblock drehen, einmal einparken und zack, hatte ich den Schein. So leicht hatte ich mir das ehrlich gesagt nicht vorgestellt. Der Fahrprüfer erklärte mir auch warum ich den Schein so leicht bekommen hatte, und das war auch gut so, denn sonst hätte ich gedacht „hier ist etwas faul" oder „mir wird es zu leicht gemacht". Teilweise hatte ich Horror-Storries über die Fahrprüfung gehört, speziell von denjenigen, die durchfielen. Er erklärte mir, dass ich sehr vorausschauend und sehr ruhig fahre, richtig routiniert, so als wäre ich schon 20000 Kilometer gefahren; und dann ist es seiner Meinung nach ziemlich egal, ob jemand in der Prüfung 1 Stunde fahren muss oder nur 15 Minuten. Speziell bei denjenigen, die absolut nervös wirken müsse man länger prüfen, da hier geschaut wird, ob sie dem Stress auch standhalten. Und für viele ist Autofahren einfach Stress und diesen Eindruck hatte er bei mir nicht. Da lag er absolut richtig. Sogar heute noch liebe ich das Autofahren, speziell in einem schönen Auto. Nach bestandener Prüfung ging ich „stolz wie Harry" zu meinen Eltern und zeigte Ihnen meinen Schein. Sie gratulierten mir und öffneten zur Feier des Tages eine Flasche Sekt, die wir dann auch tranken. Mein Vater sagte sofort, „wenn Du etwas getrunken hast ist das Steuer absolut tabu" und diesen Spruch habe ich richtig verinnerlicht. Sobald ich etwas getrunken habe fahre ich auch heute nicht mehr mit dem Auto, sondern lasse mich fahren oder nehme ein Taxi. „Dad, heute bist Du dran! Du weist was ich meine, oder? Ich möchte mein Auto!" rief ich fordernd und freudig. „Mein 18. Geburtstag ist nächste Woche, ich hatte nicht geraucht und unsere Abmachung erfüllt, jetzt bist Du dran".

Zuerst wollte er rumtricksen z.b. dass er mir ab und zu sein Auto leihen werde, er hatte sich immerhin einen neuen Nissan Sportwagen gekauft, aber dass er zu Beginn mitfahren müsse, damit er sieht wie ich auch fahre.

„So war das aber nicht vereinbart, es war klipp und klar abgemacht, dass ich mit 18 mein eigenes Auto bekomme, falls ich unsere Abmachungen einhalte und ich hatte sie eingehalten. Ich konnte Euch immer vertrauen und ihr mir auch und das erwarte ich auch dieses Mal von Euch", packte ich meine Eltern an der Ehre.

Und meine Mutter überzeugte meinen Vater, dass man getroffene Abmachungen einhalten muss, auch wenn es schwer fällt und in diesem Fall teuer ist. Mein Vater überlegte kurz und stimmte dem neuen Auto zu. Innerlich war er sehr stolz auf mich, speziell weil ich mich so gut und gehorsam entwickelte und weil man sich auf mich einfach verlassen konnte, aber er wollte sich das nicht anmerken lassen. Ich hatte als Kind fast nie meine Eltern anlügen müssen, weil sie immer für mich ein offenes Ohr hatten und das finde ich einfach nur spitze.

Es ist immer ein geben und nehmen und so wie sich das in der Familie auswirkt, so wirkt es sich im ganzen Kosmos aus. Wir sind alle in einer Wechselwirkung irgendwie durch ein Feld miteinander vernetzt, wie und warum das so ist, wird im letzten Teil des Buches sehr klar werden.

Mein Vater kaufte mir einen gebrauchten Chrysler Talbot, rote Farbe, Schiebedach, Automatik, 4 Jahre alt, also kein Schrott, 90 PS und 180 Stundenkilometer schnell. Das hatte ich meinem Vater nicht zugetraut, dass er mir als erstes Auto schon so einen schönen Wagen schenkt. 4000 US-Dollar waren für meine Eltern zu dieser Zeit ein kleines Vermögen. Ich hätte mir gedacht, dass er mir so eine alte Rostlaube vielleicht für 600 oder 700 Dollar schenken, mit der ich meine ersten Erfahrungen machen sollte. Aber weit gefehlt. Mein Vater lies sich nicht lumpen und ich packte Ihn anscheinend an der Ehre. Der Wagen hatte alles was ich mir wünschte, Schiebdach, Automatik und schnell ist er. Was fehlte, war natürlich eine coole Stereoanlage mit „Mega-Bässen" und starker Leistung.

Mein Vater sprang ein zweites Mal über seinen Schatten und kaufte mir für 500 Dollar eine megacoole Anlage mit einer Leistung von 400 Watt. Wenn ich auf volle Lautstärke stellte konnte man den Sound im ganzen Häuserblock hören und sogar die Autotüren und –sitze vibrierten. Ein affengeiles Gefühl! Das Radio hatte noch so ein abnehmbares Bedienteil, damit es nicht geklaut werden konnte. Auf das musste man in unserer Gegend schon wert legen, denn geklaute Autoradios waren in unserem Viertel an der Tagesordnung. An jeder Ecke standen Schwarze und verkauften die neuesten Autoradios.

Ich wollte zwar nichts unterstellen, aber wo sie die wohl her hatten? Jedenfalls liebte ich den Sound und mein Autoradio so sehr, dass ich immer mein Bedienteil abnahm, nicht dass meine Anlage mal beim Schwarzen an der Ecke zum kaufen war. Hier war ich richtig pingelig, denn die Anlage war mir fast genauso wichtig wie mein Auto.

Sie war ja auch dementsprechend teuer, 500 US-Dollar incl. 4 Boxen. Das war zu jener Zeit ein sehr hoher Preis. Mein Auto war mein ganzer Stolz. In der Schule war ich einer der ganz wenigen, die schon mit 18 ein eigenes Auto hatten. Die meisten kamen mit den öffentlichen Verkehrsmitteln oder mit Daddys Auto. Um Kosten zu sparen fuhr ich nur die erste Woche mit meinem neuen Auto zur Schule. Vielleicht auch um ein bisschen anzugeben. Das wollte ich eigentlich nicht. Ich wollte nur zeigen, dass es manchmal lohnenswert ist auf etwas verzichten zu können. Ich hatte ja nie mit dem Rauchen begonnen, geschweige denn Drogen, etc. Und das machte mich sehr stolz und das Auto stand quasi wie ein Symbol dafür, „ja ich habe das durchgezogen und habe es geschafft". Dieses Auto stärkte mein sowieso schon stark ausgeprägtes Selbstbewusstsein ungemein. Ich machte mein Abitur ohne große Schwierigkeiten und beschloss Betriebswirtschaft zu studieren. Meine Eltern wollten mich beeinflussen, zuerst eine Ausbildung zu machen, da ich dann etwas in der Hand hätte.

„ Und falls Du das Studium nicht schaffst, dann hast Du immerhin......." hörte ich meinen Vater sagen.

Aber etwas nicht zu schaffen wollte ich mir gar nicht vorstellen und so schrieb ich mich in Harvard ein. Ich bekam wider Erwarten ohne Schwierigkeiten den Studienplatz. Um die hohen Studiengebühren finanzieren zu könnte arbeitete ich weiterhin als Synchronsprecher, nahm Jobs als Kellner in diversen Bars und Hotels an und durch mein Baseball bekam ich auch ein ganz schönes Zubrot. Wir waren wirklich gut und ich bekam knapp 3000 US-Dollar im Monat alleine durch das Baseball spielen. Weil es mir finanziell gut ging beschloss ich mir ein eigenes Appartement zu nehmen. Ab und zu schenkten mir meine Eltern sogar Geld als kleines Zubrot, obwohl sie weniger verdienten als ich. Das fand ich bewundernswert. Das Studium verlief relativ unspektakulär. Ich möchte Ihnen nur kurz zwei Highlights erzählen, die mich später immer wieder an „mystische Kräfte" denken ließen.

Das erste seltsame Ereignis war im Alter von 24 Jahren. Meine Mutter besorgte Eintrittskarten für eine Fernsehshow, in der es viele materielle Gegenstände wie Auto, Fotokamera, etc. zu gewinnen gab. Als wir dort ankamen und ich das Studio sah, bekam ich irgendwie das Gefühl, heute werden wir etwas gewinnen. Dieses Gefühl war nicht zu beschreiben, aber es war einfach da. Fast, als ob eine innere Stimme zu mir spricht. Wir setzten uns auf unsere Plätze und unsere Eintrittskarten waren für zwei Shows gültig, die aufgezeichnet wurden. Es handelte sich hier um eine der typischen Spielshows, bei denen dem Publikum auch noch vorgeschrieben wird, wie es sich zu verhalten habe. Alles wirkte sehr aufgesetzt, aber im Fernsehen kommt das ganz anders rüber. Wäre ja wirklich nicht der Renner, wenn in der Show absolute Stille wäre, keine Reaktion vom Publikum, usw. Aber dass die Stimmung so manipuliert wird hätte ich nie gedacht. Manchmal war ich schon stutzig wenn ich mir diverse Shows im Fernsehen ansah und unglaubliche Stimmung im Publikum herrschte, obwohl nichts außergewöhnliches passierte. Lassen wir das aber mal einfach so in den Raum gestellt. Was hatten wir für ein Glück! Insgesamt waren knapp 300 Zuschauer im Raum. Der Moderator rief ganz laut „Frau Smith bitte auf die Bühne!" Meine Mutter nahm das zuerst gar nicht wahr; sie war wie in Trance. Erst als ich sie leicht mit dem Ellbogen stieß, nahm sie es wahr, dass ihr Typ auf der Bühne verlangt wird. Ich konnte es kaum glauben, dass meine Mutter aufgerufen wurde um als Kandidat mitzuspielen. Sie war dementsprechend aufgeregt und hatte nichts gewonnen, bis auf eine Flasche Champagner als Trostpreis. Ich nahm sie in die Arme und tröstete sie.

„Kann man nichts machen", nahm sie es doch sehr gelassen.

Auf diese Reaktion von Ihr erwiderte ich „wenn ich dran komme, dann räume ich ab" und meine Mutter konnte nur müde lächeln. Meiner Meinung nach war die Chance, dass ich als Kandidat für die zweite Show ausgewählt werde sowieso geringer als 1:1 Mio., da meine Mutter schon dran war und dass zwei Familienmitglieder gezogen werden, das erschien mir äußerst unwahrscheinlich.

Zwischen den beiden Shows war eine Pause von knapp zwei Stunden, damit sie die Bühne umdekorieren konnten, denn die Aufzeichnungen, die später im Fernsehen zu sehen sein sollten, waren zu verschiedenen Jahreszeiten. Das ist einer der Vorteil von aufgezeichneten Fernsehsendungen. Die Ausstrahlung kann erfolgen wann immer man will. Flexibilität ist Trumpf. In der Pause zwischen den zwei Shows gingen wir kurz in ein nahe liegendes Burgerrestaurant und vertilgten auf die schnelle jeder einen Burger, Pommes und Coke. Meine Mutter stand noch unter Einwirkung der ersten Show und wiederholte immer wieder, „schade, dass ich nichts gewonnen habe". Ich tröstete sie, denn ich kannte ihre altruistische Ader sehr gut. Sie bedauerte es deswegen so sehr nichts gewonnen zu haben, weil sie dadurch mir, meinem Bruder Peter und meinem Vater nichts schenken konnte. Ich hatte noch gar nicht erwähnt, dass ich einen Bruder habe. Er ist zwölf Jahre älter als ich, glücklich verheiratet. Mehr gibt es dazu nicht zu sagen, da wir fast keinen Kontakt mehr zueinander hegen. Jeder geht halt seinen Weg. Nach dem kurzen Mittagsimbiss fanden wir uns wieder auf unseren Plätzen ein. Gerade noch rechtzeitig. Ich konnte meinen Sinnen kaum trauen, der Moderator rief doch glatt meinen Namen.

„Bill Smith, Bill Smith bitte auf die Bühne" hörte ich und wie in Trance ging ich die vielen Stufen nach unten und dann auf die Bühne. Langsam kam ich wieder mehr zu Besinnung und erinnerte mich an mein nicht ganz ernst gemeintes Versprechen gegenüber meiner Mutter „wenn ich dran komme, dann räume ich ab" und jetzt wurde mir wirklich die Gelegenheit dazu ermöglicht. „Unglaublich aber wahr!" Ich war in einem Zustand zwischen äußerster Konzentration und Glücksgefühl. Den ganzen Lärm des Publikums und viele andere Dinge konnte ich gar nicht wahrnehmen. Es war, als ob ich in einer eigenen Welt war. Nur ganz leise vernahm ich die Fragen des Moderators und antwortete darauf. Meine Gegenkandidaten hatten keine Chance und ich gewann alles in dieser Show, den Superpreis im Wert von insgesamt knapp 15000 Dollar. Der absolute Clou war, dass ein Jeep-Cabriolet Hauptbestandteil des Preises war. Das konnte ich damals wirklich mehr als gut gebrauchen, da mein altes Auto eine rostige Schrottlaube und kaum mehr fahrtüchtig war. Ständig hatte es irgendwelche Macken, so dass mein ganzes Geld nur für das Auto draufging. Und nun dieser Segen...

Ich konnte mein Glück kaum fassen und war außer mir vor Freude. Mit meiner Mutter zusammen führte ich Freudentänze auf und ich spürte, wie viele fremde Leute mir auf meine Schulter klopften um einfach an meiner Ausgelassenheit, meinem Glück und meinen Erfolg teilzuhaben. Es war wie ein Traum, der in Erfüllung ging. In meiner Uni hatte ich einen Freund, Sven aus Schweden, der mich immer Gustav nannte, in Anspielung an Gustav Gans, dem Glückspilz aus den Disney Taschenbüchern. Da gab es ja den Donald, den Dagobert und den besagten Gustav. Als ich Ihn ein paar Tage später in der Uni traf war sein erster Kommentar: „Hat Gustav schon mal wieder zugeschlagen". Und ich erzählte Ihm von meinem neuesten Glück. Er fand das einfach nur unglaublich. „Fast immer wenn ich Dich treffe hast Du irgendetwas gewonnen, sei es Kinokarten, Baseballtickets und jetzt sogar so was". Nachdem er das so zu mir sagte wurde mir erst richtig bewusst, dass ich anscheinend wirklich öfters Glück als andere hatte und dass ich tatsächlich schon oft gewonnen hatte, auch wenn es in meinen Augen immer nur Kleinigkeiten waren. Es kam jedenfalls immer alles zur richtigen Zeit.

Eine Sache möchte ich Ihnen noch kurz erzählen. Sie betrifft meine Examensprüfungen. Auch hier hatte ich wieder unglaubliches Glück, oder war es einfach Intuition, oder was auch immer. Ein wichtiger Leitsatz in meinem Leben war immer „jeder ist seines Glückes Schmied". Deshalb war ich mir auch sicher, dass mein Glück mit meinem Tun zusammenhängt. Warum dem so ist, werden sie am Ende des Buches mit Sicherheit begreifen. In meinem kleinen Appartement war es einfach zu laut und zu eng, sich vernünftig auf das Examen vorzubereiten. Da ich um außergewöhnliche Lösungen nie verlegen war, bewarb ich mich bei der katholischen Hochschulgemeinde für ein ruhiges und spontanes Zimmer, das ich dann auch im Mai 1993 bekam. Knapp 3 Monate vor den ersten schriftlichen Prüfungen. Natürlich hatte ich schon knapp ein halbes Jahr vorher begonnen zu lernen, aber bei dem Lärm, der in meiner Wohngegend herrschte war es nahezu unmöglich sich zu konzentrieren. So war es wirklich ein dummes Wechselspiel. Ich lernte etwas und zwei Wochen später hatte ich es schon wieder vergessen. Die katholische Hochschulgemeinde mit diesem Zimmer sah ich als meine einzige Chance, sich gezielt und konzentriert auf die Examensprüfungen vorzubereiten. Es herrschte Totenstille dort. Ab und zu hörte man vielleicht einmal das Rauschen der Bäume und ein leises Vogelgezwitscher, aber das war auch schon alles. Diese Ruhe und das in sich gekehrt sein gab mir so viel Kraft, dass ich 3 Lerneinheiten á 4 Stunden, also insgesamt 12 Stunden täglich durchziehen konnte. Das wäre in meinem Appartement nie denkbar gewesen. Wenn ich so im Nachhinein zurückblicke denke ich oft, wenn mir jemand sagt, dass man 12 Stunden am Tag konzentriert lernen kann, dann hätte ich Ihn für verrückt erklärt.

Glauben Sie mir bitte Leser, wo ein Wille ist, ist auch ein Weg! So erreichte ich meine geplanten Lernziele schneller als gedacht und nach knapp 6 Wochen war ich mit dem gesamten Lernstoff durch. Dann bekam ich irgendwie eine Eingebung. Ich kann nicht sagen, ob das damit zusammenhängt, dass ich in der katholischen Hochschulgemeinde gelernt hatte oder ob hier höhere Mächte am Werk waren. Die Idee war folgende. Wir bildeten einen Gruppe von ein paar Leuten und schrieben in den folgenden vier Wochen quasi „Vorexamen", d.h. wir ahmten die richtigen Prüfungsbedingungen nach, Uhrzeit, alles so, was und wie es uns erwarten sollte. Insgesamt nahmen 10 Kommilitonen außer mir an diesem Experiment teil. Davon waren 6 Wiederholer und 3, die das Examen mit Sondergenehmigung zum dritten Mal machten. Das würde bedeuten, wenn sie es dieses Mal nicht schaffen würden wäre der Zug endgültig ohne sie abgefahren. Die Auflage war, dass jeder von uns sich vorstellen musste, was in der Examensprüfung drankommen wird. Jeder war verpflichtet, drei eventuelle Themen mustergültig auszuarbeiten. Wer dies nicht machen würde, würde seinen Einsatz von 50 US-Dollar pro Thema verlieren und wäre aus dieser Runde ausgeschlossen geworden. So kam richtig Dynamik rein in die Gruppe und jeder forstete alte Examensprüfungen nochmals durch, versuchte die Themen herauszufinden, auf denen die Professoren Ihr Hauptaugenmerk gelegt hatten und die sie auch immer wieder herausstellten. Wir waren sehr fleißig und unsere Ausarbeitungen waren wirklich spitze. Jeder von uns konnte dadurch wissen, wie weit er war und was er evtl. noch verbessern musste. So schrieben wir an die 17 Vorprüfungen und jeder verbesserte sich immer weiter; vor allem konnte sich jeder auf die 4- stündige Prüfungszeit optimal einstellen. Wir fühlten uns alle sehr gut vorbereitet. Während ich in den Übungsexamen zu Beginn nur knapp 13 Seiten schrieb, schaffte ich am Ende über 20 Seiten. Ich fühlte einfach die Zeit wesentlich besser und meine Konzentration wuchs mit der ständigen Übung. Dann war es so weit. Jetzt wurde es ernst. Mal sehen, was diese Art von Vorbereitung uns für das Examen nützen würde. Es war absolut unglaublich. Es kamen genau die Themen in der Prüfung dran, die wir vorher schon geübt und eine Musterlösung ausgefertigt hatten. Das Ergebnis war überwältigend. Während die Durchfallquote bei 53% lag hatte jeder von uns 11 die Examensprüfung geschafft. Wir konnten es kaum glauben, dass wir so viel Glück hatten. Und die anderen bedankten sich bei mir für diese grandiose Idee, quasi das, was als Prüfungsaufgabe vorkommen könnte, zu antizipieren und zu üben. Jeder hatte aber für den Erfolg seinen Anteil beigetragen, von mir kam nur die Idee.

Die „self-fulfilling-prophecy" hatte sich quasi erfüllt. War das Zufall oder gibt es hier gewisse Gesetzmäßigkeiten, die mir damals noch nicht bewusst waren? Unbewusst hatte ich aber darauf gebaut.

Schon vor meinen mündlichen Abschlussprüfungen bewarb ich mich mit meinen guten Noten aus den schriftlichen Prüfungen bei diversen Brokerhäusern, weil mir nichts mehr passieren konnte. Meinen Master hatte ich auf jeden Fall in der Tasche, auch wenn ich bei den mündlichen Prüfungen total versagt hätte. Die WBC meldete sich schon nach kurzer Zeit bei mir. WBC steht für Wallstreet-Broker-Corporation. Ich hatte wieder Glück. Nach dem Vorstellungsgespräch wurde mir ein Arbeitsvertrag unter der Prämisse angeboten, dass ich die mündlichen Prüfungen einfach nur noch bestehen müsse, und es konnte ja sogar rechnerisch nichts mehr passieren. Ich fühlte mich wie im siebten Himmel. „Superarbeitsvertrag schon in der Tasche bevor ich eigentlich mit dem Examen fertig bin. Das hätte ich mir noch vor 6 Monaten nicht einmal in meinen kühnsten Träumen vorstellen können. Sollte es ewig mit meinem Glück so weiter gehen?"

19. April 1997

Dieser Tag sollte als einer der schwärzesten in meinem bisherigen Leben eingehen. Meine Freundin Jessica, eine hübsche Eurasierin, mit der ich seit mehr als einem Jahr liiert war, hatte mit mir Schluss gemacht. Kurze Zeit später sollte ich auch erfahren, dass sie bereits einen neuen Freund hatte und in ganz andere Kreise verkehren würde. Lassen sie mich aber Schritt für Schritt erzählen.

An besagtem 19. April besuchte mich Jessica gegen 18.00 Uhr, knallte die Schlüssel auf den Tisch und schrie mich an. „Die sind für Dich, du arrogantes eingebildetes Arschloch. Es ist Schluss! Ich hasse Dich!" Wie eine Furie ging sie auf mich los und schlug mit allem was sie hatte auf mich ein. Ich kann mir bis heute keinen Reim darauf machen, was mit Ihr an diesem Tag los war. Ob sie unter Drogen stand, oder ob etwas in Ihrer Familie nicht stimmte, keine Ahnung. Sie müssen mir bitte glauben. Jessica holte die paar Sachen ab, die sie immer bei mir lies, wie z.B. Slips, Schminkköfferchen und BHs. Das war es auch schon großartig. Wir wohnten ja noch nicht zusammen. Flugs hatte sie ihre Dinge zusammen und haute wütend ab. Ich wusste gar nicht genau was eigentlich los war, so perplex war ich. Nachdem wie sie sich aufgeführt hatte war mir nach kurzem Überlegen klar, dass ich sie ziehen lassen soll. Mit Jessica lief es schon die letzten zwei Monate nicht mehr richtig und sie wurde auch immer verschlossener und komischer. Bei meinen Freunden kursierte gar das Gerücht, dass sie es für Geld mit jedem treibt, nur um an neuen Stoff zu kommen. Das wiederum konnte ich nicht glauben und das Widersprach auch jeder Vorstellung von mir, dass ich mit so einer....dies passte einfach nicht in meine Realität. Nach ihrem seltsamen Abgang wollte ich einfach nur raus, raus aus meinem kleinen Appartement und Luft holen. Ich bin einfach die Straßen mitten in Manhattan auf und ab gegangen und habe ganz in

Gedanken versunken die Schaufenster bewundert. Wie schön, modern und gewaltig groß hier doch alles ist, dachte ich. Auf einmal höre ich eine mir vertraute Stimme rufen.

„Hey Bill, bist Du es!" Ich kannte diese Stimme, konnte sie aber nicht sofort einordnen. Und tatsächlich, es war George, ein alter Kommilitone aus gemeinsamen Harvard Zeiten. „Was machst Du hier?" fragte er mich.

"Ich lebe und arbeite hier nur ein paar Häuserblöcke entfernt", antwortete ich ihm.

„Du machst mir so einen traurigen Eindruck, stimmt etwas nicht?" Komm erzähl was los ist?" George hatte schon während des Studiums die seltsame Gabe, dass er genau fühlte, wenn bei jemandem etwas nicht stimmte. Er wollte diese Begabung dann auch zu seinem Beruf machen und hatte neben Betriebswirtschaft auch noch seinen Master in Psychologie gemacht. Was George am absoluten Erfolg hinderte, war seine lasche Einstellung und sein verzetteln. Schon zu Studienzeiten wollte er immer auf allen Hochzeiten mittanzen und konnte sich nicht auf ein Ding konzentrieren. Erst machte er das, dann das und dann fing er wieder von vorne an. Kennen Sie auch diese Leute, die unwahrscheinliche Fähigkeiten haben, diese aber nicht richtig einsetzen, weil sie immer wieder etwas Neues ausprobieren?

Ich kenne hier genügend! Diese Menschen sind fast zu intelligent und sehen in allem immer eine Chance, aber weil sich Ihnen einfach zu viele Chancen bieten nehmen sie keine einzige davon wahr. Vor lauter Wald sehen sie die einzelnen Bäume nicht, würde man sprichwörtlich sagen und so etwas ist doch wirklich schade! Zu dieser Kategorie zählte George und als ich Ihn fragte, was er denn jetzt seit der Beendigung seines Studiums arbeite sagte er mir nur, dass er dort und dort einfach einmal rumschaue und morgen noch einen Termin bei Dr. Bedford habe. Dr. Bedford war der anerkannteste Spezialist für Parapsychologie und Psychosomatik in New York. Das machte mich natürlich hellhörig und neugierig. „Hast Du einen Vorstellungstermin oder einen Termin zur Behandlung?"

„Beides" antwortete mir George. „Ich hatte einen Behandlungstermin mit ihm mit dem Hintergedanken vereinbart, ob ich nicht evtl. bei Ihm ein Praktikum machen könne. Bei Ihm würde ich bestimmt so viel lernen, so dass ich schon nach kurzer Zeit meine eigene

Praxis eröffnen könnte. Du würdest doch auch zu einem Spezialisten gehen, der gute Zeugnisse aus Harvard hat, bei dem die anerkanntesten Spezialisten eine Ausbildung machten und der seine Dienstleistung auch noch zu einem vernünftigen Preis anbieten würde?"

Hier erstaunte mich George sehr. So kannte ich ihn bisher nicht. Er hatte klare Pläne und Vorstellungen und war auch bereit, ein Risiko einzugehen und die Pläne zu verwirklichen.

„George, klasse, ich wünsche Dir morgen wirklich sehr viel Glück und dass alles so funktioniere, wie Du dir das auch vorstellst, Du hast es ja drauf. Glaub einfach an dich!" hämmerte ich es buchstäblich in Ihn hinein.

Es schien mir, dass diese Art von Motivation und Aufmunterung einen richtigen Schub bei George bewirkte. Und ich fühlte mich auch selbst gleich wesentlich besser. Nichts mehr war von meiner Traurigkeit und Depressivität vorhanden. Als ich George so ins Gesicht sah und seine Augen voll der Hoffnung funkelten, war dies einfach ein wunderbares Gefühl für mich. Wir hatten uns gegenseitig wieder aufgebaut und waren in bester Laune.

„Jetzt hast Du mich so aufgebaut. Komm, lass uns etwas essen und einen heben. Du kennst doch hier bestimmt einen coolen Laden, wo man gut essen kann und das Ambiente auch stimmt? Du wohnst hier, zeig mir, wo was los ist!" rief George voller Energie. Er wollte unbedingt noch ausgehen. George muss man sich als einen Berg von Mann vorstellen, 1,95m groß und 120 Kilo schwer; nicht Muskeln sondern einen schönen Bierbauch, den er ständig mit viel Futter versorgte. Er hatte wirklich immer Hunger und bestellte jedes Mal Minimum drei Gänge, Vorspeise, Hauptspeise und Nachspeise. Wenn die Hauptspeise nicht eine Riesenportion war meckerte er sofort, „das ist aber heute wenig". Was er alles vertilgen konnte war unglaublich, aber irgendwoher musste ja seine immense Masse herkommen. Und die kam wirklich vom Essen und nicht von seiner Veranlagung. Viele Menschen haben ja das Pech, dass sie einfach davon dick werden, wenn sie nur das Essen anschauen, weil sie eine Schilddrüsenunterfunktion z.B. haben. Zu diesen Menschen gehörte George definitiv nicht. Sie können einem richtig leid tun, da sie fast nichts essen dürfen. Ich musste wirklich genau überlegen, wo ich mit George hingehen werde. Einerseits musste es gutes Essen mit Riesenportionen geben, andererseits sollte es auch ein cooler Schuppen sein, wo hübsche junge Frauen sind. Und da ist sogar in New York das Angebot sehr eingeschränkt. Entweder ist es eine top gestylte Designerlokalität mit winzigen Portionen aber „super Bräuten" oder eine Art Brauhaus mit Riesenportionen aber LKW-Fahrer Publikum. Dazwischen etwas zu finden ist wirklich sehr schwierig.

Ah, wie durch einen Gedankenblitz viel mir das Sunset ein. Eine ultracoole Bar auf vier Etagen verteilt mit feinen mexikanischen und kreolischen Spezialitäten. Das letzte Mal war ich vor knapp einem halben Jahr dort und es hatte mir super gefallen. Brechend voll, gutes Publikum, hübsche Frauen und Berge an Essen. Für einen Pauschalpreis von 15 US-Dollar konnte man z.B. so viele Spaerribs, Chicken Wings und Salate essen, wie man wollte. Und auch die Desserts waren in diesem Angebot eingeschlossen. Das ist genau das richtige für George.

„George, isst Du gerne mexikanisch oder kreolisch vom Grill, wie eine Art Barbecue?" fragte ich Ihn erwartungsvoll.

„Lecker, das liebe ich, genau das, was ich mir wünschte, antwortete er;

„Wir müssen hier aber ein paar Stationen mit der Metro fahren, es sind so 11 oder 12 Meilen. Das dauert mit zwei Mal umsteigen knapp eine Stunde. Ist das okay?" fragte ich Ihn.

„Ich habe jetzt so einen Kohldampf. So lange möchte ich nicht noch in der Metro fahren. Lass uns doch ein Taxi nehmen. Ich zahle auch", war seine Antwort.

Er hatte zum Geld eine etwas andere Einstellung als ich. Ich schaute immer auf jeden Pfennig, deshalb vermied ich auch das Taxifahren, wann immer ich die U-Bahn nehmen konnte. Der Preis zum Sunset kostete z.B. mit der U-Bahn knapp zwei US-Dollar, mit dem Taxi 15 US-Dollar. Da war mir das Geld einfach zu schade. George spielte den Preis herunter indem er auf die Schlägertypen und Halbstarken in der New Yorker U-Bahn hinwies. „Ich hasse es, nachts mit der Metro zu fahren. Das sei ihm einfach unangenehm und zu gefährlich".

Also bestellten wir das Taxi. Der Taxifahrer war so ein schwarzer „Rasta-Typ" und er spielte natürlich Musik von Bob Marley. Diese Musik und die Lockerheit des Fahrers steckten uns richtig an und wir sangen sogar die Songs mit. So wurde die Fahrt schon zum Erlebnis. Nach knapp 15 Minuten Fahrt kamen wir beim Sunset an. „By, crazy guides", verabschiedete uns der Taxifahrer. George musste 17 US-Dollar blechen, gab ihm aber 20; der Rest war Trinkgeld.

„Wie er mit dem Geld so rumschmeißt. Er musste es ja irgendwo her haben", dachte ich. Aber das ist seine Sache und geht mich nichts an.

Vor dem Sunset stand eine Traube von Leuten, die auf Einlass warteten. Es ging nur ganz schleppend vorwärts. Es war 21.30 Uhr. Wir hatten Glück. Genau um 21.30 Uhr öffnet nämlich das Sunset. Nach knapp 10 Minuten Warten waren wir dran mit der Gesichtskontrolle, hatten aber keine Schwierigkeit, an den beiden Türstehern vorbei zu kommen. Zu dieser Zeit ließen die Türsteher generell fast jeden rein, weil sie zuerst das Lokal voll machen wollen; außerdem kommen doch einige nur zum Essen. Ab 23.30 Uhr finden nur noch Stammgäste Einlass, da ab 23.00 Uhr hübsche Gogos beginnen, auf den Tischen zu tanzen. Dafür war das Sunset einfach berühmt. Eine top Erlebnisgastronomie, die alles vereinte, cooles Ambiente, strenge Türe zu späten Zeiten, super Essen, hübsche Mädchen, Show und angenehme Preise. Das war ein einmaliges Erfolgskonzept, das zum Nachmachen anregt.

Ehrlich gesagt war ich sehr froh, dass wir ohne Schwierigkeiten rein kamen. Ich war das letzte Mal vor mehr als 6 Monaten hier und war mir nicht sicher, ob uns die Türsteher rein lassen würden. Das Glück war uns hold, denn wir waren genau zum richtigen Zeit dort angekommen. Wer weis, hätten wir die Metro genommen, ob wir dann nicht zu spät dran gewesen wären. Jedenfalls waren wir drin und baten um eine freien Tisch. „Haben Sie reserviert?" fragte uns die rassige Bedienung in ihrem Indianerkostüm, das wirklich nichts verdeckte. Ich sah Georges Augen an ihr auf- und abgleiten, und als ich ihn dabei ertappte konnte er nur schmunzeln und die Augenbrauen heben. Ich merkte sofort, dass ich seinen Geschmack mit dieser Lokalität zu hundert Prozent getroffen hatte. Jetzt musste nur noch das Essen gut und reichlich sein. „Sie haben keine Reservierung, kommen Sie bitte mit, sie haben Glück es ist noch nicht so voll. Ich habe hier einen Tisch auf der zweiten Ebene direkt am Rand. Später wird hier unten im Erdgeschoss getanzt und sie können von hier aus alles überblicken. Das sind unsere beliebtesten Plätze. Ist das für Sie okay?" fragte Sie uns, obwohl sie eigentlich die Antwort schon wusste. Denn das waren wirklich die begehrtesten Plätze. „Essen und alles sehen können, besser geht es doch nicht", rief ich rüber zu George und war mir nicht sicher, ob er mich hören konnte. Der Geräuschpegel und die laute Musik machten die Verständigung sehr schwer. Er nickte einfach nur, wahrscheinlich auch um seine Stimmbänder zu schonen. Wir setzten uns und bestellten gleich zwei Strawberry Daiquiries und zwei Tequillas zum warm werden.

„Die hauen richtig rein, jetzt wird es aber Zeit, dass wir etwas Handfestes zwischen die Rippen bekommen" hörte ich George schon wieder und merkte ihm richtig an, dass er das lange Warten auf sein Essen kaum ertragen konnte. Wir hatten Glück. Es gab das mixed Menü „all you can eat" für 15 US-Dollar pro Person noch, bestehend aus Chicken Wings, Spare-Ribs, Salaten und Desserts. Das bestellten wir uns natürlich und es wurden Portionen aufgefahren, die hätte selbst kein LKW-Fahrer essen können. Für George waren sie aber genau richtig und sein Gesicht strahlte. „Super Laden hier, hast Du wirklich optimal ausgesucht. Wie heißt der Schuppen gleich noch mal?" fragte er mich. „Sunset", gab ich ihm zur Antwort und freute mich riesig, dass es ihm so gut gefiel.

Je später es wurde umso mehr Leute strömten herein. Auch die Anzahl der hübschen Mädchen nahm unweigerlich zu. Es war einiges fürs Auge dabei und wir wussten gar nicht mehr, wo wir überall hinschauen sollten. Unser Augenmerk fiel immer mehr auf diverse Schönheiten als auf das Essen. Wir hatten während der letzten zwei Stunden mächtig rein geschaufelt. Was George alles verdrückte war unvorstellbar. Mindestens 20 Chicken Wings, 15 Schweinerippen und 2 Schüssel Salat und drei Desserts. Dazu hatte er mittlerweile 7 oder 8 Mex-Bier getrunken und war natürlich dementsprechend in Wallung gekommen. Ich aß vielleicht die Hälfte von Ihm, fühlte mich aber trotzdem total „überfressen". Alleine hätte ich bei weitem nicht soviel essen können. Sein Riesenappetit waren irgendwie auf mich über gesprungen. Ich trank 3 Mex-Biere und die waren für mich, jemanden der eigentlich nie Alkohol trinkt, schon fast tödlich. Mein Kopf brummte und drehte sich und ich fühlte mich ganz leicht. Sogar die Bilder vor meinen Augen verschwammen langsam, aber die hübschen Frauen konnte ich noch gut wahrnehmen. Und jetzt war die Zeit gekommen, dass die Gogos zu tanzen begannen. Die Musik von den Gypsies, eine mexikanische Liveband heizte die Menge und die Gogos an. Es war ein Reigen und viele Girls begannen, auf den Tischen zu tanzen. Das war es, was diese einzigartige Atmosphäre in diesem Lokal auch ausmachte. Im Laufe des Abends wurde ich wieder nüchterner und ich musste an Georges Termin morgen denken und sprach ihn darauf an. „Du hast doch morgen den Termin mit Dr. Bedford. Ist es nicht besser, wenn Du langsam nach Hause fährst?" Georges Hotel war nicht sehr weit vom Sunset entfernt.

„Gerade wenn es am schönsten wird muss man immer gehen", hörte ich Ihn noch vor sich hin brummen. Aber er war sehr vernünftig, viel vernünftiger, als ich ihn aus Studienzeiten noch in Erinnerung hatte. Ich begleitete ihn zum Ausgang, setzte ihn ins Taxi, steckte ihm meine Visitenkarte zu und nannte dem Taxifahrer die Hoteladresse. Georg war schon „weggeknackt". Nachdem George weg war fühlte ich mich wieder relativ fit. Ich ging wieder ins Sunset rein und stürzte mich ins tanzende und johlende Gewühl. Mit erhöhtem Alkoholpegel lässt sich gut aufreißen dachte ich und bestellte mir einen Wodka-Lemmon. Ganz gegen meine Gewohnheit nahm ich an diesem Abend einiges an Alkohol zu mir. Ich kann mich nur noch schemenhaft erinnern, dass ich einer aufreizenden Blondine an der Bar auch einen Drink spendiert hatte. Sie war wirklich sehr hübsch und war mir gegenüber nicht abgeneigt. So unterhielten wir uns über belangloses Zeug und auf einmal fragte sie mich, ob ich noch zu ihr mit will. An diesem Abend war mir eigentlich auch schon alles egal. Die Braut ist hübsch, willig,....

Dann lass uns einfach doch ein wenig Spaß haben. „Geil" ist sie bestimmt auch. So sah sie zumindest aus und dementsprechend verhielt und bewegte sich auch. Ihre Wohnung sei nur ein Katzensprung hier entfernt, gleich um die Ecke. Langsam merkte ich doch an meinen schwachen Beinen, dass ich etwas zu tief ins Glas geschaut hatte. „Blondie" musste mich stützen, damit ich überhaupt aufstehen konnte. An den Namen von „Blondie" kann ich mich leider nicht mehr erinnern. Wir gingen noch schnell zur Garderobe und holten meine schwarze Lederjacke ab und machten uns auf den Weg. Sie führte mich eine dunkle enge

Gasse, fiel mir um den Hals und küsste mich ganz leidenschaftlich. Auf einmal spürte ich einen heftigen Schlag auf meinen Kopf und der fühlte sich an als würde er zerspringen. Ich nahm nichts mehr war als weitere Tritte und Stöße in meinen Magen, Rücken und in mein Gesicht. Dann wurde es dunkel um mich und ich sah nur noch ein helles Licht oberhalb von mir. Hatte ich etwa das Zeitige gesegnet. So muss wahrscheinlich das Gefühl sein, wenn „man den Löffel abgibt und geholt wird". Ich spürte keine Schmerzen mehr und war in einem Zustand der Bewusstlosigkeit.

Dann hatte ich diesen außergewöhnlichen Traum, den ich im ersten Teil des Buches ganz ausführlich geschildert hatte. So, jetzt wissen sie alles.

20. April 1996 07:05 Uhr

Langsam komme ich wieder zu Bewusstsein. Ich wurde zusammengeschlagen und ausgeraubt. Zum Glück hatte ich nicht soviel Geld dabei, geschweige denn Kreditkarten. Das hatte ich mir so angewöhnt. Zum Ausgehen nahm ich nie eine Geldbörse mit, weil die in der Hose so beult und unangenehm aufträgt. Ich bevorzugte, einfach ein paar Scheine in die Hose zu stecken. Erstens war damit mein Budget klar vorgegeben und zweitens, wenn ich beklaut werde oder etwas verliere, dann ist das nicht gleich die Welt. Diesmal fuhr ich wirklich gut damit. Ich hatte mit George fast alles, was ich dabei hatte, im Sunset aufgebraucht. Die einzige Schwierigkeit war jetzt mich zu orientieren und wieder nach Hause zu finden. Zur Polizei wollte ich nicht gehen und den Diebstahl melden, denn so groß war der Schaden nicht und ich hätte auch keine genauen Angaben machen können. Mir schmerzte zwar mein Kopf und meine Rippen, aber besser auf die Zähne beißen und ab nach Hause, als ins Krankenhaus oder aufs Polizeirevier und Zeit vergeuden. Nein, dazu hatte ich jetzt wirklich keinen Bock mehr. Ich rappele mich auf, gehe aus der dunklen Gasse heraus und weis sofort wo ich bin. Nur eine Straße um die Ecke ist das Sunset. Ich steige in die U-Bahn und werde von allen Leuten so merkwürdig angestarrt. Spüren die etwa, dass ich schwarzfahre, weil ich mir eine Karte nicht mehr leisten konnte oder liegt es an meinem Optischen. Bis auf ein paar Kratzer und Schürfwunden kann ich auf den ersten Blick nichts erkennen. Eine ältere Frau weist mich voller Panik auf meine Platzwunde am Hinterkopf hin. Ich fühle, wie etwas Warmes meine Nacken herunter läuft. „Ach du Scheiße, das wird doch nicht etwa Blut sein?" Es war natürlich Blut, aber ich fühle keinerlei Schmerzen. Liegt es daran, dass ich noch unter Schock stehe oder was war los? Hatte mich der Traum so verwirrt und meine ganze Wahrnehmung verändert? Ich fühle mich nicht anders als sonst und habe keine Schmerzen, bin mir aber bewusst, dass ich blute.

Auf einmal verliere ich vollkommen das Bewusstsein und wache im St. Peter Hospital wieder auf.

„Junger Mann, sie hatten wirklich riesiges Glück. Sie haben ein schweres Schädeltrauma und wären fast verblutet. Es ist wie ein Wunder, dass sie diesen hohen Blutverlust überleben konnten, wir müssen Sie eine Weile zur Beobachtung hier behalten", sagt zu mir der junge Assistenzarzt.

„Wie lange denn?" frage ich ungeduldig.

„Mindestens ein bis zwei Wochen, evtl. sogar länger, falls die Gehirnerschütterung bis dahin nicht vorbei ist. Absolute Bettruhe ist für Sie die nächste Zeit angesagt. Viel hätte nicht gefehlt und sie wären Hopps gegangen", sagen mir beide Assistenzärzte, die meine Liege aus dem OP schieben. Ich kann es gar nicht glauben, da ich mich wirklich fit fühle. Klar schmerzen mir der Kopf und die Rippen ein wenig, aber nicht so schlimm wie die es mir ausmalten. Die Ärzte waren verwundert über meine Lockerheit und über das, was passiert war. Vielleicht denken sie auch, der hat einen starken Schlag auf die Birne bekommen und ist noch nicht ganz bei Sinnen, wer weiß? Jedenfalls fühle ich mich nicht wie jemand, der knapp dem Tod entsprungen war. Das einzige was mich im Moment beschäftigte waren zwei Dinge. Erstens: Hatte „Blondie" mich in eine Falle laufen lassen und den Überfall arrangiert; aber warum dann gerade mich, der nicht gerade nach Geld ausschaut und zweitens natürlich dieser Traum, denn so einen realistischen Traum, an den ich mich in alle Einzelheiten erinnern konnte hatte ich noch nie. Hängt der Traum evtl. mit meinem Schädeltrauma und dem Überfall zusammen?.............

Ich versuchte jetzt schon wieder Theorien aufzustellen und darüber nachzudenken, fiel aber dann auf einmal in Ohnmacht.

24. April 1996

Erst heute bin ich wieder erwacht. 4 Tage lang war ich richtig weggetreten und diese 4 Tage sind auch aus meinem Leben irgendwie gelöscht. Die Schwester streicht mir mit Ihrer Hand über mein Gesicht und ihr erster Kommentar ist mit einem Lächeln, „sind wir wieder unter den Lebenden?"

„War es so schlimm um mich gestellt?" frage ich.

„Nein, das war nur ein Scherz. Ich will Dich einfach ein bisschen aufmuntern und wieder zum Leben erwecken, und das scheint mir ja gelungen, so wach wie Du jetzt bist".

„1:0 für Dich Schwester", gebe ich Ihr lässig zu verstehen. „Wenn dem so ist, dann kann ich ja bald wieder raus!"

Das findet Sie aber nicht so lustig. „Langsam, langsam, Deine Gehirnerschütterung war wirklich sehr schwer und es ist besser, wenn Du die nächsten paar Tage zur Beobachtung hier bleibst".

„Und Du passt auf mich auf?" frage ich sie mit einem schelmischen Grinsen im Gesicht.

Die Schwester sieht wirklich gut aus. 1,75m groß, blonde lange Haare, schlank, und „wie alt bist Du?" frage ich Sie. „ 24 und Du?"

„31" antworte ich; lieber ein wenig jünger machen denke ich mir. Sie findet mich glaube ich auch nicht schlecht, so wie sie mich anstarrt. Jedenfalls entsteht so etwas wie Spannung zwischen unseren Gefühlen. Das wird bestimmt noch lustig mit ihr, denke ich und bitte sie sofort, mir etwas zu trinken zu besorgen. Sie holt mir einen frisch gepressten Orangensaft und gibt mir klipp und klar zu verstehen, dass sie nicht meine Dienerin sei, sondern die zuständige Stationsschwester.

Jetzt zeigt sie mir ja richtig die Zähne, hoffentlich werden die nächsten Tage nicht so ernst mit Ihr. Sie ist sofort wieder freundlich und räumt damit meine Zweifel aus dem Weg. Ihr Name ist Ruth. Den Namen Ruth finde ich für so eine attraktive Krankenschwester einfach zu langweilig. Ich nenne Sie frech „Jeannie", weil sie mich an die „bezaubernde Jeannie" erinnert. Ich mochte diese Fernsehserie sehr gerne, weil ich doch in mancher Hinsicht ein kleiner Macho bin und gewisse reizvolle Spielchen liebe. Und Jeannie musste für Ihren Meister ja immer da sein und dienen, und sie liebte ja ihren Meister.

02. Mai 1996

Die letzten Tage waren sehr spannend. Ruth bzw. Jeannie und ich testeten, wie weit jeder bei dem anderen gehen konnte. Es war ein reizvolles Machtspielchen, bei dem wir uns immer besser kennen lernten. Und wir genossen dieses Spiel beide. Sie war ähnlich veranlagt wie ich und testete auch gerne Ihre Grenzen aus.

Morgen ist es soweit. Ich darf wieder nach Hause. Einerseits war ich heilfroh, weil es mir im Krankenhaus auf die Dauer zu langweilig wurde anderseits bedauerte ich es, weil ich mein „Jeanchen" wieder verlassen muss. Ich wunderte mich schon, wo Jeanchen denn ist, weil sie mich heute noch nicht versorgt hat. Jessica, ihre „potthässliche" Kollegin hatte heute Vertretung und teilte mir mit, dass Ruth heute Nachtdienst habe. Jessica merkte sehr genau, dass ich sie absolut „abturnend" fand. Ich versuchte deshalb einfach mit Ihr so wenig wie möglich in Kontakt zu sein. Und das gelang mir sehr gut. Da ich morgen entlassen werden sollte und so früh wie möglich aufstehen wollte ging ich schon um 10.00 Uhr ins Bett.

Mitten in der Nacht spüre ich plötzlich eine Hand unter meiner Decke, die sich dann sofort an meinem Penis zu schaffen macht.

„Pst", höre ich. „Ich bin es, Deine Jeannie. Ich will mich heute von Dir noch gebührend verabschieden!"

Das fand ich heiß. Ruth stellt auf gedimmtes Licht, so dass ich nur ihre Umrisse schemenhaft wahrnehmen kann. Sie schiebt meine Bettdecke hoch und macht sich sofort an meinem kleinen Lümmel zu schaffen und erweckt ihn zu außerordentlicher Größe. Dann nimmt sie ihn in den Mund. Was sie alles mit ihren Lippen draufhat ist kaum zu beschreiben. Ihre Lippen saugen an meiner Penisspitze, bis sie zum Platzen mit Blut gefüllt ist. Dann leckt sie ganz sanft an meiner Eichel, um meine Explosion so lange wie möglich hinaus zu zögern. Sie verstand es meisterhaft zwischen saugen, lecken und nichts tun abzuwechseln. Ich war kurz vorm Abspritzen, als sie mit einem gekonnten Kniff meine Eichel abdrückt und dadurch die Ejakulation hinausschob. Es war einfach nur „geil". Auch das Ambiente im Krankenhausbett evtl. erwischt zu werden törnte mich an, und Ihr erging es genauso. Aber trotzdem hatte sie Angst, Ihren Job zu verlieren. Diese zittrige Geilheit siegte über die Vernunft. Ich sah, wie sie unter Ihrer Schwesternschürze weiße Strapse anhatte. Sie schälte sich aus dieser Schürze und setzte sich mit einem tiefen Seufzer auf meinen Dolch. Ich bin sofort tief in Ihr, da Ihre Grotte feucht wie eine Tropfsteinhöhle ist, nur wesentlich wärmer. Sie bestimmt das Tempo und wechselt sehr geschickt, vom langsamen Trab in schnelleren Galopp. Gut, dass die Krankenhausbetten sehr stabil gebaut sind. Ruth erhöht nochmals das Tempo bei Ihrem Ritt und ist wie eine nicht zu bändigende Stute. Sie spürt genau, wann ich so weit sein soll und darauf richtet sie die komplette Aufmerksamkeit bei Ihrem zügellosen Ritt aus. Und gleich ist es so weit. Unser Rhythmus hat sich perfekt aufeinander abgestimmt, so dass wir einem gemeinsamen, gewaltigen Höhepunkt entgegen stürmen.

An dem Gerücht, dass Krankenschwestern und Friseusen die.... sind, ist anscheinend wirklich etwas dran.

Ich liebe mein Leben. Sogar im Krankenhaus passieren mir Dinge wovon andere nur träumen können. Und meine Arbeit bei WBC finde ich auch total spannend. Ich gehe darin richtig auf und versuche mir immer vorzustellen, was als nächstes an der Börse alles passieren wird. Meine Kollegen arbeiten sehr konservativ und verließen sich mehr auf statistische Erhebungen, als auf Ihr Gespür oder Intuition. Sie sahen sich eher die neuesten Börsenreports an, studierten jede Art von Zeitung und setzten einfach auf das, was sich zuletzt gut entwickelt hatte. Sie arbeiteten zyklisch konservativ wie die großen Banken weltweit und verschliefen dadurch natürlich alle Trends; erreichten zwar gute Ergebnisse, aber bei weiten keine Spitzenergebnisse. Ich liebte das Risiko und hörte immer mehr auf mein Gefühl und handelte so antizyklisch, wie es antizyklischer nicht mehr ging. Natürlich waren auch einige „Fehl-Trades" dabei, aber im Laufe der Zeit wurde ich immer besser und meine Kollegen orientierten sich immer mehr an dem was ich machte. In unserer Firma gab es auch richtige Schleimer. Zuerst war ich der „eigenbrötlerische" Verrückte, der keine Ahnung hat und auch keine Zeitungen liest, aber mit der steigenden Anzahl meiner „Top-Trades" kamen genau die zu mir angekrochen, die mich vorher als Verrückten abgestempelt hatten. Ist es nicht komisch, genau, diejenigen, die einen zuerst verurteilen wollen dann am meisten von einem profitieren. Da jeder New-Yorker-Broker ein kleines Profit-Center ist und nur gut verdient, wenn er dementsprechend gut ist, konnte ich verstehen, dass sie mit mir jetzt zusammenarbeiten wollten. Am Anfang nutzte ich ihre Abhängigkeit auch ein wenig aus. Ich wollte einfach sehen, wie weit sie gehen, um ihre eigenen Einkünfte und ihren Job zu retten. Und ich sage es ihnen; alles hätte ich von diesen „Schleimern" verlangen können. Ich lies mich zum Essen einladen, von zu Hause abholen bis hin zum Schuhe putzen, unglaublich. Sie machten alles mit. Natürlich war dies nicht Sinn und Zweck der Sache und ich wollte auf keinen Fall der große „Börsenguru" sein.

20.Dezember 1997

Heute berufe ich eine Versammlung mit all denjenigen ein, die einfach nur immer auf meine Trades setzten. Ich will einfach ein neues Gefühl der Zusammengehörigkeit und nicht der Abhängigkeit schaffen.

„Liebe Kollegen, liebe Freunde. Lasst uns in Zukunft ein Börsenteam gründen, in dem jeder seine Ideen, Wünsche und Vorstellungen mit einbringt. Ich bin nicht besser als ihr. Wenn jeder bereit ist, seine optimalen Fähigkeiten einzubringen; der eine die Genauigkeit, der andere die Vorausschau, der nächste seine statistischen Spezialkenntnisse und ein anderer einfach sein Trendgespür und sein Gefühl, dann bin ich mir sicher, dass wir alle noch bessere Ergebnisse für uns und für WBC erzielen werden. Jeder hat dann einen Nutzen davon und jeder ist gleichberechtigt, jedoch muss sich auch jeder, der mitmacht verpflichten, seine Stärken optimal in das Team einzubringen. Seid Ihr dabei?"

Und jeder, ausnahmslos jeder wollte mitmachen. Hugo, ein Schweizer war das Organisationsgenie unter unseren Kollegen und brachte gleich den ersten guten Vorschlag. „Lasst uns doch einen „Broker-Club" gründen, mit Satzung, Vorstand und allem was dazu gehört; Regelbuch, Wahlen, usw.!"

Dies fanden alle gut.

07. Januar 1998

Der „BNYBC" (=Best-New-Yorker-Broker-Club) wurde am 01.01.1997 offiziell gegründet. Da meine Rede am 20.12. so erfolgreich war hatte ich mir Urlaub irgendwie verdient.

Ich setzte mich noch nach meiner Ansprache an meinen PC und buchte 2 Wochen Hawaii, Abflug 22.12. Also wirklich sehr kurzfristig und dann auch noch über Weihnachten und Sylvester. Aber so bin ich nun mal. Offen für alles und schnell entschlossen zu handeln, manchmal etwas voreilig, aber...

Die zwei Wochen auf Hawaii waren einfach traumhaft. Das Wetter, das Hotel, die Insel, die Leute und auch die eigenartige Schwingung, die auf Hawaii herrschte. Es war das erste Mal, dass ich so etwas wie Energieschübe bemerkte. Ich fühlte mich dort so fit und vital, als wäre ich 10 Jahre jünger. Liegt das etwa an dem vulkanischen Gestein, an dem ausgelassenen Leben der Leute oder einfach an deren Freundlichkeit. Wie das alles zusammenhängt sollte ich später erst erfahren. Wie durch Zufall bekam ich eine Medizinische Zeitung über Nano-Technologie in die Hand und begann sehr interessiert, darin zu lesen. Ich, der normalerweise lieber das TV bevorzugt oder mal ein Comic liest beschäftigt sich mit derart speziellen Themen wie die Nano-Technologie. Es stand in dieser Zeitschrift, dass die Nano-Technologie unsere Welt komplett verändern wird, da der Mensch jetzt in einen „Nanokosmos" eintauchen kann, der ihm bisher verwehrt blieb. Obwohl ich fast nichts davon verstand war ich tief beeindruckt von dem Zukunftsszenario, das darin beschrieben wurde.

Hawaii war einfach nur herrlich. Das einzige was mir zu meinem ultimativen Glück noch fehlte war meine Traumfrau. Ich stellte mir meine Traumfrau immer wieder vor, wie sie sein soll. Hübsch, intelligent, bescheiden und dass sie mich liebt. Aber so eine Frau zu finden ist doch absolut unwahrscheinlich, speziell da ich immer die Vorstellung hatte, dass ich in einer In-Disco zwar sehr hübsche Frauen kennen lernen kann, diese aber nie die Frau fürs Leben sein würde, eher mal so ein „One-Night-Stand" oder oberflächliche Geschichten.

Haben sie liebe Leser nicht auch manchmal ähnliche Vorstellungen, die dann ganz plötzlich über den Haufen geschmissen werden?

Denn wie das Schicksal so spielt kommt es oft anders.....

Heute ist wieder mein erster Arbeitstag nach meinem wunderschönen Hawaii-Urlaub. Ich spüre eine Energie und Lebenskraft in mir, als hätte ich eine 2- monatige Ayurveda-Kur auf Sri Lanka verbracht. Jetzt geht es endlich wieder los und ich freue mich, dass der BNYBC besteht. Hugo hatte dafür extra auf seinen Weihnachtsurlaub verzichtet, damit alles wie abgesprochen pünktlich starten kann. Und auf Hugo konnte man sich wirklich verlassen. Er war zwar sehr bürokratisch, fast pedantisch, aber zuverlässig wie die beste Schweizer Uhr. In dieser Hinsicht strahlte er Pünktlichkeit und Zuverlässigkeit aus. Manchmal war es nicht leicht mit ihm auszukommen, da er aus jeder Mücke einen Elefanten machen konnte und das dumm herum einfach nicht sah. Der Umgang mit Hugo brachte mich persönlich aber sehr viel weiter und dafür bin ich auch heute noch nach wie vor sehr dankbar. Durch Ihn habe ich gelernt, dass oft auch kleinste Kleinigkeiten den Ausschlag im Leben geben und dass man sich auf das hier und jetzt konzentrieren solle, nicht nur in einer virtuellen Realität. Für mich, der sehr oft träumte waren das sehr wichtige Erkenntnisse und diese galt es dann auch umzusetzen.

08. Februar 1998

Ich hatte in Hawaii Salvatore kennen gelernt. Salvatore war ein typischer Italiener, dunkle Haare, gut aussehend aber ständig am quatschen und kein Rock war vor ihm sicher. Er war Nord-Italiener und der typische Gigolo, so wie man sich ihn vorstellt. Salvatore hatte mich heute angerufen und mir erzählt, dass er die nächsten 2 oder 3 Tage in New York sei und mit mir ausgehen wolle. Ich sei doch New Yorker und kenne hier mit Sicherheit die besten In-Läden. Er kam aus der Modewelt und war der verwöhnte Sohn eines Unternehmers aus Biella.

„An diesem Wochenende ist die größte Modemesse in New York, deshalb sei er hier. Dann sind immer die hübschesten Frauen in den besten Lokalen unterwegs und leichtes Futter; Du weist doch bestimmt, wo man am besten hingeht?" fragt er mich.

Er konnte mich gut einschätzen, denn ich bin ja wirklich ein erfolgreicher Yuppie und in den trendigsten Läden in New York zu Hause. Ich liebte es, immer unter schönen und reichen Leuten zu sein und genoss das Flair und das Ambiente.

„Na klar können wir heute etwas zusammen machen", sage ich ihm am Telefon. „In welchem Hotel bist Du?"

„Im Walldorf Astoria" antwortet er ganz cool, „Zimmer 1011. Kannst Du mich abholen?"

„Welche Uhrzeit?" frage ich.

„Das weist Du doch viel besser als ich. Wann ist denn was los in Deinen Läden?" Seine Antwort auf meine Frage war logisch. Hätte ich ein wenig nachgedacht, hätte ich mir die Frage natürlich sparen können.

„So ab 21.00 Uhr startet man in den besten Bars; dort kann man auch eine Kleinigkeit essen. In die Clubs braucht man nicht vor eins zu gehen. Dann ist die Türe zwar sehr streng aber mit mir kommst Du überall rein" und ich freue mich schon richtig auf diesen Abend. Ich bin seit 10 Jahren im New Yorker Nachtleben ständig unterwegs und auch in den besten

Läden bekannt, so dürfte es auch mit Salvatore keine Schwierigkeiten geben, später in die angesagtesten Clubs rein zukommen.

Um kurz vor neun hole ich Salve im Walldorf ab. Ich hatte mir erst vor ein paar Monaten einen neuen Audi A4 Avant Turbo geleistet, in Silber mit schwarzem Leder und Tiptronic. Das Auto war mein ganzer Stolz. In den USA ist es aufgrund der Geschwindigkeitsbegrenzungen eigentlich sinnlos ein Auto zu kaufen, das eine Höchstgeschwindigkeit von 170 Meilen pro Stunde erreicht, aber mir war das egal. Ich hatte mir natürlich auch einen „Radar-Warner" einbauen lassen. Mir gefiel dieses Auto, und deutsche Autos wie Audi, BMW, Mercedes und Porsche sind meiner Meinung nach sowieso die besten auf der Welt. Mit den Amischlitten kann und will ich mich einfach nicht anfreunden. Ich hatte mich super aufgestylt. Schwarzes Sakko, weißes Hemd, Designer-Jeans und Biker-Boots; um den Hals trug ich eine Indianerkette, die ich mir auf Hawaii besorgte. Kurz vor 09.00 Uhr komme ich pünktlich vor dem Walldorf-Astoria an. Ich lasse meinen Wagen von einem Hotelboy parken und gehe in die Lobby. Salve ist natürlich noch nicht unten. An der Rezeption bitte ich kurz im Zimmer 1011 Bescheid zu geben.

„Wie heißt der Herr den Sie suchen?", werde ich gefragt.

„Salvatore..." antworte ich, da ich seinen Nachnamen nicht kenne.

„Im Zimmer 1011 wohnt kein Salvatore ..., sondern ein John Adams" werde ich von der Dame am Empfang freundlich darauf hingewiesen.

John Adams, komisch. Was soll ich jetzt machen? Ich weis weder seinen Nachnamen, noch seine Zimmernummer, so ein Mist.

Auf einmal höre ich diese bekannte Stimme, „hey Billy Boy, hier bin ich!" Und Salve steht hinter mir. „Hast Du blöd geschaut, weil ich Dir die falsche Zimmernummer gegeben habe. Bleib cool Mann, war nur ein Joke. In Wirklichkeit habe ich die 111".

Dieser verdammte „Itaker", hat er mich doch glatt verarscht; irgendwann gebe ich Ihm die Retourkutsche. Ich bin kurz sauer, kann aber schnell über diesen Joke lachen. „Respekt Salve, Du hast mich drangekriegt, Du bist immer noch der schleimige Italiener, der die anderen verarscht", gebe ich Ihm lachend die Retourkutsche.

„Okay, lass es gut sein. Du bist gut drauf und das zählt für heute Abend. Was hast Du für einen Plan?" fragt er sehr neugierig in seinem italienischen Akzent.

„Wir gehen zuerst ins Fujijama, dem angesagtesten Japaner in der Stadt zum Essen. Dort sind „Top-Bräute" und das Auge ist mit. Dort können wir uns Sushi und frischen Fisch genehmigen, denn ich denke nicht, dass Du hier in New York zum Italiener willst, obwohl es hier natürlich einige Top-Locations gibt. Je nachdem wann wir dort fertig sind können wir dann ins Harrys oder Bensons, zwei Top-Bars, und zum abgroofen zuletzt ins Spacelight oder M21. Vielleicht lernen wir ja vorher schon zwei tolle Miezen kennen, die unsern Plan verändern. Wie hört sich das an?"

Salve ist begeistert.

„Hast Du überhaupt ein Auto?"

Voller Stolz lies ich meinen neuen Audi Turbo vom Hotelboy holen. Da steht er und glitzert in seinem silber-farbigen Metallic-Lack. Das war schon ein Bild für Götter. Mein Wagen vor dem Walldorf-Astoria. Ich gab dem Boy noch schnell 5 Dollar Trinkgeld, was ich normalerweise sehr selten mache, aber vor so einem Hotel gehört sich das einfach.

„Nicht schlecht Dein Auto, zwar kein Ferrari oder Maserati, aber immerhin ein schönes deutsches Auto. Ist das Deiner, oder hast Du den dir ausgeborgt?" fragt mich Salve doch erstaunt, da er mir diesen Wagen nicht zugetraut hat.

„Den habe ich mir erst vor kurzem gekauft. Hatte Glück mit ein paar Trades, die mir viel Geld einbrachten. Darum konnte ich mir den Wagen locker leisten", gab ich großkotzig an. Aber Salve brauchte jemanden, der in diesem Ton zu Ihm sprach, sonst wäre der Abend mit diesem italienischen Macho zum Fiasko geworden. Eigentlich ist Salve sonst zurückhaltend, wenn man ihn näher kennt. Wenn er aber auf die Piste geht ist es so, als hätte er ein zweites Ich. Wie Dr. Jekyll und Mr. Heyde; hier eher der introvertierte nette Salve einerseits und der „geile Aufreißer-Salve" andererseits. Das liegt bestimmt auch an der Mentalität; ich kannte einige Italiener, die wie Salve mehr oder weniger zwei Persönlichkeiten in sich vereinten. Speziell bei Südländern kommt dies ja sehr oft vor. Nach außen den großen Macker in der Gruppe vorspielen, zu Hause aber das größte „Weichei" sein. Ich mochte Salve aber sehr gerne, da ich seine äußere Hülle sofort durchschaut hatte.

„Du Bill, wie hast Du die Kohle für den Audi zusammengebracht?" fragt er mich sehr respektvoll und neugierig.

Er wusste nicht, dass ich Broker bin und bei WBC arbeite. Ich erzähle ihm, dass ich mit meinem „Näschen" bei den Trades sehr oft richtig liege und dass ich damit mein Geld mache. Das findet er richtig spannend und fragt mich sofort, ob ich für Ihn auch Geld setzen könne, wenn er mir welches gibt.

Die Italiener sind schon clever, sobald es wo Geld zu verdienen gibt haben sie auch das richtige Gespür, dachte ich. Italiener sind sehr flexibel und haben Vertrauen zu ihren Freunden. Salvatore kannte mich ja nur 14 Tage aus Hawaii und war sofort bereit, mir eine größere Summe Geld anzuvertrauen. Entweder war er sehr leichtgläubig, oder er riskierte etwas und verlässt sich auch auf andere. Bei Salve trifft bestimmt beides zu, dachte ich.

Wir steigen ins Auto ein und Salve gefällt speziell das rote Licht im Auto. „Hast Du Mädels die auf den Strich gehen, weil Du das rote Ambiente hast. Dazu ist das Auto super passend, auch noch ein Kombi, wie für die schelle Nummer gemacht!"

Manchmal können einem seine Machosprüche schon auf den Geist gehen. „Wenn wir heute Bräute abschleppen, dann packen wir sie gleich im Kofferraum des Kombis, deshalb habe ich mir ja auch einen Kombi zugelegt". Diese Antwort meinerseits überrascht Salve und er beginnt zu lachen.

„Du bist noch cooler drauf als ich. Freut mich, dass wir uns kennen gelernt haben. Das wird bestimmt ein „sau-geiler" Abend".

Davon war ich mittlerweile auch überzeugt, denn wir waren in so einer richtigen „Aufreißer-Stimmung". So locker wie heute war ich schon lange nicht mehr drauf. Und Salve hatte Recht. Dieser Abend sollte ein ganz, ganz besonderer werden.

Als wir am Fujijama ankommen stehen schon eine Menge Leute am Eingang. Ich parke meine Wagen auf dem Bürgersteig, Strafzettel war mir in diesem Fall egal. Der Türsteher sieht sofort mein Auto und winkt uns an der wartenden Schlange vorbei. Das beeindruckte Salve.

„Habt Ihr hier sogar in Restaurants Türsteher?" fragt er mich erstaunt. Und ich gebe im zur Antwort. „Nur wirklich in den angesagtesten Locations". Und in New York hat wirklich jedes angesagte In-Lokal Türsteher, sogar wenn es ein Restaurant ist.

„Jobbeschaffungsmaßnahmen made in USA" sind das, denke ich heute auch noch. Aber es ist wirklich gut. Bist Du ein Stammgast, wirst Du auch absolut bevorzugt. Das ist diese Dienstleistungsmentalität, die ich hier in den USA einfach überall antreffen kann.

Wir bekommen einen der besten Tische angeboten. Der Kellner sieht sofort, dass wir auf Frauenfang aus sind und unseren Spaß haben wollen. Salvatore zeigt ihm das unmissverständlich. Leider hat der Kellner nicht den richtigen Geschmack und setzt uns zwei "hässliche Eulen" an den Nachbartisch. „Die wären mit Sicherheit leichtes Futter und willig, so wie die zu uns rüber starren, aber so etwas wollen wir uns auch nicht antun, denke ich.

„Die Nacht ist ja noch lang, lass uns einfach essen und dann weiter ziehen", schlage ich Salve vor.

"Si, si", höre ich Salve. Ich sehe ihm direkt an, dass er es kaum erwarten konnte, die Lokalität zu wechseln. An seinem Verhalten erkannte ich sofort, dass hübsche Frauen für ihn heute oberste Priorität waren. Wir schlingen die Sushis nur so in uns hinein und waren gedanklich schon in der nächsten Bar. Schnell rufe ich den Kellner und bitte ihn, die Rechnung zu bringen. Salve lässt es sich nicht nehmen, die Rechnung zu bezahlen, da ich ja schon so freundlich war, ihn abzuholen. Stolze 48 Dollar blättert er für die paar Sushis und die zwei kleinen japanischen Reisweine hin. Das war der Preis für Top-Locations; doch mit den hübschen Frauen hatten wir richtiges Pech. Die waren entweder alle liiert oder von unserem Tisch meilenweit entfernt. Und dann saßen zwei solche Eulen.....

Salve dachte bestimmt das gleiche wie ich. Der Abend konnte nur noch besser werden, und dies sollte er auch, sowohl für Salve als auch für mich. „Komm lass uns sofort abhauen und ins Harrys!" rufe ich zu Salve. Die Erleichterung steht Ihm richtig ins Gesicht geschrieben.

„Nichts wie raus!" lässt er seinem Unmut freien Lauf.

Vor dem Harrys warten schon wieder eine Traube von Leuten. Wir fahren extra ganz langsam vorbei und registrieren wohlwollend, dass hier hübsche Mäuse unterwegs sind. Es wäre auch ein Wunder gewesen, wenn dem nicht so wäre, nachdem ja alle Models hier sind bei den ganzen Modeschauen. Und die wollen natürlich auch ihren Spaß.

Im Harrys stellen wir uns sofort an die Hauptbar.

„Du, ist das eine Homo-Bar?", fragt mich Salve berechtigt diese Frage.

Der Männerüberschuss ist wirklich frappierend, bestimmt ein Verhältnis von 80:20 zu unseren Ungunsten. Trotzdem können wir zwei hübsche Blondinen am Ende des Tresens ausmachen. Und sie lachen auch noch die ganze Zeit zu uns rüber.

„Ob das Friseusen sind?" lasse ich sofort einen Machospruch zu Salve los.

„Das finden wir sofort heraus!" Wie ein wilder Stier, der von einem roten Tuch beeinflusst wird stürmt Salve sofort auf die Blondine mit den großen Brüsten zu. Für Salve bin ich im Moment nur noch Luft. Ich sehe, wie Salve sie anspricht und sofort zu einem Drink einlädt. Die andere Blondine lacht daraufhin ganz freundlich zu mir rüber. Ein Typ so fünf Meter rechts von mir hat auch einen Blick auf sie geworfen. Kein Wunder. Wenige Frauen hier und dann waren diese beiden mit Abstand die hübschesten. Jetzt heißt es handeln, bevor Dir die Felle davon schwimmen, dachte ich. Und so gehe ich locker, aber bestimmt auf sie zu.

„Du lächelst die ganze Zeit so nett zu mir rüber. Darf ich Dir einen Drink ausgeben?" frage ich sie sehr freundlich und bin wirklich sehr angetan von ihrem Optischen. Sie sah von Nahem und bei hellerem Licht noch besser aus als von der Ferne.

„Gerne", antwortet sie mit Ihrem lieben Lächeln und diesem Glanz in ihren grün-blauen Augen. Mir fiel ein Stein vom Herzen, dass sie so freundlich war und mir keinen Korb gab.

„Ich heiße Bill und Du?"

„Ich bin Grace". Grace bestellt sich einen Wodka-Lemmon, das gleiche Getränk, das ich auch bevorzuge. Meine Blicke wandern von Ihrem Gesicht bis zu den Schuhen und begutachten jede kleinste Kleinigkeit, ihr an den Brüsten ausgeschnittenes weißes T-Shirt, ihre enge ausgewaschene Jeans und ihre weißen Cowboystiefel. Hoffentlich bemerkt Sie nicht, dass ich Sie so mustere...wirklich eine heiße Braut, und dann auch noch so freundlich. Grace nippt kurz an Ihrem Wodka-Lemmon und fragt mich doch glatt, ob ich mit Ihr auf die Tanzfläche ginge. Und natürlich will ich, weil ich von ihrem Optischen und ihrer fröhlichen Art noch so perplex war, dass mir kein weiterer Gesprächsstoff einfiel. Der Dj spielt neuesten Techno-Sound, was eigentlich nicht so meine Musikrichtung ist; das war mir aber in diesem Augenblick egal. Das kann sich wohl jeder vorstellen. Ich beobachte Grace, wie Sie Ihren zarten Körper dem Rhythmus der Musik anpasst und wirklich heiße Bewegungen vorführt. Und Grace hat Rhythmus im Blut. Man sagt ja auch, so wie eine Frau sich auf der Tanzfläche bewegt, so ist sie auch im Bett. Dieser Gedanke fiel mir sofort ein. Grace tanzte aufreizend und wild. Ihre Bewegungen elektrisierten irgendwie meinen Verstand und ich beginne mich auch immer mehr dem Rhythmus der Musik und speziell dem Rhythmus von Grace anzupassen. Unsere Körper berühren sich mehr oder weniger zufällig, was die Stimmung in mir immer weiter anheizt. Wir schauen uns trotz der wilden Musik ständig in die Augen und es ist wie ein Spiel. Wer ist der Jäger und wer die Beute frage ich mich immer mehr. Der DJ bemerkt, was wir hier auf der Tanzfläche für ein Spiel vorführen und legt speziell für uns, so kam es mir zumindest vor, eine ganz langsame Nummer auf. Den Titel kenne ich nicht, ist mir in diesem Moment aber auch egal. Grace zieht mich an Ihren verschwitzten Körper heran und schlingt Ihre Arme um meinen Hals. Gleichzeitig legt Sie Ihren Kopf an die linke Seite meines Halses. Ich kann sie richtig riechen und Ihr Duft war eine Mischung aus Schweiß und einem lieblichen Parfüm, dessen Namen ich aber nicht kenne. Eng umschlungen bewegen wir uns ganz sachte im Rhythmus und vernehmen die langsame Musik. Ich spüre Ihren rasenden Herzschlag und Ihren heißen Atem. Ich bemerke die Schweißtropfen auf meiner Stirn und wie Schweißperlen meine Rücken herunter laufen. Das war mir aber in diesem Augenblick mehr als egal. Ich genieße einfach diesen ruhigen, romantischen Augenblick und meine Sinne waren fast nicht mehr anwesend.

09. Februar 1998

Die Nacht im Harrys verging wie im Flug. Wir sprachen über alles Mögliche und so entwickelte sich in nur knapp 4 Stunden eine mir bis dahin unbekannte Vertrautsamkeit. Trotzdem war ich mir sehr unsicher, wie ich mich weiter verhalten soll. Ich verlies mich einfach auf meinen Instinkt und verhielt mich ruhig. Und das war die goldrichtige Entscheidung, denn Grace fragte mich, ob ich mich nicht mit Ihr morgen Abend um 20.00. Uhr im Roma, einem In-Italiener, zum Abendessen treffen möchte. Natürlich mochte ich und sagte zu.

Nachdem ich in dieser Nacht nur knapp zwei Stunden geschlafen hatte, weil ich samstags morgens noch etwas Berufliches zu erledigen hatte, war ich doch ziemlich gerädert und am überlegen, ob ich den Termin mit Grace nicht doch verschieben solle. Eine innere Stimme in mir sagte aber „tu es nicht!"

Ich verspäte mich um 5 Minuten. Grace sitzt schon im Lokal in einer ruhigen Ecke mit einer Flasche Wasser auf dem Tisch. Sie musste demnach sehr pünktlich gewesen sein. Das gefiel mir.

„Entschuldige bitte meine kleine Verspätung, ich habe den Stau unterschätzt".

Und wissen Sie, wer jetzt ins Lokal kommt? Salvatore mit Graces Freundin, Arm in Arm. Sie hatten sich auch für Punkt 08.00 Uhr im Roma verabredet. Unabhängig von unserer Verabredung. Salve und ich lachen.

Zufälle gibt es, die gibt es gar nicht! Salve war bei seiner Blondine, sie hieß übrigens Andrea, schon wesentlich weiter, was das Küssen betraf. Er nimmt Andrea einfach in den Arm und gibt Ihr einen „machomäßigen Italokuss". Andrea stand offensichtlich auf Machos. Grace schaut mich mit einem ernsten Blick an und wissen Sie, was Sie mir zu verstehen gibt? „Denk bloß nicht, dass wir uns heute küssen werden". Ich kann es kaum glauben was Sie hier von sich gibt und mein Kinn fällt fast bis in die Kniekehlen. Normalerweise wäre ich bei so einer blöden Antwort früher aufgestanden und gegangen. Warum soll ich diese Tante denn einladen, wenn es sowieso umsonst ist, schießt es mir durch den Kopf. Soll ich hier meine Zeit verschwenden und vor meinem Freund Salve auch noch lächerlich gemacht werden? Obwohl ich aufgrund des wenigen Schlafes der letzten Nacht noch ziemlich müde bin, bin ich nicht aufgestanden. Irgendetwas an dieser Frau ist anders. Obwohl Sie mich eigentlich beleidigte fühle ich mich zu Ihr hingezogen. Es ist ein Gefühl, das ich in dieser Form bisher nicht kannte.

Während Salve und Nicole mit ständig heißen Kuss-Einlagen aufwarten schauen Grace und ich uns einfach immer nur in die Augen. Und ich bin mir sicher, dass unsere Augen leuchteten.

Das Essen hier ist spitze. Wir bestellen zu viert eine große gemischte Fischplatte und trinken einen trockenen italienischen Weißwein und San Pelligrino Wasser dazu. Das köstliche Essen lässt den blöden Kommentar von Grace zum Küssen fast vergessen; doch irgendwie geht mir Ihr Satz nicht aus dem Sinn. Was hat diese Frau nur vor, warum verhält sie sich so anders?

Während mir diese Gedanken durch den Kopf schwirren klopft mir Grace plötzlich „hallo aufwachen, nicht schlafen" auf die Schulter und fragt mich, ob ich mit Ihr noch ins B21 gehen will.

Andrea und Salve waren schon gar nicht mehr am Tisch. Ich war anscheinend irgendwie kurz geistesabwesend.

„Natürlich will ich. Gehen wir?"

Andrea und Salve hatten wahrscheinlich etwas anderes vor, nachdem sich Ihre Lippen schon im Restaurant kaum mehr trennen konnten.

Ich bin ganz froh, dass ich mit Grace endlich alleine bin, so wie ich es eigentlich wollte, auch wenn zuerst noch das B21 auf Ihrem Plan steht. Sie kannte den Türsteher, einen Schwarzen und einen Berg von einem Mann, so dass wir bei der Gesichtskontrolle keinerlei Schwierigkeiten haben. Ich sehe nur, wie dieser männliche Fleischberg Grace kurz etwas ins Ohr flüstert und Ihr zuzwinkert, nachdem Ihm Grace auch etwas ins Ohr geflüstert hatte. Aufgrund der unterschiedlichen Größenverhältnisse hielt ich es doch für besser, einfach ruhig zu bleiben. Im B21 spielen Sie funkige Soul-Musik. Und es ist sogar eine Liveband da, die diesen Musikstil perfekt verkörpert. Hier fühlte ich mich sofort wohl. Das war meine Musik und auch die von Grace. Als "Fantasy", ein alter Song von Earth-Wind-and-Fire gespielt wird nehme ich Grace fest in die Arme und küsse Sie ganz leidenschaftlich. Und Grace erwidert meinen Kuss mit grenzenloser Leidenschaft. Ich war doch sehr verwundert, nachdem Grace angekündigt hatte, dass Sie mich nicht küssen würde. Mit vollem Stolz auf meine Tat und breit geschwellter Brust frage ich Grace machohaft. „Du wolltest mich heute doch nicht küssen und was war das soeben?"

Ihre Antwort verblüfft mich wieder umso mehr. „Bill, schau mal auf Deine Uhr und sage mir wie spät es ist". „Es ist 01.30 Uhr".

„Erinnerst Du dich noch genau, was ich Dir beim Abendessen im Roma mitgeteilt hatte? Nämlich, dass wir uns heute nicht mehr küssen werden".

Diese Antwort beeindruckte mich und Sie war auch offensichtlich von mir beeindruckt, so wie ich Sie ohne groß mit der Wimper zu zucken geküsst hatte. Von diesem Zeitpunkt wussten wir beide, dass wir zueinander passen und jeder dem anderen gewachsen ist. Der

Abend im B21 verläuft dann nur noch traumhaft. Wir tanzen, küssen uns und schieben uns gegenseitig Eiswürfel unter die T-Shirts, um uns abzukühlen. Ich fühle mich wie ein frisch verliebter Teenager, bin aber doch schon 32 Jahre alt. Die Zeit vergeht wie im Flug und um 05.00 Uhr morgens bittet mich Grace, dass ich sie nach Hause fahre. Ihre Wohnung sei nur 5 Minuten mit dem Auto von hier entfernt. Wir verabschieden uns noch kurz beim Türsteher und beim DJ und beide lachen uns freundlich zu. Grace und ich schlendern Arm in Arm und übermütig wie zwei kleine Kinder zu meinem Auto, obwohl wir beide keinen Alkohol getrunken hatten. Es war anscheinend der Rausch des Verliebt seins, der uns beide beschwipste. Grace fällt mir vor meinem Auto nochmals um den Hals und gibt mir einen sehr leidenschaftlichen Kuss. Meine männlichen Hormone kommen daraufhin derart in Wallung, dass ich Grace am liebsten hier und sofort auf der Motorhaube vernascht hätte. Früher, während meiner Sturm- und Drangzeit, als ich auch für One-night-Stands offen war, hätte ich das bestimmt auch gemacht. Dieses Mal war aber alles anders. Obwohl mich Grace mehr als verrückt und geil macht weis ich nicht genau, wie ich mich verhalten soll. So steigen wir beide in mein Auto ein und fahren durch das nächtliche New York. Schon nach 5 Minuten Fahrt bittet Sie mich, dass Sie aussteigen will. Ihre Wohnung sei am Ende der Straße und diese paar Meter kann Sie schon noch alleine laufen. Sie gibt mir einen Abschiedskuss und schreibt mir Ihre Telefonnummer und Adresse noch auf die Handfläche mit dem Kommentar, dass ich Sie morgen bitte anrufen soll. „Tschau Bill, bis morgen". Und weg war sie. Ich bin so verdutzt; das hatte ich mir eigentlich anders vorgestellt. Während der 5-minütigen Autofahrt hatten wir auch kaum ein Wort gewechselt.

Im Moment bin ich total verwirrt und frage mich, hätte ich etwas anders machen sollen? Was will diese Frau? Hat Sie von mir mehr Initiative verlangt, z.B. dass ich Sie gleich auf der Motorhaube packe, oder dass ich Sie die letzten Meter direkt in Ihre Wohnung begleite? Alle möglichen Gedanken gehen durch meinen Kopf, weil ich Grace wirklich gut fand, aber durch Ihre Spielchen nicht genau wusste, was Sie eigentlich wirklich wollte. Ich fahre zu der Tankstelle um die Ecke und besorge noch eine Flasche Sekt; vielleicht möchte Grace die Flasche mit mir ja noch leeren. Der Abschied soeben war doch eigenartig. Also rufe ich Grace an. Stellen Sie sich bitte vor, es ist knapp 05.15 Uhr morgens.

„Grace, ich habe soeben noch eine Flasche Sekt besorgt und stehe vor Deiner Wohnung. Lässt Du mich noch rein?"

Ich hatte wirklich keinerlei Hintergedanken; ich wusste nur nicht, was Grace von mir erwartete. Sucht Sie einen One-Night-Stand, einen Freund oder vielleicht sogar die große Liebe? Alles war möglich.

„Ich lass Dich nicht in meine Wohnung, bitte fahre nach Hause und ruf mich heute Mittag wieder an!" Sie dachte jetzt bestimmt, schade. Das war ein netter Typ, aber Männer wollen immer nur das eine. Mir erging es aber anders. Ich wusste einfach nicht was sie beabsichtigte. Soll ich mich bei Ihr nochmals melden, oder soll ich es lassen? ging es mir durch den Kopf.

Nachdem ich so…….. abserviert wurde. Mit dieser Frau war alles anders als bisher. Nach 5 Minuten rufe ich Sie nochmals an.

„Du Grace, treffen wir uns heute Nachmittag auf einen Kaffee?" Und ich fühlte richtig Ihre Erleichterung. Sie hatte mit meinem Anruf nicht mehr gerechnet.

„Gerne, holst Du mich um 14.00 Uhr ab. Dann können wir beide ein bisschen ausschlafen!"

„Okay 14.00 Uhr bin ich da. Tschüss."

Erleichtert fahre ich zu mir nach Hause und falle todmüde ins Bett. Es war bereits 06.00 Uhr morgens.

13.00 Uhr

Fast hätte ich das Date mit Grace verschlafen. So ein Mist. Warum habe ich den Wecker nicht gestellt? Ich hüpfe schnell in meine Jeans und mein T-Shirt, sprinte in mein kleines Bad und putze die Zähne; außerdem noch eine kurze Katzenwäsche. Zum Frühstücken bleibt mir keine Zeit mehr. Ist eh egal, da Grace mit mir ins Cafe gehen will. Dort kann ich bestimmt eine Kleinigkeit essen. Kurz vor 14.00 Uhr komme ich bei Grace an und läute dreimal. Keine Antwort. Ich läute nochmals, jetzt aber sturm. Das hatte sie gehört. Sie lag noch im Bett und war voll verschlafen.

„Ist es etwa schon 14.00 Uhr" höre ich Sie durch die Sprechanlage rufen. „Warte bitte, ich komme gleich runter".

Grace wohnt im 13. Stock eines alten 25-stöckigen Hochhauses in der 44. Straße. Sie wollte wieder nicht, dass ich zu Ihr in die Wohnung komme. Ob Sie was zu verbergen hat? Alle möglichen Gedanken gingen mir wieder durch meinen Kopf.

Schon stand Grace vor mir. Nicht einmal 5 Minuten, nachdem ich geklingelt hatte. Hallo Bill. Sie umarmt mich sofort und küsst mich leidenschaftlich auf den Mund. Meine Bedenken sind wie weggeblasen. Ich nehme Graces Hand und frage sie, wo wir hingehen. „Lass uns ins Seven-File gehen, dort gibt es einen guten Latte und außerdem können wir eine Kleinigkeit essen, ich bin doch ziemlich hungrig".

Sie spricht mir aus der Seele. Ich hatte ja auch nichts gefrühstückt und könnte mittlerweile eine halben Bären essen. Ich mustere Grace von Kopf bis Fuß, weil ich sie das erste Mal bei Tageslicht sehe. Und was ich sehe gefällt mir wirklich sehr gut. Knapp 1,70m groß, lange blonde glatte Haare, blau-grüne Katzenaugen, Konfektionsgröße 34 würde ich schätzen und ein bildhübsches Gesicht. Ich hatte mich in der Disco doch nicht verschaut, obwohl ich meine Brille aus Eitelkeit nicht auf hatte. Normalerweise habe ich so um die 1-1,25 Dioptrien auf beiden Augen und bin leicht kurzsichtig. Meine Sehschärfe schwankt aber je nach Tageszeit und nachdem was ich tue. Sitze ich z.B. den ganzen Tag vor dem Computer verschlechtert sie sich; mache ich während des Tages nichts oder nur ein wenig Sport dann brauche ich abends keine Brille, so gestochen scharf kann ich dann sehen. Aus Sicherheitsgründen setze ich zum Autoverfahren immer eine Brille auf, speziell nachts. Heute habe ich natürlich wieder keine Brille auf. Sie verstehen bestimmt, warum...

„Warum schaust Du mich so prüfend an?" höre ich Grace kurz fragen. Da sie mir gegenüber ja auch schon den einen oder anderen blöden Spruch abgegeben hatte antworte ich Ihr, „ich möchte doch wissen, mit wem ich ins „Seven-Five" gehe. Ich sehe Dich heute das erste Mal bei Tageslicht und es könnte doch sein, dass ein paar Kumpels von mir hier ebenfalls beim Frühstücken sind; da kann ich dann doch nicht mit so einer Eule auftauchen; Du verstehst sicher, was ich meine".

Grace erwidert diesen Machospruch auf ihre ureigene Weise ganz locker mit „Du Arsch, mit mir hast Du doch wirklich mehr als Glück". Vom Optischen her mit Sicherheit, das andere wird sich schon noch geben, denke ich mir. Auf jeden Fall ist sie nicht auf den Mund gefallen und gibt mir stets kontra. Sie ist schon ein Augenschmaus. Ich werde auch sofort in meiner Meinung bestätigt, als wir ins Seven-Five gehen. Das vorwiegend männliche Publikum kann die Augen von Grace gar nicht mehr abwenden. Dabei trägt Grace nur eine knallenge amerikanische „In-Jeans" sowie eine weiße Bluse, die sie sich um den Bauchnabel zusammengebunden hatte. Ferner Ihre weißen Cowboy-Stiefel sowie ein dunkelbraune Nappa-Leder-Jacke. Also bei weitem nichts Aufregendes. Ich schaue mich im Lokal um; aber leider ist keiner meiner Kumpels hier. Die wären vor Neid geplatzt, wenn sie Grace gesehen hätten. Wir bestellen uns beide jeweils einen Latte und ein Panini mit Mozzarella und Tomate und setzen uns an einen Zweier-Tisch in einer sonnigen Ecke des Lokals. Um draußen sitzen zu können, war es doch ein wenig zu kalt. Trotzdem wärmt die Sonne sehr angenehm durch das dicke Fensterglas. Das liegt wahrscheinlich auch daran, dass wir beide doch noch nicht ganz ausgeschlafen waren und dann tut jedem etwas Wärme gut.

„Was machst Du eigentlich beruflich?" fragt mich Grace.

Auf diese Frage hatte ich schon lange gewartet, da sie bestimmt wissen wollte, wie ich mir dieses Auto leisten konnte. „Ich arbeite als Broker bei WBC".

„Und läuft es gut?"

„Nicht schlecht", ich wollte nicht so angeben, dass ich der Crack bei WBC bin; speziell mit meinen irrationalen auf Intuition basierenden Trades.

Während wir in aller Ruhe frühstücken und unseren Latte schlürfen fragt mich Grace sehr gründlich aus. Alles will sie von mir wissen. Ich komme mir fast vor wie in einem Verhör, aber es ist mir nicht unangenehm, da sie es ja macht. Mein erster Eindruck, den ich vom Optischen von Ihr zwei Tage zuvor hatte, ob sie evtl. eine Friseuse sei, wurde durch Ihre klugen Fragen und Ihr ganzes Verhalten absolut widerlegt. Meine Bewunderung für Grace wurde immer größer und ich glaube, dass ich mich in sie verliebt hatte.

Wie sollte meine Traumfrau immer sein? Hübsch, bescheiden, intelligent und verliebt in mich. Das waren immer die Attribute, auf die ich Wert gelegt hatte. Und so etwas in der heutigen Zeit zu finden war eigentlich nahezu unmöglich. Sogar in New York unmöglich, obwohl hier ja fast alles möglich ist oder möglich gemacht wird. Das einzige, was meine Vorstellungen noch stark widersprach war, dass wir uns in einer Bar kennen gelernt hatten. Und für mich war eigentlich klar, dass ich meine Traumfrau doch nicht in einer In-Bar kennen lernen werde, da dort nur aufgedonnerte Tussies rumlaufen, die scharf auf einen geldigen Aufriss sind. Aber wie man hier sehen kann kommt alles anders als man oft denkt, oder….

Das Unterbewusstsein kennt ja das Wort „nicht", nicht. Kennen Sie das Beispiel „denken Sie bitte nicht an den Eifelturm", und an was haben Sie gedacht?

Jetzt möchte ich von Grace aber auch alles wissen, nachdem Sie mich so verhört hat; und ich frage Sie alles, jede kleinste Kleinigkeit und was ich zu hören bekomme erstaunt mich doch sehr.

Alter 26, Sternzeichen Waage, schon 1-mal geschieden, Abitur mit 1,1, Qualitätsmanagerin und spirituell belesen. Unglaublich vielseitig also. Das Bild von meiner Traumfrau fügte sich immer mehr zusammen.

Und schon wieder übernimmt Grace das Kommando, nachdem wir knapp zwei Stunden im Kaffee saßen. Sie zieht mich zu sich über den Tisch und küsst mich leidenschaftlich. „Ich habe mich in Dich verliebt", haucht sie mir ins linke Ohr. Ich kann es kaum glauben, dass ich so viel Glück habe. „Wann sehen wir uns wieder?" bedrängt sie mich.

Jetzt mach ich mal ein Spielchen mit Ihr und schaue wie sie reagiert, denke ich mir. „Ich habe die nächsten zwei, drei Wochen keine Zeit. Wie wäre es denn am Sonntag in drei Wochen" frage ich sie ganz hinterhältig.

Und wissen Sie, was Ihre Reaktion ist? „In drei Wochen habe ich dich doch schon wieder vergessen. Wenn Du das riskieren möchtest, dann riskier es!"

„Hast Du nächste Woche Zeit, früher geht es im Moment leider nicht, weil ich für WBC total eingespannt bin".

„Aha, hast Du es Dir also nochmals anders überlegt?" gibt Sie mir gleich wieder kontra. „Okay, ich halte mir nächstes Wochenende frei".

Ich schaue auf die Uhr und stelle fest, dass die Zeit wirklich wie im Flug verging. Es ist schon fast 20.00 Uhr. Jetzt waren wir doch glatte 6 Stunden in diesem Cafe. Unglaublich, wie schnell die Zeit verging. Der Ober stellt die Rechnung zusammen und der Preis mit 16 US-Dollar war für diesen langen Nachmittag auch noch recht günstig. Ich bezahle. Wir stehen auf und ich helfe Grace in Ihre braune Lederjacke. Noch ein kurzer Abschiedsgruß zum Ober und wir verlassen himmelhoch jauchzend das Lokal.

„Grace, willst Du jetzt noch was machen?"

„Ja, ich möchte einfach noch ein bisschen Arm in Arm mit dir durch die Straßen schlendern und den schönen Tag genießen. Ist Dir das Recht?" Und natürlich war mir das Recht, denn ich wollte noch nicht nach Hause in mein Appartement. So bummeln wir noch verliebt durch die Straßen und schauen uns die Auslagen diverser Modegeschäfte, Augenoptiker und Lebensmittelläden an. Kurz nach 22.00 Uhr will Grace dann nach Hause und fragt, ob ich Sie nicht heimbringen will. Diese Chance lasse ich mir natürlich nicht entgehen. Ich nehme Sie in den Arm, küsse Sie leidenschaftlich und bringe Sie zu meinem Auto. Keine 10 Minuten später stehen wir schon mit dem Auto vor Ihrer Haustüre. Was mich verwundert ist, dass mich Grace auch dieses Mal wieder nicht zu Ihr mit nach oben nimmt. Einerseits verstehe ich, dass Sie es langsam angehen will, andererseits hat Sie so auf ein schnelles Wiedersehen gedrängt. Wie willst Du da aus jemanden schlau werden. Aber genau das hatte wiederum seinen Reiz.

„Du Bill, ich würde Dich schon noch gerne mit hoch in meine Wohnung nehmen, aber ich habe morgen eine wichtige Prüfung in der Arbeit; die beginnt schon um 08.00 Uhr morgens und dauert 3 Stunden. Halte mir bitte die Daumen. Verstehe bitte, wenn ich jetzt schlafen muss, obwohl ich noch viel lieber mit Dir zusammen sein würde. Ist das okay?"

Damit waren bei mir alle Bedenken verschwunden und ich umarme sie für diesen Abend ein letztes Mal, küsse Sie nochmals leidenschaftlich auf den Mund und verabschiede mich mit einem „klar ist es okay, ich rufe Dich morgen an".

Langsam schlendere ich zu meinem Auto und drehe mich noch einmal um, aber Grace war schon durch die Haustüre verschwunden. Ich wäre liebend gerne bei Ihr über Nacht geblieben, aber vielleicht ist es sogar besser so, wie es sich entwickelt. Jedenfalls freue ich mich unheimlich auf das nächste Wochenende und bin schon gespannt, was wir unternehmen werden. Bisher habe ich noch keinen Plan; vielleicht hat Grace einen Plan. Ihr ist jedenfalls alles zu zutrauen.

11. Februar 1998

Ich bin in meinem Büro und kann es kaum erwarten, dass ich Grace anrufen kann. Hoffentlich ist Ihre Prüfung gut gelaufen. Es ist 11.30 Uhr und mein Telefon läutet heute bestimmt schon zum 50-zigsten Mal. Ein bisschen genervt nehme ich den Hörer ab und melde mich ganz förmlich. „WBC, Sie sprechen mit Bill Smith, wie kann ich Ihnen weiterhelfen?"

„Sie können sich mal durchs Telefon beamen und mich küssen", höre ich Graces freche Stimme auf der anderen Seite.

„Und wie ist Deine Prüfung gelaufen?"

„Gut, ich war schon nach knapp zwei Stunden, so gegen 10.00 Uhr fertig. Prüfungen laufen bei mir eigentlich immer gut, obwohl ich mir vorher vor Angst fast immer in die Hosen mache. Du Bill, was hältst Du davon, wenn wir freitagabends über das Wochenende nach Aspen zum Skifahren fliegen. Er hat super Wetter angesagt und ich würde das total geil finden."

Dieser Vorschlag hatte es wirklich in sich. Einfach mal so für ein Wochenende nach Aspen.

„Rentiert sich das denn vom Zeitaufwand und vom Finanziellen....", war gleich mein berechtigter Einwand.

„Bill, Du hast keine Chance mehr. Ich habe die Flugtickets und die Unterkunft schon gebucht. Die Prüfung war so gut gelaufen; da musste ich mich einfach belohnen. Willst du mit oder muss ich mir noch schnell einen anderen Begleiter besorgen?"

„Unterstehe Dich, Du bist schon so eine Kanone, ich freue mich sehr über Deine außergewöhnlichen Ideen. Wann geht denn unser Flug?"

„Der geht um 15.00 Uhr. Schaffst Du am Freitagmittag Schluss zu machen. Wir sehen uns ja erst am Freitag, so kannst Du die anderen Tage locker die Zeit reinarbeiten".

Ich finde das schon frech von Ihr, aber andererseits auch total lieb. Verplant mich einfach ab Freitagmittag, ohne sich mit mir abzustimmen. So etwas war mir bisher noch nie passiert. Deshalb fand und finde ich Grace wahrscheinlich auch so aufregend. Weil sie einfach immer etwas macht, womit man nicht rechnen kann.

„Klar, ich werde das schon hinkriegen, Du bist einfach nur Spitze".

14. Februar 1998

Heute ist es endlich so weit. Ich sehe Grace wieder. Das wird bestimmt ein ganz besonderes Wochenende. Und ich sollte wirklich recht behalten. Ich hatte schon gestern Abend die Skisachen gepackt und in meinen Audi geschmissen. Hoffentlich habe ich auch nichts vergessen, geht es mir durch den Kopf. Halt, fast hätte ich das Wichtigste nicht mitgenommen. Die Kondome. Ohne die kann ich diesmal nicht weg. Wenn diesmal wieder nichts mit

Grace läuft, wann dann? Also spurte ich nochmals schnell in das Badezimmer und hole ein Päckchen mit drei Kondomen. Das muss doch fürs Wochenende reichen, da Grace und ich bisher keinen Sex hatten. Punkt 12.00 Uhr verlasse ich das Büro und fahre mit meinem Wagen zum Flughafen. Grace und ich hatten uns für 13.00 Uhr am Check-In verabredet. Als ich ankomme ist sie natürlich schon dort. Das liebe ich an ihr. Endlich einmal eine Frau, die pünktlich ist. Das ist wirklich mehr als selten. Zumindest meine früheren weiblichen Bekanntschaften oder Liebschaften kamen fast immer zu spät. Ich fahre noch kurz das Auto ins Parkhaus. Die 60 US-Dollar Parkgebühr sind mir jetzt auch egal. Hauptsache es wird ein schönes Wochenende. Ich stürme schwer bepackt mit meinen Skiern, Skischuhen und meinem Rucksack, in dem all meine Klamotten für die nächsten zweieinhalb Tage verstaut sind, auf Grace zu und wir fallen uns in die Arme. Sie nimmt mir schnell die in einem Skisack verpackten Skier und Skistöcke ab, stellt sie gegen die nächstliegende Wand und küsst mich so leidenschaftlich und gefühlvoll; einfach unbeschreiblich. Ich versinke schon wieder in Träume und Phantasien, die weniger mit Skifahren zu tun haben; dafür umso mehr mit Grace. Sie können sich diese Phantasien mit Sicherheit ausmalen.

Auf einmal werde ich durch einem Stoß gegen meine rechte Schulter jäh geweckt. „Nicht träumen, weiter gehen" höre ich eine männliche Stimme hinter mir. Ich drehe mich um und bemerke erst jetzt, dass sich hinter uns schon eine längere Schlange gebildet hatte. Wie lange war ich wohl weg getreten in meinen Phantasien? Grace erging es nicht anders. Wir schwebten offensichtlich in anderen Dimensionen, in denen Zeit und Raum unbedeutend sind. Durch diesen Stoß wieder einigermaßen bei Bewusstsein schließen wir zu den Vorderläuten der Schlange auf und checken nach wenigen Minuten ein.

0.30 Uhr

Endlich sind wir in unserer Lodge angekommen. Der Flug und die Fahrt haben länger gedauert und einiges an Substanz gekostet, so dass ich am liebsten sofort schlafen würde, damit wir von den nächsten zwei Tagen auch etwas haben. Grace fordert mich in Ihrer unverwechselbaren Art auf, wenigstens noch schnell die Lodge anzuschauen, ob sie auch meinen Wünschen entspreche. Und ich komme aus meinem Staunen gar nicht mehr heraus.

Der offene Kamin brennt schon, auf dem 2x2 Meter Bett liegt ein großes rotes Herz und eine Flasche Champagner ist im Kühlschrank auch schon kaltgestellt.

„Hast Du das alles organisiert?" frage ich wieder hellwach.

„Natürlich, wer denn sonst! Denk Dir aber bloß nicht, dass wir heute schon gemeinsam im Bett schlafen. Für Dich ist die Couch hier. Das Bett musst Du dir erst verdienen!"

Schon wieder einer Ihrer blöden Sprüche; aber das ist mir jetzt auch egal. Plötzlich werde ich von großer Müdigkeit überfallen, ziehe mich einfach bis auf die Unterhose aus und lege mich auf die Couch und schlafe ein. Damit hatte Grace offensichtlich nicht gerechnet.

15. Februar 1998 03.00 Uhr nachts.

Ich spüre plötzlich ein starkes Rütteln und wache erschreckt auf. Grace steht an meiner Couch.

„Bill, komm bitte ins Bett; das Bett ist so groß, ich friere ein wenig und habe Angst!"

Soll einer mal schlau werden aus dieser Frau, aber ich lasse mich natürlich nicht zweimal bitten im Bett zu schlafen, da die Couch doch unbequem ist; klar, bei Maßen von 180 x 60 cm. Die Maße sind für Kleinkinder okay, aber nicht für mich 85 Kilo Brocken. Ich ziehe mir noch schnell ein T-Shirt an und schlüpfe zu Grace unter die Decke.

„Bill, nicht dass Du jetzt auf blöde Gedanken kommst; ich lasse Dich nur zu mir ins Bett weil mir kalt ist und weil ich alleine hier in diesem großen Bett in dieser fremden Umgebung Angst habe. Komm, rücke näher zu mir und wärme mich ein bisschen". Sie liegt seitlich im Bett auf Ihrer rechten Schulter. Ich rücke mit meiner Front näher an sie ran, so dass wir in der Löffelchen-Stellung einschlafen könnten. Auf einmal dreht sich Grace um 90 Grad nach links, legt sich auf mich und küsst mich so intensiv, dass ich fast keine Luft mehr bekomme. Sie wandert mit Ihrem Kopf weiter nach unten, küsst meine Brust und Brustwarzen und erweckt meinen kleinen Freund da unten zum Leben. Sie saugt an Ihm und spielt mit Ihm, bis er explodiert und mir ein wunderschönes Gefühl bereitet.

06.00 Uhr morgens

Ich wache auf weil ich unbedingt auf die Toilette muss und stelle fest, dass ich nicht mit Grace im Bett liege sondern immer noch nur mit Unterhose bekleidet auf der Couch. „Spinne ich jetzt, das kann ich doch nicht geträumt haben; das war alles total real, ganz anders als ein Traum und trotzdem liege ich hier auf der Couch. Bin ich verrückt?" Nachdem ich kurz mein Geschäft auf der Toilette verrichtet habe lege ich mich zu Grace ins Bett, schmiege mich an sie und schlafe wieder ein. Nach einer gewissen Zeit bekomme ich plötzlich einen Stoß in meine Rippen und höre Grace schreien; „spinnst Du, was machst Du hier bei mir im Bett!"

Da wurde mir klar, dass in dieser Nacht irgendetwas Spezielles passiert war. Auf jeden Fall hatte Grace nicht diesen geträumten oder „was auch immer" Sex mit mir, sonst hätte sie anders reagiert. Im Moment ist es mit Sicherheit besser, nichts von meinem Traum oder was es auch war zu erzählen. Jedenfalls war alles so realistisch, realistischer hätte es gar nicht sein können und ich war bei vollem Bewusstsein.

08.30 Uhr

Wir frühstücken gemeinsam bei uns in der Lodge und jetzt erkenne ich, dass die Lodge mir sehr bekannt vorkommt. Der große offene Kamin, das schöne Bad, einfach alles. Zum Abschluss des Früh-stücks denke ich an den Champagner im Kühlschrank. Ein Gläschen davon würde unserem Kreislauf mit Sicherheit in Schwung bringen und es wäre auch der passende Einstieg für ein wunderschönes Wochenende. Ich gehe zum Kühlschrank um den Champagner zu holen, öffne Ihn und was sehen meine verdutzten Augen. Kein Champagner da. „Hey Grace, wo hast Du den Champagner aus dem Kühlschrank versteckt?" frage ich Sie ein bisschen genervt, da mir dieser Scherz von ihr jetzt doch auf den Keks ging.

„Welchen Champagner?" fragt sie verdutzt; und dem Tonfall Ihrer Stimme nach zu schließen weis sie wirklich nichts von einem Champagner im Kühlschrank.

„Strange", denke ich mir.

„Du Bill, das mit dem Champagner wäre doch eine super Idee, wenn wir morgen zum Frühstück ein Gläschen Champagner trinken. Lass uns doch schnell zum Supermarkt um die Ecke hier eine Flasche holen und kaltstellen, bevor wir auf die Piste gehen. Ist das okay?"

„Natürlich mein Schatz!"

18.00 Uhr.

Wir sind wieder in der Lodge zurück.

Der Tag war einfach nur wunderbar. Ein absoluter Traum, strahlend blauer Himmel, keine Leute auf der Piste und meterhoher Pulverschnee. Ich war ganz verwundert, dass Grace so gut Ski fährt, sogar im Tiefschnee. Obwohl ich ausgebildeter Skilehrer bin und während meines Studiums einige Kurse gab, musste ich mich anstrengen an ihr dran zu bleiben. So fuhren wir vormittags wie die Weltmeister um die Wette und waren mittags beide ziemlich erschöpft. Ich umso mehr, nachdem ich ja doch eine seltsame und kurze Nacht hatte. Grace machte natürlich auch wieder verschiedene Anspielungen wie „du Schlaffi, bist Du etwa schon müde; sollen wir eine Pause auf der Hütte machen?"

Ich war wirklich müde, da ich in letzter Zeit aufgrund des vermehrten Arbeitsanfalls nicht mehr soviel Sport wie früher getrieben hatte. Auch wenn Grace so tat, als wäre sie noch topfit habe ich irgendwie gespürt, dass sie unbedingt auch eine Pause auf der Hütte brauchte und sie sich nichts sehnlicher herbeisehnte als das. Wir mieteten uns beide einen Liegestuhl, stellten Ihn Richtung Sonne und genossen die warmen Strahlen auf unserer Haut. In der Sonne waren bestimmt gefühlte 20 plus Grade, wenn nicht noch mehr. Ich holte uns beiden ein Bierchen und eine riesen Cheeseburger mit Pommes. Es war einfach nur traumhaft. So auf dem Liegestuhl, ein schönes Glas kühles Bier, die Ruhe und der Riesenburger. Das Bier hatte schon nach kurzer Zeit eine gewisse Wirkung auf unseren Gemütszustand. Mein Kopf fühlte sich etwas beschwipst an und meine Beine, speziell meine Knie wackelten etwas. Ich bin ja nicht gerade der große Alkohol-Trinker. Vielleicht, dass ich jedes halbe Jahr einmal ein Bierchen zu mir nehme; von härteren Drinks wie Cocktails ganz zu schweigen. Der Alkohol machte sich auch bei Grace bemerkbar. Sie wurde immer redseliger und lockerer. Sie war richtig benebelt, dieses zarte Persönchen. Da es uns beiden einfach nur gut ging beschlossen wir, dass wir uns keinen Stress machen und hier solange sitzen bleiben, bis die Sonne weg ist. Es war, als würde die Zeit still stehen. Wir rückten unsere Liegestühle ganz eng zusammen, so dass wir uns beide umarmen und gegenseitig füttern konnten. Obwohl wir beide erwachsen sind haben wir heute gemerkt, wie viel Kind in uns beiden doch noch steckt, speziell als wir uns gegenseitig immer wieder fütterten oder uns gegenseitig den Bierschaum ins Gesicht bliesen. Es war ein Heidenspaß. Insgesamt hatte am Ende jeder von uns beiden 4 Bierchen intus, das sich in unseren Köpfen auch sehr bemerkbar machte. Wir alberten rum, küssten uns und brachten sogar gemeinsam einen Liegestuhl zum Zusammenbruch. Das war uns aber in diesem Moment ziemlich egal. Dieser Tag war einfach nur herrlich und ich fühlte mich wie im siebten Himmel. Ich glaube, dass es Grace genauso erging. Wir sind beide immer noch ganz groggy von diesem wunderschönen Tag. Müde sitzen wir uns in den Skiklamotten auf die Couch, umarmen uns und lassen einfach den Tag Revue passieren und lächeln. Nach einer halben Ewigkeit schreckt Grace hoch; wir waren beide vorübergehend eingenickt; sie möchte ins Bad zum Duschen. Jetzt hat sie es irgendwie eilig, geht es mir so spontan durch den Kopf. Sie springt wie von allen Geistern verlassen hoch und läuft ins Bad. Schon nach kürzester Zeit höre ich das Plätschern der Dusche. Ich schleiche mich ganz leise an die Badezimmertür heran und öffne sie langsam und vorsichtig, um Grace nackt sehen zu können. Hoffentlich merkt Sie es nicht, aber natürlich bemerkt sie mich und nur ein kurzes lautes „raus" erschallt im Raum.

„Na ja, irgendwann kommt schon die Zeit........".

Nachdem Grace fertig ist fordert Sie mich auf ins Bad zu gehen. „Du kannst jetzt rein und duschen, ich bin fertig!" höre ich sie nur kurz.

Ah, wie wohltuend kann doch manchmal eine schöne warme Dusche sein, speziell wenn die Beine und der Kopf etwas schwer sind. Ich könnte sogar unter der Dusche im Stehen einschlafen, so angenehm ist mir im Moment. Grace wird sich bestimmt schon wundern, warum ich so lange unter der Dusche brauche, aber ich genieße einfach dieses schöne beruhigende Gefühl der warmen Wasserstrahlen auf meiner Haut. Es kommt mir so vor, als könnte ich einen Regenbogen sehen, wenn das Badlicht mit einem gewissen Winkel auf die Wasserstrahlen einfällt. Ist so etwas möglich oder bilde ich mir das nur ein? Jedenfalls ist mir das beim Duschen bisher nie aufgefallen.

Nach bestimmt mehr als 40 Minuten verlasse ich die Dusche und ziehe mir den Bademantel über. Grace hatte schon den Kamin angeschmissen und sich davor platziert, nur spärlich mit Ihrem rosé-farbenen Bademantel bekleidet. Es war so ein knapper sexy Bademantel aus seidigem Material, der knapp über die Pobacken reichte und auch vorne nicht all zu viel verdeckte, so groß war der Ausschnitt bzw. so raffiniert hat Grace den Bademantel gebunden. Ich dagegen mit meinem hellblauen langen Baumwoll-Bademantel sah dagegen bestimmt ziemlich bieder aus. Grace war auf jeden Fall zum anbeißen süß. Der Raum war durch das offene Kaminfeuer schon sehr erwärmt. Fast schon zu warm, da ich es eigentlich zum schlafen lieber kühler habe; aber das war mir in diesem Moment, nachdem ich Grace so räkelnd vor dem Kaminfeuer vorfinde, mehr als egal. Grace hatte schon das Licht abgedunkelt und Kerzen angezündet und für eine sehr romantische Atmosphäre gesorgt. Viele Männer, und da gehöre ich auch dazu, haben einfach den urwüchsigen Wunschtraum, einmal Sex mit einer hübschen Frau auf einem Bärenfell oder was auch immer vor dem offenen Kamin zu haben. Sollte es jetzt so weit sein und mein Wunsch oder besser gesagt, meine Phantasien in Erfüllung gehen?

Grace holt mich schnell wieder auf den Boden der Tatsachen zurück. Wissen Sie, was sie zu mir sagt? „Nicht dass Du denkst, dass wir es hier jetzt vor dem offenen Kamin treiben; hier kann ja jeder durch unsere Fenster herein schauen".

Dieser Satz war ein Tiefschlag für mich. Wie konnte Grace es nur wieder in kürzester Zeit fertig bringen, mir diesen wunderschönen Tag zu versauen. Ich war drauf und dran mich anzuziehen um wieder nach New York zurück zu fliegen. Stinksauer lege ich mich auf die Couch, ziehe mir noch eine Unterhose und ein T-Shirt an und versuche einzuschlafen. Alle möglichen Gedanken schießen mir durch den Kopf. Warum macht Sie das, warum verhält sie sich so eigenartig? Aber schon nach kurzer Zeit siegt die Müdigkeit. Keine Ahnung wie spät es jetzt ist. Auf einmal schrecke ich wieder durch das Rütteln hoch wie in der Nacht davor. Und wissen Sie, was jetzt los war.

Grace stand wieder neben meinem Bett und bringt schon wieder den Spruch, „mir ist kalt, komm bitte in mein Bett und wärme mich".

Es ist genau wie die Nacht davor. Auch der Sex, einfach alles, bis aufs kleinste Detail. Als ich am nächsten Morgen aufwache liege ich wirklich mit Grace zusammen im Bett und ein benutztes feuchtes Taschentuch liegt neben dem Bett. Obwohl ich das Gefühl hatte, dass diese Nacht das gleiche passiert war wie letzte Nacht schien es diesmal wirklich passiert zu sein. Richtiger Sex mit Grace. Ich springe sofort hoch aus dem Bett und stürme zum Kühlschrank. Und die Flasche Champagner steht wirklich drin. Auf einmal wacht Grace auf, weil Sie bemerkt, dass ich nicht mehr neben Ihr im Bett liege.

„Hallo Schatz, wo bist Du? War die letzte Nacht nicht heiß für Dich?" macht Sie ganz bewusste Andeutungen.

Jedenfalls war ich mir jetzt sicher, dass es diese Nacht wirklich realer und echter oraler Sex mit Grace war. Ich konnte Ihr jetzt schlecht sagen, dass ich das gleiche Erlebnis mit Ihr im Traum oder was auch immer schon eine Nacht davor hatte, und zwar genauso intensiv oder sogar noch intensiver, weil ich wesentlich überraschter war. Letzte Nacht wusste ich ganz genau wie alles ablaufen würde und dadurch war die Spannung natürlich nicht so wie die Nacht zuvor.

„Abgefahren", denke ich. Ich erlebe eine Nacht zuvor genau das im Traum, was sich eine Nacht später in der Realität verwirklicht hat. Was mir in diesem Moment alles durch den Kopf ging war einfach unbeschreiblich.

Ich gehe langsam mit zwei eingeschenkten Champagnergläsern ins Bett zu Grace zurück. Wir prosten uns mit dem Spruch zu „auf uns". Und Grace überrascht mich wieder aufs Neue.

„Du warst ja diese Nacht dran, jetzt möchte ich kommen".

Mit einem gekonnten Griff zieht sie mir meinen Slip aus, spielt kurz mit Ihren Händen an mir unten herum bis mein Freund zur richtigen Größe angewachsen ist, stülpt eines meiner Kondome über und schwingt sich auf mich. Sie reitet mich sofort im wilden Galopp und es dauert keine 3 Minuten, bis wir gemeinsam kommen.

„Wir können doch hier deine Kondome nicht versauern lassen, war Ihr erster Spruch".

„Und Du bist eine richtige Rakete die gleich noch schneller kommt als ich" erwidere ich Ihr ironisch. „Du weist schon wie das gemeint ist, oder?"

„Na klar", das war einfach nur geil.

16. Februar 2006.

Es ist jetzt schon 12.00 Uhr mittags. Der Quickie am frühen morgen hatte Grace und mich so richtig geil und Lust auf mehr gemacht. So blieben wir den ganzen Vormittag im Bett und liebten uns und genossen den Sex. Selbstredend, dass wir meine beiden anderen Kondome noch aufbrauchten. Ich hätte doch noch ein paar Kondome mehr einstecken sollen; die hätten wir bestimmt auch noch aufgebraucht. Der Sex mit Grace war einfach himmlisch und wild. Sie wusste genau was Männer brauchen ohne selbst dabei zu kurz zu kommen. Es war genau die richtige Mischung aus Dominanz und fallen lassen, die ich bisher bei keiner Frau finden konnte. Und jetzt hatte ich sie gefunden. Die perfekte Frau für mich. Hübsch, intelligent, bescheiden, heiß und geil im Sex und in mich verliebt. Ich war einfach nur neugierig wo es mit uns beiden hingehen sollte; wollte mir darüber aber keinen großen Kopf machen, da bisher in meinem Leben immer alles gut gelaufen war. Jedenfalls ist Grace genau die Frau, die ich anscheinend brauche. Wir stehen auf und packen langsam unsere Sachen.

„Schade, dass das Wochenende schon wieder vorbei ist, ich hätte mit Dir noch ewig im Bett bleiben können", höre ich Grace im Hintergrund.

„Ich bedaure es auch, dass wir schon zurück müssen. Aber unser Flugzeug geht in 4 Stunden und wir müssen uns noch zum Flughafen bringen lassen. Jedenfalls ist es einfach traumhaft mit Dir, Grace."

Wir kommen erst kurz nach Mitternacht wieder in New York an, total müde und überglücklich. Und Grace bittet mich glatt, bei Ihr zu übernachten. Nach Sex ist uns aber beiden im Moment nicht zumute. Grace stellt pflichtbewusst den Wecker auf 06.00 Uhr morgens, damit wir beide nicht zu spät zur Arbeit kommen.

17. Februar 1998

Das unbarmherzige Klingeln des Weckers lässt uns beide hochschrecken. Verliebt schauen wir uns in die Augen und geben uns einen Guten-Morgen-Kuss.

„Ich fühle mich total gerädert, geht es Dir genauso? Grace, lass uns heute blau machen und einfach noch eine Runde im Bett bleiben".

„Bill, das geht nicht. Ich muss die komplette Woche auf Fortbildungsseminar und wir können uns erst nächsten Montag wieder sehen. Ich freue mich schon so auf unser Wiedersehen. Hier hast du einen Wohnungsschlüssel, so kannst Du noch ein bisschen Ausschlafen, wenn Du willst".

Grace ist wirklich rührend. Plötzlich ist sie viel weicher als zuvor und viel lieblicher. Kamen am Anfang doch öfters dumme markige Sprüche, so war sie jetzt wie ein Engel. Mir war nach diesem Wochenende klar, dass ich diese Frau liebe. Als ob Sie meine Gedanken lesen könnte stürmt sie zu mir ans Bett, umarmt mich und flüstert mir zu „ich liebe Dich über alles. Du bist der Mann den ich gesucht habe und den ich immer wollte".

Plötzlich gehen sämtliche Gefühlswallungen mit mir durch und meine Tränendrüse macht sich bemerkbar. Dicke große Tränen kullern meine Backen hinab und das gleiche Schicksal ereilt auch Grace. Wir liegen uns in den Armen und weinen beide gemeinsam und finden es auch noch schön.

„Weist Du, zwischen uns ist etwas Magisches. Ich wusste schon im Harrys, dass Du genau der richtige Mann für mich bist. „Dieses Gefühl, dass es mit uns beiden so ernst ist habe ich eigentlich erst seit heute morgen, aber ich weis, dass ich Dich liebe".

„Du weist das doch auch schon länger, aber manchmal habe ich Dich mit meinem Verhalten und meinen Äußerungen einfach ein wenig verwirrt und aus der Fassung gebracht, ist es nicht so? Ich wollte Dich einfach testen, wie weit ich bei dir gehen kann. Sei mir bitte nicht böse. Ich war vom ersten Abend an hemmungslos verliebt in Dich".

Sie traf mit Ihrer Äußerung genau den Nagel auf den Kopf. Ihre blöden Kommentare hatten mich einerseits teilweise böse verletzt, andererseits haben sie mich auch verwirrt und angestachelt. Grace war einfach anders und Sie wusste, wie sie absolute Reizpunkte bei mir setzen konnte. Es war für mich ein Gefühl, das ich noch nicht kannte und trotz der Beleidigungen fühlte ich mich immer mehr zu ihr hingezogen. Nicht dass ich masochistisch veranlagt sei, aber so wie sich Grace mir gegenüber verhielt machte sie sich einfach interessanter und undurchschaubarer, mystischer für mich.

„Ich liebe Dich auch über alles, Grace".

„Gut, dann lass uns doch zusammenziehen. Ich möchte sowieso raus hier aus dieser Wohnung und auch raus aus New York. Am liebsten würde ich nach Kalifornien. Was hältst Du davon?"

„Spinnst Du, wir kennen uns doch gerade erst eine Woche. Bist du Dir wirklich sicher, dass du mit mir dort hin willst?"

„Tausend Prozent sicher!"

Ich schnappe nach Luft wie ein Fisch im Trockenen. „Da kann ich schwer dagegen ankämpfen, wenn die Antwort mit so einer Bestimmtheit wie aus der Pistole geschossen kommt".

Aber irgendwie habe ich dieses Gefühl, dass es genau richtig ist was wir beabsichtigen zu tun.

Nach diesem gefühlsgeladenen Geständnis packt Grace Ihre Sachen für eine Woche zusammen, verabschiedet sich von mir, gibt mir noch den Wohnungs- und Haustürschlüssel, einen kurzen Kuss auf den Mund und die Backe und weg ist sie. Ich bin noch ganz aufgewühlt und verwirrt und kann es gar nicht glauben, was wir soeben besprochen haben. Aber irgendwie kann ich mich mit diesem Gedanken ganz gut anfreunden. Spontanität und verrückte Dinge zu machen liegt mir irgendwie im Blut. Wenn ich von etwas überzeugt bin, gibt es kein Halten mehr für mich. Ich schaue auf meine Uhr, einen schönen Chronographen einer Schweizer Nobelfirma und es ist ein paar Minuten nach sieben. Jetzt kann ich sowieso nicht mehr schlafen; ich bin viel zu irritiert; wasche mich schnell, ziehe mich an und beschließe heute doch in die Arbeit zu gehen. Für mich galt ja immer der Spruch „wer feiert, der kann auch arbeiten". Und dieser Spruch macht sich in meinem Bewusstsein jetzt stark bemerkbar. Langsam sehe ich erst, wie schön Graces Wohnung eigentlich ist. Eine drei Zimmer Mansardenwohnung, bestimmt an die 70m² und das mitten in New York. Graces Wohnung ist zweifellos schöner als mein Appartement und alles tipp top sauber. Ich kann mir kaum vorstellen, dass sie das alles wegen mir und Kalifornien aufgeben möchte. Ihre Wohnung lässt aufgrund der Einrichtung, der Sauberkeit und der peniblen Ordnung eher darauf schließen, dass sie ein sicherheitsorientierter Mensch ist, der mit beiden Beinen im Leben steht. Wenn Sie mir dann so einen Vorschlag macht, dann muss der Entschluss für Sie wirklich feststehen. Ich frühstücke noch schnell einen Muffin, einen Donut und eine Tasse Kaffee mit Milch. Was anderes war bei Grace leider nicht mehr aufzutreiben.

Kurz nach halb neun schwinge ich mich in mein Auto und bin in wenigen Minuten in meinem Büro. Meine Kollegen, speziell Hugo wundern sich, dass ich die gleichen Klamotten wie letzten Freitag trage, da das bei mir nie vorkommt.

„Muss ja ein heißes Wochenende gewesen sein", höre ich von ihm kurz. „War es heiß?" fragt er mich nochmals zur Bestätigung, weil ich auf seine Bemerkung nicht reagiere.

„Und ob, es war heißer als Du dir vorstellen oder sogar erträumen kannst".

Jetzt wollte Hugo natürlich mehr wissen und er quetscht mich aus wie eine Zitrone. Hier in der Firma wurden wir professionell geschult, alle Informationen von unseren Kunden im persönlichen Gespräch zu bekommen um sie bestmöglich beraten zu können. Und in diesen Schulungen hatte Hugo offensichtlich bestens aufgepasst, denn er wollte wirklich alles wissen und lies nicht mehr locker. So kam es, dass er binnen 15 Minuten wirklich fast alles, aber wirklich nur fast, über das Wochenende und meine große Liebe Grace wusste. Den heißen Sex und die ganz intimen Dinge habe ich Ihm gegenüber natürlich nicht erwähnt. Das wäre dann doch eine Spur zu weit gegangen. Hugo konnte seinen Ohren kaum trauen. „Du bist wirklich verliebt, mal schauen wie lange es Du mit Ihr aushältst?"

In der Firma war ich eigentlich als der typische Yuppie und Aufreißer bekannt, der Frauen aus den Szenelokalen abschleppt oder höchstens mal so zwei oder drei Monatsgeschichten eingeht. Zum Glück habe ich Hugo noch nichts von unseren Kalifornienplänen erzählt, sonst wüsste es innerhalb weniger Minuten die ganze Firma, und ich hätte sehr schnell meinen Arbeitsplatz verloren.

„Und wann seht Ihr Euch wieder?" werde ich von Hugo weiter gelöchert.

Ich erkläre Ihm, dass sie jetzt die ganze Woche auf Seminar sei und die früheste Möglichkeit erst nächsten Montag sein wird. Natürlich kann ich es kaum erwarten sie wieder zu sehen. Eine Woche kann schließlich verdammt lange sein.

„Du Bill, wir vom Börsenclub gehen morgen alle auf eine Faschingsparty. Im Central Park ist morgen die Hölle los. Gehst du mit? Alle anderen aus unserer Abteilung haben schon zugesagt. Wir machen morgen mittags frei, arbeiten das dafür aber im Laufe der Woche wieder rein. Es dürfte Dir ja nichts ausmachen, da Du deinen Hasen ja sowieso nicht treffen kannst. Okay?"

„Okay ich bin dabei. Wie kommen wir morgen denn dort hin?" frage ich.

„Wir fahren alle mit der Metro. Bei dem Treiben bekommst du morgen garantiert nirgends einen Parkplatz, außerdem wäre das Auto mit Sicherheit in Gefahr. Wer weis, welche Idioten sich in dieser ausgelassenen Karnevalsstimmung alles rumtreiben.

„Verkleidet Ihr euch?" Mittlerweile war die ganze Crew um Hugo herum versammelt. Die Antwort ist ziemlich einstimmig ja. Zu echtem Karneval gehört auch, dass man sich verkleidet. Im Moment fällt mir zwar noch nichts ein, aber irgendwas werde ich in meinem Kleiderschrank schon noch aufstöbern. Hauptsache ist, dass ich lässig ausschaue. Clown, Dracula oder Cowboy; das ist mir einfach zu albern und zu lächerlich. Da würde ich mir ein bisschen wie ein Idiot vorkommen.

18. Februar 13.00 Uhr

Ich konnte doch noch etwas für heute Nachmittag in meinem Schrank finden. Alle kamen schon verkleidet in die Arbeit. Am Faschingsdienstag macht auch unser Boss hier einmal eine Ausnahme. Und als was kam unser Boss? Als Clown. Besser hätte er es nicht treffen können, denn manchmal ist er wirklich der größte Clown oder besser gesagt Hampelmann in der Firma. Er ist so naiv, dass er vieles gar nicht mitbekommt; aber wahrscheinlich führt er deshalb so ein lockeres Leben und ist vom menschlichen her der beste und lockerste Chef, den man sich vorstellen kann. Ich konnte in meinem Schrank noch eine alte verschlissene Lederjacke und Mokassinstiefel finden. Ein breites Stirnband, eine alte zerrissene Jeans, eine Sonnenbrille mit großen Gläsern und fertig war mein „Easy Rider Look" aus den frühen Siebzigern. Peter Fonda sah gegen mich richtig harmlos, wenn ich mich so vor dem Spiegel stelle. So ein lässiger Look! Der steht mir. Und schon höre ich die Stimme von Hugo hinter mir.

„Hey du cooler Hund, die Klamotten stehen Dir richtig gut. Wenn ich nicht wüsste, dass Du es bist, ich könnte es kaum glauben!" Hugo kam natürlich als „Möchtegern-Cowboy". Genau so, wie ich nicht ausschauen wollte. Zum Glück konnte ich mir einen Kommentar verkneifen. Hugo wäre sonst stinksauer gewesen. Als gebürtiger Schweizer kann er es nicht haben, dass man Ihn kritisiert. Die Gruppe war vollständig. Clowns, Cowboys, Vampire und einer kam als Skelett. Genau so, wie ich mir es gedacht hatte. Hauptsache irgendein ein Kostüm, auch wenn jeder so rum läuft. Ich wollte in meinem ganzen Leben nie mit anderen vergleichbar sein. Es war wieder so, als ob ich es schon vorher wusste, welche Verkleidung die anderen tragen werden. Nur beim Skelett war ich etwas überrascht. Das war aber ein BWL Student, den ich noch nicht kannte.

„ Du hast wenigstens noch Kreativität" lasse ich Ihn wissen.

Wenn man sich die Verkleidungen meiner Kollegen anschaut kann jeder mit ein wenig Menschenkenntnis auf deren Kreativität zurück schließen, nämlich gleich null. Im Moment spukt mir wieder so eine Idee herum, die ich laut gar nicht aussprechen möchte. Die größte Verkleidung ist wahrscheinlich unsere Arbeitskleidung. Top Anzug, Krawatte, handgefertigte Pferdelederschuhe, alles vom Feinsten. Nur sind das wir? Entspricht das wirklich unserem Ich oder ziehen wir die „Berufskleidung" nur an um andere Menschen zu manipulieren? Manchmal komme ich wirklich auf die merkwürdigsten Gedanken.

Meistens, wenn ich einfach so vor mich hin träume. Oft kommen mir aber gerade in diesem Zustand die besten Geistesblitze. Warum das so ist, sollte ich erst später in meinem Leben erfahren.

Wenn wir uns hier verlieren wären die Chancen gleich null, dass wir uns wieder finden. Viele hatten auch demonstrativ Ihr Handy in der Arbeit gelassen um zu zeigen, wir haben frei. Sie können sich sicher vorstellen, wie oft das Handy eines guten Börsenmaklers läutet? Ununterbrochen, d.h. bestimmt dreißig Mal pro Stunde, wenn man für jedes Gespräch max. zwei Minuten einkalkuliert. Es gibt kaum Zeiten, in denen das Handy eine Sekunde still steht. Das ist die Schattenseite an diesem Beruf; dafür ist er unwahrscheinlich spannend, abwechslungsreich und man kann eine Stange Geld verdienen. Wir bewegen uns langsam im Rhythmus der Menschenmassen Richtung Rolltreppen. Hugo passt auf, dass wir uns nicht verlieren. Nach einer halben Ewigkeit kommen wir endlich an der Rolltreppe an. Die Stimmung wird bei allen sichtlich besser und wir können auch schon die ersten Besoffenen sehen und auch grölen hören. Es ist für mich das erste Mal, dass ich am Faschingsdienstag in den Central Park zum Feiern gehe. Ich hatte darüber zwar schon sehr viel gehört und auch viel Gutes, aber dass soviel los sein würde, das hätte ich nie geglaubt. Als wir oben an der Rolltreppe ankommen kann ich meinen Augen kaum trauen. Wir stehen leicht erhöht und ich überblicke ein Menschenmeer von bestimmt ein paar Hunderttausend Leuten. Gigantisch. So etwas hatte ich noch nie gesehen. Überall Musik, Burgerbuden, Zelte, an denen Alkohol ausgeschüttet wird und natürlich diverse Bands, die leicht erhöht auf diesen Holzbühnen stehen und Ihre Musik zum Besten geben. Und die ganze Masse bewegt sich im Rhythmus der Musik.

Pete, einer der ruhigsten in unserer Abteilung wird plötzlich richtig lebhaft und schreit „wir wollen Bräute sehen!"

So kannte ich Ihn gar nicht. Von Ihm hörte man nie etwas über Frauen geschweige denn, dass über Ihn etwas erzählt wurde. Pete hat ein Clownkostüm an und die Haut ganz hell geschminkt, so dass man nicht erkennen kann, wie hässlich er eigentlich wirklich ist mit seinem pockennarbigen Gesicht. Unsere Gruppe geht geschlossen zur nächsten Burgerbude rüber. An Essständen werden leider keine alkoholische Getränkt ausgeschenkt. Der nächste Getränkestand ist keine 5m entfernt und ich mache mich gleich auf den Weg, um für mich ein Bierchen zu holen. Kaum bin ich dort werde ich schon von zwei heißen Mäuschen, die einiges intus haben angesprochen.

„Hey Süßer, wie heißt Du denn? Möchtest Du bei uns bleiben, wir sind ja so alleine!" Direkter hätte die Anmache nicht sein können und Hugo hat natürlich alles mitbekommen. Schon ist er da und steht Gewehr bei Fuß. Die beiden Mädels schauen sehr appetitlich aus. Beide als Playboyhäschen verkleidet mit heißer schwarzer Spitzenunterwäsche, Strapsen und darüber nur einen Mantel aus Pelzimitat. Und natürlich öffnen Sie diesen und zeigen mir sofort Ihre Brüste und Ihre Strapse. Noch vor zwei Wochen hätte ich mich hier an den beiden sicherlich bedient, aber dann kam ja Grace dazwischen....

Und obwohl ich jetzt hier bin fehlt sie mir. Ein eigenartiges Gefühl, dass ich sogar jetzt an sie denke. Hugo ist nicht so sehr der Frauentyp und da ich mit den beiden nichts machen will und kann beginne ich, Hugo den beiden anzupreisen. Und verkaufen, das liegt mir im Blut. Da macht sogar sein dummes Cowboy-Kostüm keine Schwierigkeiten. Was ich alles von Hugo erzähle geht eigentlich über keine Kuhhaut. Aber der Alkohol und mein Verkaufstalent bewirken bei den beiden Häschen richtige Wunder, so dass sie sich mehr um Hugo kümmern. Und Hugo fühlt sich glatt wie im siebten Himmel. Die beiden wären für mich ein leichtes Futter gewesen, aber so wird Hugo bestimmt noch viel Spaß haben. Ich zische schnell mein Bierchen rein und mache mich auf den Weg nach Hause. Ich merke, dass ich diesen ganzen Rummel und das „Angemache" im Moment nicht brauchen kann.

Ich denke die ganze Zeit nur an Grace und was wäre ich froh, wenn Sie jetzt hier wäre.

21.00 Uhr

Das Telefon läutet. Und wer ist dran? Grace natürlich.

„Kontrolle!" ruft sie ins Telefon. „Ich will nur schauen ob Du zu Hause bist und keine Dummheiten machst! Das ist natürlich ein Scherz, aber Du fehlst mir, Liebling", höre ich Sie mit melancholischer Stimme.

Und ich erzähle Ihr, dass ich noch gute Chancen habe beim weiblichen Geschlecht, aber dass ich wegen Ihr alle abblitzen lasse. Ich erzähle Ihr auch von Hugo, wie ich Ihm die beiden Playboy-Häschen zugeschanzt hatte und dass die beiden eigentlich mich wollten. Grace hörte sich zuerst ein wenig misstrauisch an aber warum hätte ich sie anlügen sollen? Ich bin ja zu Hause und sie fehlt mir wirklich. „Grace, ich liebe Dich und ich freue mich so sehr, wenn wir uns nächsten Montag wieder sehen. Ich kann es kaum erwarten."

„Mir geht es genauso, mein Schatz. Das Seminar ist stinklangweilig und das, was wir die letzten zwei Tage gelernt haben hätte man auch an einem halbe Tag schaffen können". Wir hängen noch endlos am Telefon und lassen unseren Gefühlen freien Lauf.

„Du Grace, jetzt ist es 23.00 Uhr. Wir haben wirklich mehr als lange telefoniert".

Ich kann es nicht haben, wenn jemand die ganze Zeit am Telefon hängt und sich ständig wiederholt. Auch wenn es Grace ist. Das liegt wahrscheinlich an meinem Beruf, weil ich dort gezwungen bin, kurz und alles auf den Punkt bringend zu argumentieren. Ein wenig Gefühlsduselei ist ja ganz schön, aber keine zwei Stunden. Ich bin mir sicher, dass Grace noch ewig so hätte weitermachen können. Das liegt denke ich in der Natur des Menschen, dass Frauen einfach länger telefonieren und auch über Ihre Gefühle sprechen können. Warum das so ist, habe ich aber noch nie hinterfragt. Das hatte mich bis jetzt auch ehrlich gesagt nicht interessiert.

19. Februar 1998, 10.00 Uhr

Hugo trudelt langsam verspätet in der Arbeit ein. Er hat diesen seltsamen Glanz in seinen Augen. Da ist mir sofort klar, dass er letzte Nacht einiges erlebt hatte und er bestimmt davon erzählen wird. Damit war der Vormittag dann doch gerettet. Es war telefonisch nämlich tote Hose. Wahrscheinlich hatten gestern zu viele gefeiert. Börsentechnisch gesehen tut sich am Aschermittwoch gewohnheitsmäßig sehr wenig, so dass es auch unserem Boss egal war, dass Hugo zu spät kam. Aber jeder aus der Abteilung, die gestern dabei waren, wollten jetzt endlich die Story von Hugo hören, was denn mit den beiden Playboy-Häschen noch los war. Hugos Antwort ist kurz und knapp. „Ein Gentleman schweigt, aber es war affengeil. Ihr könnt Euch gar nicht vorstellen, was die alles mit mir gemacht hatten".

Ich schaue mir Hugo näher an, blicke in seine Augen und kann genau sehen, was die beiden „Häschen" mit Ihm angestellt hatten. Unglaublich. Er hatte wirklich eine sehr heiße und anstrengende Nacht hinter sich, um die Ihn die meisten Männer beneiden können. Bewundernswert ist, dass er darüber schweigen kann. Das zeigt doch von einer gewissen Klasse und Stil, den Hugo zweifellos hat. Viele Männer hätten hier groß rumgeprahlt, aber das war nicht Hugos Art. Hugo kommt kurz auf mich zu, umarmt mich und bedankt sich leise bei mir, so dass Ihn die anderen nicht hören können.

„Danke Du Rocker, das war die heißeste Nacht in meinem Leben. Die werde ich so schnell nicht mehr vergessen".

„Nichts zu danken, für Freunde tut man so etwas doch gerne", ist meine kurze Antwort.

Von diesem Tag an sollte Hugo nicht mehr als der biedere Saubermann bei WBC gelten, sondern als ein richtiger Typ, der auch mal die Sau raus lassen kann. Diese Nacht hatte Ihm sichtlich Selbstvertrauen gegeben. Ich bin neugierig, wann Hugo endlich eine passende Frau für sich findet. Nach diesem Erlebnis wird es für Ihn bestimmt leichter.

24. Februar 1998 18.00 Uhr

Endlich ist es soweit. Heute kommt Grace von diesem „dummen Seminar" wieder zurück. Mein Herz schlägt wie verrückt. Ich habe Ihre Wohnung schon dementsprechend präpariert; an jeder Wand rote Herzen mit dem Spruch „ich liebe Dich", auf dem Bett ein riesiges rotes Kissen in Herzform mit der gleichen Aufschrift, überall Kerzen für ein romantisches Licht sowie Räucherstäbchen für den passenden Duft. Und das wichtigste: 26 tiefrote Rosen. Die dürfen natürlich nicht fehlen. Ich verdunkle die Wohnung so, dass Grace zuerst nichts sehen kann, dann aber total überrascht wird. Ich sperre extra noch die Wohnung von innen ab, so dass Grace denkt, ich sei nicht da. Schon 5 Minuten später höre ich den Schlüssel im Schlüsselloch. Ganz behutsam sperrt Grace die Türe auf. Ich verhalte mich ruhig, so dass Grace mich nicht bemerken kann. Langsam tritt sie in die Wohnung ein, schaltet das Licht an und sieht voller Erstaunen die ganzen Herzen. Schon komme ich angeschossen und falle Ihr um den Hals und küsse sie leidenschaftlich. Und sie erwidert meinen Kuss und verstärkt sogar die Intensität. Unser Kuss ist von der Intensität und der Dauer absolut rekordverdächtig für das Guinnessbuch der Rekorde. Erst jetzt bemerkt sie meine tiefroten Rosen.

„Du bist ja wahnsinnig lieb mein Schatz, ich liebe dich über alles und Du hast mir so gefehlt", und ich bemerke wie Freudentränen Ihr zartes Gesicht herab kullern.

„Nicht weinen Schatz, ich liebe Dich auch über alles". „Komm, ich hole schnell Deinen Koffer rein".

Grace geht ins Wohnzimmer und bemerkt die vielen Kerzen. Sie zündet einige der Kerzen an und sorgt für romantisches Licht, außerdem die Räucherstäbchen und legt langsame Soulmusik ein. Ich setze mich zu Ihr auf die Couch und sofort fällt sie über mich her und wir küssen uns wild und leidenschaftlich. Ganz langsam im Rhythmus der Musik schält sie sich aus ihrer Bekleidung bis sie nur noch in Strapsen vor mir steht. Wie schön sie einfach ist. Und dann haben wir den liebevollsten, langsamsten, genussvollsten und zärtlichsten Sex, den man sich vorstellen.

23.00 Uhr

Wir hatten uns fast vier Stunden geliebt. Auf die Idee noch etwas Abend zu essen kam keiner von uns. Durch unsere intensive Liebe hatten wir beide keinen Hunger, obwohl wir nur gefrühstückt hatten. Unsere Zweisamkeit war uns einfach wichtiger als etwas zu essen. Ganz behutsam bläst Grace die Kerzen aus, lächelt ständig zu mir rüber, während ich die verbrannten Räucherstäbchen im Mülleimer entsorge. Danach gehen wir mit einem unbeschreiblichen Glücksgefühl ins Bett, kuscheln uns aneinander, streicheln uns gegenseitig nochmals ganz zärtlich durch die Haare und schlafen ein.

25. Februar 1998, 19.00 Uhr

Heute Abend kommt Grace das erste Mal in meine Wohnung. Ich habe eine Schnitzeljagd mit verschiedenen Prüfungen in meiner Wohnung für Grace präpariert; Genau 8 Stück an der Zahl. Die 8 steht für die Unendlichkeit und nach der letzten bestandenen Prüfung wartet der Verlobungsring als Geschenk auf Grace. Mal schauen ob sie alles mitmacht. Wenn sie meine Frau fürs Leben ist, dann möchte ich schon wissen was sie kann und ob sie mir gewachsen ist. So wie ich sie bisher einschätze macht sie mit. Es läutet Punkt 19.00 Uhr. Grace fällt mir sofort um den Hals, küsst mich wie wild und möchte sofort wissen, mit welcher Überraschung ich sie ködere.

„Mein Schatz, die Überraschung musst du dir erst verdienen".

„Okay, was soll ich tun, ich bin bereit!"

Dann erkläre ich Ihr die Spielregeln und zwar, dass Sie 8 Prüfungen bestehen müsse und dann würde etwas ganz besonderes auf sie warten.

Zuerst ist Ihre Antwort „du tickst ja wohl nicht ganz richtig", aber als ich ihr kurz und prägnant einfach „doch" auf diese Suggestivfrage mitteile ist sie mundtot. Und ich hatte mir wirklich Dinge ausgedacht, wenn sie die macht, dann liebt sie mich wirklich und hat die Belohnung mehr als verdient. Vom Arbeiten am Computer, über Wohnung sauber machen, strippen und in meine Klamotten wechseln und noch so ein paar Aufgaben. Grace leistet jede Aufgabe mit vollstem Einsatz und Bravour. Jetzt hat sie nur noch eine entscheidende Aufgabe vor sich. Sie muss sich von mir die Augen verbinden lassen und absolut vertrauen, wo ich sie hinführe. Ich führe sie in meinen dunklen Keller, habe schon eine Flasche Champagner an der Hand und kommandiere sie jetzt mit folgenden Worten herum. Kalt, falls sie sich von dem zu findenden Gegenstand wegbewegt bis zu warm, wärmer und heiß. Ich denke, sie kennen dieses Spiel. Für Grace erschwere ich den letzten Stepp noch mit Absicht und füge ganz heiß hinzu. So steht sie barfuß und mit verbundenen Augen im dunklen kalten Keller ganz knapp vor der kleinen Schatulle mit dem Verlobungsring und ich lasse sie noch ein wenig zappeln und herumirren. Nach 5 Minuten wird es mir dann auch zu viel und ich sage heiß, heißer und sie kann die Schatulle ertasten. Sofort macht sie die Schatulle auf, reist die Augenbinde runter, ohne dass ich eigentlich das okay gegeben hatte und sieht den gold/weißgoldenen Verlobungsring, der mit einem schönen Diamanten besetzt ist. Und jetzt beginnt sie Ihr Spielchen.

„Und, ich höre..."

Tja, dann muss ich wohl Farbe bekennen und ganz kleinlaut mit einem verschmitzten Lächeln frage ich Grace, „willst Du Dich mit mir verloben?"

Sie fällt mir mit Tränen um den Hals und kann nur noch stammeln „...ja".

Mir rollen die Freudentränen über beide Backen. Ich öffne die Flasche Champagner und wir beide gehen mitten im Winter ganz spärlich bekleidet und dazu noch barfuß auf die Straße und stoßen auf unser Glück an. Ach was ist die Liebe doch schön. Ich bin so glücklich, dass ich meine Frau fürs Leben gefunden habe und weis, dass wir zusammen alles erreichen können. Grace hat es mir ja soeben bewiesen, dass sie bereit ist, alles für mich zu machen. Wir leeren in weniger als 20 Minuten die Flasche Champagner und sind ziemlich benebelt. Das hält Grace aber nicht davon ab mir mitzuteilen „so mein Liebling, dann können wir ja zusammen nach Kalifornien!"

Und mit welcher Ruhe sie das sagt, obwohl sie einiges intus hatte, oder war es gerade deswegen. Ich wollte im Moment noch nicht mein gewohntes Leben, das ich sehr schön fand, aufgeben, aber wenn ich bedenke, dass ich mit Grace zusammen ein schönes kleines Häuschen direkt am Meer haben könnte, und dann noch im warmen und sonnigen Kalifornien? No risk no fun.....

25. Februar 1998

Grace meint es wirklich ernst. Sie hat alle Zeitungen von L.A. und der Umgebung besorgt; wirklich alle. Stellenanzeigen, Häuser, Wohnungen en Maße. Jetzt war ich mir sicher, dass wir nicht mehr lange in New York sein werden. Was kann uns schon passieren? Grace hatte eine Top-Ausbildung und immer nur die besten Zeugnisse; und ich war der Jahrgangsbeste von Harvard und der beste Broker bei WBC. Uns werden sie mit Kusshand in Kalifornien empfangen.

27. Februar 1998

Heute teile ich meinem Boss John Hawk den Entschluss mit, dass ich nach Kalifornien gehen werde, sobald Grace und ich dort Arbeit und das passende Haus gefunden haben. Oft hatte ich das Gefühl, dass John ein Hampelmann oder Clown sei. Meine Vorurteile erwiesen sich komplett als falsch. Ich hatte John kräftig unterschätzt, denn was er mir jetzt anbot war einfach genial. Auf diese Idee wäre nicht einmal ich gekommen.

„Bill, Du bist unser Top-Broker, ich verstehe, dass Du mit Deiner Verlobten nach Kalifornien willst, auch wenn ich das alles für etwas übereilt halte. Ich möchte Dich nicht verlieren. Hast Du Lust bei unserer Tochterfirma LABC (= Los Angeles Broker Club) zu arbeiten und als freier Berater für WBC. Du könntest Dir dann gleich Deine eigene Firma aufbauen und das wünscht Du dir doch!" John hatte damit den Nagel genau auf den Kopf getroffen. Genau das wollte ich. Selbständig sein und doch abgesichert. Etwas Besseres hätte mir nicht passieren können.

„Weist du, warum ich das für Dich tue, Bill. Weil Du dir dieses Glück einfach verdient hast und Du in diesem Markt der Beste bist, den ich kenne. Wir können es uns nicht leisten, Dich zu verlieren. Falls Du Dich entschließt nach Kalifornien zu gehen ist hier die Adresse und Telefonnummer von Ruppert Bedford. Er ist der Chef vom LABC und Du kannst dich auf mich beziehen. Nenn Ihm einfach meinen Namen; dann ruft er bei mir an, erkundigt sich über dich und wird sich nach seiner Auskunft händeringend um dich bemühen. Denn jeder Chef kann froh sein, wenn er so ein Pferd wie dich im Stall hat".

Ich war mir im Moment zwar nicht sicher, ob John hier etwas zu dick aufträgt und mir zu viel verspricht. Jedenfalls hörte sich das ja mehr als vielversprechend an.

01. März 1998

Irgendwie hatte es sich in der Firma rumgesprochen, dass ich mit Grace nach Kalifornien gehen werde. Hugo, Pete und Max, alle aus meiner Gruppe stehen vor meiner Bürotür und wollen mich sprechen. „Bill, ist das wirklich wahr? Du kannst uns doch nicht einfach verlassen. Wir brauchen dich doch. Jetzt wo wir erst vor 2 Monaten den Club gegründet hatten und es so gut läuft" ruft mir Max rein.

„Mein Entschluss steht fest!"

„Bill hat es böse erwischt. Seine neue Flamme hat Ihm voll den Kopf verdreht. Er ist im Moment gar nicht zurechnungsfähig". Ich höre wie Hugo das Pete zuflüstert.

„Du kannst uns doch nicht wegen einer Frau verlassen, die Du gerade mal 2 oder 3 Wochen kennst. Das gibt es doch nicht. Ehe Du dich versiehst seid Ihr wieder auseinander und Du bist alleine in Kalifornien. Ist es das, was Du möchtest?" ist Pete außer sich.

Er kann Liebe auf den ersten Blick einfach nicht verstehen. Dazu ist er viel zu rational. Die anderen kannten mich zwar bisher auch als rational aber auch manchmal als „crazy". Von Ihrer Logik her ist so etwas unmöglich, was ich gerade mache. Die drei schließen sich zusammen und bieten mir eine Wette an. „Bill, wir glauben nicht, dass Du in 6 Monaten noch mit Grace zusammen bist. Wenn doch, bekommst Du von uns eine Kiste besten Champagner und kannst Grace heiraten, gehst Du darauf ein?"

„Natürlich gehe ich darauf ein".

09. März 1998

Grace hat für heute einen Flug nach L.A. gebucht. Mit unglaublicher Akribie hatte sie in den letzten Tagen Termine vom 10.-12. März bei verschiedenen Immobilienmaklern vereinbart, um diverse Häuser und Wohnungen anzuschauen. Sie hatte einiges an Erspartes, ich hatte gutes Geld zurückgelegt und außerdem wusste Grace durch mich natürlich den Inhalt des Gesprächs mit John. So drängte mich Grace, sofort bei Ruppert Bedford anzurufen und einen Termin zu vereinbaren. Und der früheste mögliche Termin war der 10. März. Unsere Immobilienplanung wollten wir von dem Gespräch mit Ruppert Bedford und den Gehaltszahlen abhängig machen. Hier sind Grace und ich doch sehr vernünftig und planen sehr genau.

10. März 1998

Wir sind gestern Abend in L.A. angekommen und Ruppert Bedford hatte sich bei John schon über mich erkundigt. Sonst hätte er sich kaum bereit erklärt, die 3 Nächte für Grace und mich im Wilshore Beverly Wilshore, einem der teuersten Hotels in Beverly Hills zu bezahlen. Ich weis nicht, was John über mich erzählt hatte; jedenfalls musste es einen gehörigen Eindruck bei Ruppert Bedford hinterlassen haben.

„Viel Glück bei deinem Termin heute".

Grace umarmt mich nochmals und gibt mir einen ganz dicken Kuss auf die Backe.

„Heute schlägt die Stunde der Wahrheit ob unser gemeinsamer Traum von Kalifornien sich erfüllen wird".

Ich ziehe extra meinen braunen Nadelstreifenanzug, passendes ecru-farbenes Hemd und meine braunen italienischen Designerschuhe an. Vom Optischen her kann mir kaum einer etwas vor machen, auch wenn in L.A. die Leute lässiger angezogen sind als in New York. In New York laufen knapp 90% der Businessleute in grauen oder dunkelblauen Wollanzügen durch die Gegend. Hier in L.A. sieht man mehr Braun-, Beige- oder Weißtöne. Und viele tragen hier sportliche Baumwollanzüge. Wahrscheinlich wegen dem Klima, weil es hier wesentlich wärmer als in New York wird. Baumwolle ist auf der Haut einfach angenehmer als die Wolle. Punkt 10.00 Uhr betrete ich das Büro von Ruppert Bedford. Ruppert Bedford ist ca. 55, 1,85m groß, 90 Kilo, braun gebrannt, graue Haare, sehr gepflegt und mit soeben erwähnten beigen Baumwollanzug, keine Krawatte. Er begrüßt mich gleich sehr freundlich mit „hallo Bill, wenn Sie wollen, können Sie die Krawatte abnehmen".

Das lasse ich mir nicht zweimal sagen und mache es sofort. Ruppert wirkt sehr offen. Ich spreche ihn an mit Herr Bedford an und er fällt mir gleich ins Wort, „Ruppert" bitte.

„Bill, machen wir es kurz, John hat mir von Ihnen vorgeschwärmt, dass sie an der Börse ein kleiner Wunderknabe seien und fast immer das richtige Gespür hätten. Ich möchte, dass Sie hier bei uns anfangen. Sie erhalten einen Vertrag für LABC und einen Freelancer-Vertrag für WBC. Für uns arbeiten Sie fest und erhalten 80 000 US-Dollar zuzüglich Gewinnbeteiligung, ferner erhalten Sie für beratende Tätigkeiten von WBC weitere 80 000 US-Dollar zuzüglich Gewinnbeteiligung. Selbstverständlich auch noch einen Firmenwagen, einen nagelneuen Cadillac und Mietzuschuss von 2000 US-Dollar im Monat für Haus oder Wohnung. Wenn Sie wollen stelle ich Ihnen Peter Beck vor; er hat die besten Immobilien südlich von L.A. Arbeitsbeginn könnte schon am 14. März sein. Alles ist mit John abgestimmt und sie brauchen nur noch zu unterschreiben. Ich habe hier den Blanko-Arbeitsvertrag für

Dich und habe schon unterschrieben. Ich gehe davon aus, dass wir uns einig sind. Wollen Sie bei uns anfangen?"

„Klar möchte ich".

„Okay, dann sind wir uns einig. Hier ist noch die Nummer von Peter Beck, vielleicht wollen Sie ja einen schnellen Termin mit Ihm vereinbaren. Wenn Sie am Montag den 14 anfangen wollen dann kommen Sie einfach. Wegen dem Umzug regeln wir alles".

Ich kann es kaum glauben. Ruppert muss wirklich sehr viel von mir halten, denn so ein Angebot kriegt man nicht alle Tage; und ich werde jetzt erst 33. Wenn ich gut arbeite und „trade" kann ich auf 300 000 Dollar im Jahr kommen und das ist wirklich eine Menge. Freudestrahlend verabschiede ich mich von Ruppert. Ich checke nochmals meine Hosentasche, ob ich die Telefonnummer von Peter Beck eingesteckt habe. Ja, da ist sie. Alles okay.

„Du Bill, ich habe noch was vergessen. Wenn die Immobilie über Peter läuft übernehmen wir auch die Maklerkosten, weil Peter einer unserer besten Kunden ist. Dann mach´s gut. Bis Montag".

Ruppert ist sich so sicher, dass ich am Montag beginne, obwohl wir noch gar keine Bleibe gefunden haben. Ich nehme mir ein Taxi und fahre sofort ins Hotel nach Beverly Hills zurück. Grace wartet schon ganz aufgeregt auf mich und fragt mich sofort wie es lief. Ich verziehe etwas das Gesicht, so als ob es nicht so gut gelaufen sei und zeige Ihr den Arbeitsvertrag.

Sie schreit laut „Wahnsinn, sind die Zahlen echt? Nur wo steht das Datum?"

Und ich erkläre Grace kurz, dass ich anfangen kann wann ich will und das gewünschte Datum eintragen kann. „Wenn es mit der Immobilie am Wochenende klappt könnte ich schon kommenden Montag beginnen, ist das nicht Klasse?"

Grace ist überglücklich. „Wow, ich wusste, dass es klappt", ist ihr kurzer Kommentar.

„Wann haben wir denn den ersten Termin mit dem Makler?" wollte ich von Ihr wissen.

„Heute Nachmittag um 14.00 Uhr den ersten Termin und um 17.00 Uhr den zweiten. Ich rufe schnell bei Peter Beck an, um einen Termin für Sonntagnachmittag zu vereinbaren".

„Wieviele Termine haben mir Morgen und am Sonntag?"

„Morgen drei und am Sonntag zwei. Insgesamt hätten wir also insgesamt sieben Termine plus den Termin mit Peter Beck. Vielleicht können wir vorher noch eine Immobilie ausschließen, die wir uns gar nicht anschauen wollen. Wir haben jetzt ja doch ein relativ großzügiges Budget und LABC bezuschusst unser Haus ja auch noch mit 2000 US-Dollar monatlich. Also können wir jetzt locker bis 5000 US-Dollar Monatsmiete gehen".

„Wie hoch sind denn die Preise der Immobilien, die evtl. in Frage kommen?"

„Ich habe nur von 2000-3000 US-Dollar Miete Immobilien angekreuzt, Ich konnte ja nicht wissen, dass Du soviel verdienen wirst. Möchtest du dir alle anschauen oder können wir etwas gleich streichen?"

„Wir können die Wohnungen für 2000 US-Dollar streichen, denn wir können uns ja locker ein Haus leisten".

„Okay, wie viele Termine können wir canceln?"

„3 Stück, da sparen wir uns glatt einen verbuchten Tag!"

Während Grace die 3 Termine storniert vereinbare ich mit Peter Beck einen Termin für Samstag 17.00 Uhr und teile Ihm unsere Erwartungen, Mietpreis bis 5000 US-Dollar, schöne ruhige Lage, mit. Da hat er sehr schöne Objekte, genau 4 an der Zahl, die er uns dann samstags und auch noch sonntags zeigen kann. Er nimmt sich genug Zeit, damit wir genau das richtige finden. Zwischen Ihm und LABC besteht ja schon seit langem eine sehr intensive Partnerschaft.

20.00 Uhr

Die Termine heute waren für die Katz. Die zwei Immobilien, die uns heute angeboten wurden waren richtige Drecklöcher, deshalb möchte ich auch gar nicht weiter darauf eingehen.

11. März 1998 17.00

Die Termine heute waren auch nicht besser als gestern. Grace steht schon voll die Verzweiflung ins Gesicht geschrieben.

„Jetzt" können wir nur noch auf Peter Beck hoffen, damit wir unseren sofortigen Traum verwirklichen können", Grace. Punkt 17.00 Uhr ist Peter mit einer Mercedes S-Klasse da. Er macht einen total freundlichen Eindruck und ich schätze Ihn so um die 30. Er scheint anscheinend sehr tüchtig und erfolgreich zu sein.

„Und habt Ihr schon was gefunden?" will er gleich von uns wissen. Unseren Gesichtern war mit Sicherheit zweifellos anzusehen, dass wir noch nicht das richtige gefunden hatten.

„Sorry, dass ich so frage; ich hätte Euch einfach anschauen sollen, dann hätte sich die Frage schon erübrigt", sagt er zu mir.

Das macht Grace und mir Hoffnung. Endlich jemand, der auf unsere Wünsche eingeht und nicht so ein „Drücker" wie die anderen, die einfach „versüffte Buden" loswerden wollten, die schon ewig leer standen und nicht renoviert wurden. „Also wie ich Euch gesagt habe, habe ich 4 Objekte, die dem groben Anforderungsprofil, das mir Bill am Telefon durchgab, entsprächen. Starten wir mit dem zu L.A. am nächsten und bewegen wir uns immer weiter von L.A. weg Richtung Süden. Ist das okay? Heute machen wir einen Termin und morgen noch drei, falls notwendig".

Wir stimmen beide zu, weil wir von dem heutigen Tag doch schon ein wenig geschlaucht waren.

Um 17.10 Uhr erreichen wir schon das erste Objekt. Es liegt direkt in Beverly Hills. Eine weiße Villa, 250 m² Wohnfläche, 8 Zimmer, drei Bäder, Sauna und eigener Swimmingpool. Peter klärt mich auf, dass Pool und Sauna bei diesem Mietpreis Standard sein sollten. Das Haus ist wirklich traumhaft. Auf einmal hören wir sehr intensiv einen Schnellzug vorbeirasen und Grace fragt bei Peter sofort nach, wie oft der Zug am Tag vorbeirauscht. Und Peter ist ehrlich. Jede Stunde fahren zwei Züge. Deshalb ist diese Villa mit knapp 3500 Dollar für Beverly Hills eigentlich geschenkt. Wir sagen Peter aber, dass dieser Lärm ein absolutes K.O. Kriterium ist.

„Okay, lasst uns morgen weitermachen, wir finden für Euch schon das geeignete Objekt; das wäre doch gelacht", ermutigt uns Peter, weil er unsere Enttäuschung und Verzweiflung im Gesicht erkennt.

12. März 1998 17.00 Uhr

Grace und ich sind total verzweifelt. Auch die beiden anderen Objekte hatten einen gravierenden Haken. Jetzt ist unsere letzte Chance. Peter ermuntert uns mit folgendem Spruch. „Jetzt werdet Ihr Euer Traumhaus sehen; es ist wirklich eines der schönsten Objekte, das ich derzeit zur Vermietung habe. Es ist aber von den 4 Objekten auch das teuerste mit knapp 5200 Dollar monatlicher Miete". Wir stimmen zu, dass der Preis in unserem Rahmen liegt. Wir sind schon fast bereit aufzugeben, aber nur den Motivationskünsten von Peter ist es zu verdanken, dass wir weitermachen.

„So kurz vor dem Ziel werdet Ihr doch nicht schlappmachen!" ruft er ganz laut zu uns. „So etwas gibt es nicht" und das kennt er auch nicht von Mitarbeitern von LABC.

Klar, dass ich dann wieder wach werde und die Sache mit ganz anderen Auge betrachte. Nach 20 Minuten Fahrt erreichen wir ein kleines Dörfchen nur unweit vom Strand entfernt. Das schaut schon mal sehr idyllisch und ruhig aus geht es mir so durch den Kopf. Peter fährt an dem Dorf vorbei auf eine Anhöhe, wir passieren einen kleinen Wald und stehen vor einer Toreinfahrt mit schmiedeeiserner Eingangstor vor einer Auffahrt. „Das schaut schon mal nobel aus" ist Graces erster erfreulicher Kommentar heute.

„Das hier ist auch nobel" antwortet Peter sofort.

Das Tor öffnet sich elektronisch. Es sind Videokameras angebracht und es wäre sogar ein Portal für einen Pförtner da. Wir fahren etwa 600 bis 700 Meter durch einen traumhaften, bewaldeten Park mit Springbrunnen, bis wir an dem wunderbaren Haus ankommen. Es sieht aus, wie diese ehemaligen Südstaaten-Villen aus dem Film „Vom Winde verweht". Grace und ich können unseren Augen kaum trauen. Wir fühlen uns in der Zeit zurück versetzt; aber der Anblick ist einfach nur gigantisch. Und Peter klärt uns auf.

„Das ist die Villa Henderson; sie ist zwar schon knapp 100 Jahre alt wurde aber komplett neu restauriert und saniert. Und zwar alles vom Feinsten. Wollen wir hineingehen?" fragt er uns, obwohl er uns genau ansieht, dass wir es vor Spannung kaum mehr aushalten können, und uns ansehen was uns drinnen erwartet. Peter ist wirklich ein Verkaufsprofi und zögert unsere Spannung bis zur Unerträglichkeit hinaus.

„Ich habe noch vergessen zu erwähnen, dass die Villa 400m² Wohnfläche, Sauna, Solarium, Haman, Swimmingpool und ein eigenes Hallenbad hat. Und kommt mal rüber zu mir. Ihr habt von der Terrasse aus einen einmaligen Meerblick und sogar einen eigenen kleinen Pfad zum Meer an einen ganz einsamen Strand".

Grace und ich waren mega-begeistert.

„Wenn es Innen auch noch okay ist, dann können wir gleich den Mietvertrag machen!" ruft Grace.

Peter schließt auf und wir können eintreten. Und was sich uns zeigt ist einfach wie im Märchen. Schwere Kristallleuchter, eine riesige Empfangshalle und großzügige Zimmer. Alleine der Wohn- Essbreich ist über 80m² mit einem offenen Kamin und weißem Marmorboden.

„Die Villa wurde extra weiß renoviert, damit sie diesen freundlichen, hellen Charakter bekommt", klärt uns Peter auf und sieht die Begeisterung in unseren Gesichtern. Er zeigt uns noch alle Zimmer, die Keller, die Poollandschaft sowie das Hallenbad und wir sind restlos glücklich.

„Und ist es das richtige für Euch?" fragt er uns nochmals, obwohl er unsere Zustimmung eigentlich schon hat.

„Dann können wir den Mietvertrag ja unterschreiben" und schon liegt der Mietvertrag mit Kugelschreiber auf dem Tisch. So etwas nenne ich einen abschlusssicheren Verkäufer, der wirklich auf die Bedürfnisse der Kunden eingeht. Und Peter hatte genau gefühlt, was wir wollten. Dieses Objekt ist mit Abstand das schönste, das wir hier gesehen hatten und es entsprach genau unserem Wunsch.

„Was haben wir doch für ein Glück", sagt Grace und ich gebe Ihr gerne Recht. Peter war glücklich, dass er uns glücklich gemacht hatte und Grace und ich schweben im Moment sowieso in anderen Sphären.

01. Juni 1998

Heute beginnt Grace Ihren ersten Arbeitstag bei Future Electronics im Bereich Datenverarbeitung als Qualitätsmanagerin. Grace hatte am 13. März sofort per Fax fristlos gekündigt und zusätzlich auch noch per Telefon bei Ihrem Chef angerufen um die neue Situation zu erklären Und Ihr Chef zeigte Verständnis. Er kannte Grace als sehr bodenständige, gewissenhafte Mitarbeiterin und wenn gerade Grace so etwas Verrücktes macht, dann muss es wahre Liebe sein. Wir beide hatten für unsere Wohnungen in New York sofort Nachmieter, die auch noch unsere Möbel ablösten, so dass wir in der dritten Märzwoche komplett umziehen konnten. Unser großes Haus ist mittlerweile nahezu komplett eingerichtet, da wir jede freie Minute in Einrichtungshäusern verbringen; bis auf zwei Zimmer sieht alles schon sehr ansprechend aus. Hier beweist Grace, dass Sie einen Super-Geschmack hat.

Meine ersten zweieinhalb Monate bei LABC waren von sehr viel Arbeit geprägt. Ich musste mich umstellen, da ich quasi jetzt für zwei Firmen arbeite, die beide gute Ergebnisse bringen müssen. Es dauerte knapp zwei Wochen, bis ich die Synergieeffekte erkannte, die ich ausnützen muss. So konnten wir viel versprechende Trades koppeln, Gewinne einfahren und auch aufgrund der Größe der Trades Arbitragegeschäfte machen. Ich war ständig an zwei Telefonhörern gleichzeitig, auf der einen Leitung LA und auf der anderen Leitung mein Freund Hugo vom WBC. Meistens machten wir dann eine Telefonkonferenz. So konnten wir immer die besten Kurse aufgrund der Zeitverschiebung ausnützen, was bei der Größe unserer Deals oft mehrere Tausend Dollar am Tag zusätzlich ausmachte. Und Ruppert war total mit mir zufrieden und mit den anderen Kollegen entwickelte sich sofort ein lockeres freundschaftliches Verhältnis; was noch wichtiger ist, sie sahen sofort, dass ich etwas auf dem Kasten habe und dass sie davon profitieren können. Heute am Telefon spreche ich mit Hugo auch wegen unserer Wette.

„Na Hugo, schaut schlecht für Euch aus. Ihr habt jetzt durch die Trades soviel verdient, dass Ihre eine Kiste vom besten Champagner ja locker bezahlen könnt". Hugo und die anderen hatten geglaubt, dass ich aufgrund des ganzen Stresses die Wette vergessen hätte; ich vergesse aber sehr selten etwas. „Spart schon mal auf einen wirklich edlen Tropfen, dann lade ich Euch auch zu meiner Hochzeit ein".

Und Hugo gab die Botschaft natürlich sofort an die anderen weiter. Er konnte gar nicht glauben, dass ich jetzt so sesshaft und vernünftig wurde.

26. November 2006

In den letzten Jahren hatten wir uns sehr gut in Kalifornien eingelebt und mit der Heirat hatten wir es doch nicht so eilig. Doch heute sollte es soweit sein. Grace und ich heiraten heute. Die Jungs vom WBC haben mir zwar die Kiste Champagner geschickt, aber bei weitem nicht den edelsten, sondern nur einen „Veuve Cliquot". Darüber war ich schon enttäuscht. Ich hätte mehr Klasse von Ihnen erwartet, aber sei es drum. Kurz nachdem die Kiste bei uns angekommen haben sie mir mitgeteilt, dass sie aus diversen Gründen nicht zur Hochzeit kommen können. Ich weis nicht, ob es aus Scham war, oder ob sie einfach nur Geld sparen wollten oder was auch immer. Grace und ich sind sogar froh über die Absage, da wir dadurch unsere Hochzeit im engsten und liebsten Familienkreis abhalten können.

Zur Hochzeit kommen nur Graces Eltern, meine Mutter mit Lebensgefährten und mein Bruder; das war es dann schon. Wirklich ein sehr kleiner, intimer Kreis. Und weil wir so wenige sind, lassen wir den Pfarrer der Dorfkirche kommen, der Grace und mich traut. Über unsere Hochzeit lässt sich nicht so viel schreiben und erzählen, weil sie mit Worten nicht auszudrücken ist. Grace ist jedenfalls die wunderbarste und hübscheste Braut, die ich mir vorstellen kann.

06. Januar 2007

Heute sind wir von unserer 17-tägigen Hochzeitsreise von den Malediven zurückgekommen. Wir waren auf dem traumhaften R-Resort im Nordmale-Atoll. Unsere Zimmer waren keine Zimmer im herkömmlichen Sinn, sondern Holzbungalows, die auf Stelzen ins Wasser gebaut wurden. Und jeder Bungalow hatte einen eigenen Jacuzzi und einen durchsichtigen Glasboden, so dass man wunderbar die ganze Unterwasserwelt der Malediven bestaunen konnte. Es war für uns beide ein einmaliges Erlebnis.

30. August 2007

Grace stellt heute fest, dass Ihre Periode ausbleibt. Sie fasst sich an die Brüste und bemerkt auch dort eine Veränderung. Wie eine wilde Furie faucht sie mich an. „Wenn Du mich geschwängert hast, dann bringe ich Dich um". So kannte ich Grace noch nicht und das machte mir irgendwie Angst. Ich wollte immer in meinem Leben Kinder und Grace fühlte sich von Kindern in ihrer Selbstentfaltung eher behindert. Aber was passiert ist, ist passiert und ich freue mich jedenfalls auf unser Kind. Das mit Grace wird sich schon finden...

11. Mai 2008

Es ist soweit. Unsere Tochter kommt heute zur Welt. Sie kommt an einem Sonntag und am Muttertag. Wenn das kein gutes Omen ist, dann weis ich auch nicht...

Wir nennen sie Cynthia, kurz Cindy. Mittlerweile kann Grace sehr gut damit umgehen, dass sie Mutter wird. Wir hatten die letzten 8 Monate ein Seminar über positives Denken und Erfolg belegt, und das tat Grace und mir wirklich sehr gut. Was positives Denken und die Einstellung alles bewirken kann, wenn ich noch an den 30. August zurückdenke. Auch beruflich hat uns dieses Seminar sehr viel weiter gebracht und unser Einkommen stieg in unglaubliche Masse.

Die Positive Zukunft

11. Mai 2009

Cindy hat heute Ihren ersten Geburtstag. Das gibt mir kurz die Möglichkeit, das letzte Jahr Revue passieren zu lassen. Grace hat sich wunderbar in Ihre Mutterrolle eingefügt und man sieht, wie viel Freude Ihr der Umgang mit Cindy macht. Cindy wurde von Grace 9 Monate gestillt und das tat dem Kind sehr gut. Es schlief von Anfang an durch, so dass weder Grace noch ich schlaflose Nächte hatten. Wenn Not am Mann war, d.h. wenn wir weitere Seminare und Schulungen besuchten, oder wenn ich auch mal kurz nach New York jettete, kamen entweder Graces Eltern oder meine Mutter. Weil wir genau wussten, was wir wollten, hat sich unser Leben im letzten Jahr wirklich sehr positiv entwickelt. Durch die vielen Seminare, die wir durchliefen, wuchsen nicht nur unser wirtschaftlicher Erfolg, sondern auch unsere spirituelle Entwicklung und vor allem die Entwicklung für ethisches Handeln. Meine Kunden wussten einfach, dass Sie mir größeres Geld anvertrauen können und dass ich es vermehren würde. Die größten Profite machte ich mit Nanotechnologieaktien und Nanofonds. Ich bin sogar mit einem Privatkapital von 100 000 Dollar als stiller Gesellschafter bei Nano-X im Dezember 2008 eingestiegen. Ich hatte hier wieder mein berühmtes Gefühl, auf das ich mich immer verlassen konnte, sei es bei Grace oder meinen vergangenen Entscheidungen.

Je mehr ich mich mit dieser Materie Geld, Erfolg, Spirit, Weiterentwicklung, Nano, usw. beschäftigte, umso mehr Einsichten bekam ich. Habe ich einen guten Helfer, der mich führt oder liegt die ganze Kraft in mir, oder wer ist dieser Helfer. Mich würde interessieren, warum ich auf mein Gefühl und auf meine innere Stimme vertrauen kann und welche Gesetzmäßigkeiten es evtl. gibt, oder gibt es welche und wenn ja, welche? Grace machte trotz Kind alle Seminare und Schulungen mit. Ich bin so stolz auf Grace, wie sie sich entwickelt, wie sie Cindy behandelt und welches tolle Leben wir führen können.

12. Mai 2009. 03.00 Uhr nachts

Auf einmal höre ich eine Stimme die zu mir spricht.

„Hallo Bill, aufwachen, aufwachen!"

Diese Stimme kommt mir irgendwie bekannt vor, denke ich mir. Und ich kann meinen Augen kaum trauen, es ist Robert Smith aus meinem Albtraum. Ich erschrecke total und frage Ihn, „warum bist Du hier?".

Die kurze Antwort ist nur, *„weil Du mich gerufen hast"*.

„Ich kann mich nicht daran erinnern Dich je gerufen zu haben" und weg ist er, nachdem ich das ausgesprochen hatte. Dieser Spuk oder Traum oder was es auch ist verwirrt mich. Ich schaue auf die Uhr und es ist kurz nach 3.00 Uhr. Grace liegt seelenruhig neben mir und schläft, und unser Kindchen auch.

Die ganze Nacht geht mir Robert Smith nicht mehr aus dem Sinn und der für mich damals schlimme Traum läuft vor meinem geistigen Auge nochmals ab. Plötzlich sehe ich wieder alles mit der Nanotechnologie, was aus der Welt in meinem Traum geworden war, usw.

Was bin ich froh, dass sich mein Alptraum nicht verwirklicht hatte. Aber warum erscheint mir Robert Smith gerade jetzt und behauptet auch noch, ich habe Ihn gerufen?

13. Mai 2009 07.00 Uhr

Nachdem ich kein Auge mehr zumachen konnte frage ich Grace, ob sie in der Nacht etwas mitbekommen hat.

„Du hast nur im Traum gesprochen, das war alles".

„Was habe ich alles gesprochen, kannst Du dich an Inhalte erinnern?"

„Nein, es war auch in einer Sprache oder Mundart, die ich nicht kenne".

„Gesehen hast Du aber nichts, oder?" wollte ich jetzt von ihr genau wissen. „Nein, Du lagst relativ entspannt in Deinem Bett".

Diese Unterhaltung mit Grace beunruhigte mich noch mehr. Aber warum kommt Robert Smith wieder in meinem Traum oder Spuk vor. Warum auch die Nanotechnologie? Bei LABC besorge ich mir alle Auskünfte über die Nanotechnologie, die Prognosen, die Firmen, die Börsenwerte, die Einschätzungen, einfach alles und fange sofort an, mich in dieser Materie zu vertiefen. Ruppert ist ganz erstaunt, dass ich mir so viel Lesematerial besorgt habe und schätzt dies als großen Arbeitsaufwand.

„Bill, willst Du die ganze Nanowelt revolutionieren!" ist sein Spruch, weil riesige Stapel Lesematerial über Nanotechnologie auf meinem Tisch liegen.

„Vielleicht hast Du damit gar nicht so unrecht!" ist mein knapper Kommentar. Nachdem ich knapp 8 Stunden wie besessen in diversen Zeitschriften, Büchern und Artikel gelesen hatte, hat sich mir ein Bild der Nanotechnologie geöffnet. Es wird zweifellos so sein, dass die Nanotechnologie die Technologie des neuen Jahrhunderts sein wird, aber überall konnte man bisher nur erste Versuche und Andeutungen der Möglichkeiten sehen, was damit alles verändert werden könnte; alle Geschichten und alle Berichte zeigen, dass diese Technologie noch ganz am Anfang steht; Der aktuelle Stand in der Nanotechnologie ist ungefähr vergleichbar mit dem ersten 1 PS Motor bei der Entwicklung des Automobils. Und immer wieder kommt mir mein schlimmer Alptraum in den Sinn und ich sage einfach nur „weg, lasst mich damit in Ruhe".

13. Mai 2009 03.00 Uhr nachts

„Bill, aufwachen, aufwachen!" Wieder ist es Robert Smith, der mich weckt.

„Du hast mich schon wieder gerufen", sagt er etwas wütend zu mir.

Dieses Mal reagiere ich aber anders und frage Ihn, wie ich Ihn gerufen habe und er gibt mir zu verstehen, dass ich Ihn mit meinen Gedanken gerufen habe.

Abgefahren denke ich. Jetzt möchte ich einfach noch mehr wissen.

„Warum erscheinst Du mir immer im Zusammenhang mit der Nanotechnologie?" Seine kurze Antwort: *„Das hat alles seinen Sinn".*

„Und welchen Sinn", frage ich nach?

„Das wirst du herausfinden und ich helfe Dir dabei, wenn Du willst!"

Tolle Antwort, denke ich mir. Da habe ich im Traum einen Helfer und weis gar nicht wer er ist. Und er sagt mir dann auch noch, was ich tun soll. Ist so etwas normal? Jetzt kann ich Ihn ja noch fragen wer er ist, solange er da ist. „Du Robert, wer bist Du eigentlich?"

„Weist Du das denn nicht, ich bin Robert Smith".

Ich bin fast am Verzweifeln, denn ich weis auch, dass er Robert Smith ist. „Und wer ist Robert Smith?" frage ich neugierig nach.

„Das weist Du auch!" ist seine Antwort.

„Das weis ich nicht!" reagiere ich wütend.

„Dann kann ich Dir auch nicht helfen!" und weg ist er.

Es ist inzwischen 04.00 Uhr morgens und ich frage mich immer wieder, bin ich verrückt oder was passiert hier.

Ich hatte schon als Kind immer sehr lebhafte Träume in denen ich meist abgestürzt oder geflogen bin, aber dass ich mich bewusst mit jemanden unterhalten kann war mir neu. Was mich auch weiter verwundert ist, dass ich mich topfit fühle und eigentlich jetzt aufstehen könnte. Wenn ich Grace und Cindy hier so ruhig im Zimmer sehe muss ich ganz leise sein, wenn ich aufstehe. Ich gehe runter in mein Büro, mach den Computer an und schaue, welche Trades ich heute für LABC und WBC machen werde. Instinktiv ist mir wieder der Begriff Nano im Ohr und ich sehe die Namen der Firmen Nano-Pat, Nano-Xell, Nano-

Static, Nano-White, Nano-Pu, Nano-Door, Nano-Bios, Nano-Med und Nano-Pollution vor meinem geistigen Auge ablaufen. Bei diesen Firmen handelt es sich alle um Neugründungen im Bereich der Nanotechnologie, die erst innerhalb der letzten zwei Monate aufgrund der weltweiten Wirtschaftskrise entstanden sind. Alles Familienbetriebe, die finanziell schwach auf der Brust sind.

Ein Großteil der Nanotechnologiefirmen musste in den letzten 2 Jahren schließen, weil sie keine richtige Nanotechnologie nach neuester ISO Norm von 2007 hatten. Eine „Nanowelle" aus Asien, speziell von China, Korea, Japan und Taiwan schwappte seit 2005 nach Amerika und Europa und überflutete den Markt. Einige europäische und amerikanische Händler sicherten sich die Rechte oder die Lizenz an diesen asiatischen Firmen in Europa oder in den USA und verkauften alles unter dem Namen Nano, so dass der Endabnehmer total verwirrt wurde und nicht wusste, was eigentlich Nanotechnologie ist. Natürlich gibt es auch in Asien, speziell in Japan, Korea und Taiwan sehr seriöse Firmen, die sich dem westlichen Marktstandard angepasst hatten; aber die Anzahl gegenüber den unseriösen Firmen war sehr gering. Aufgrund dieser Überflutung des Marktes mit noch nicht genau definierten Produkten ging der Verkauf der Nanotechnologie langsam voran, außerdem war der Endkunde für diese Art der Produkte noch gar nicht bereit. Er kannte den Nutzenvorteil noch nicht und da speziell das Wirtschaftswachstum in den führenden Industrieregionen Europa und USA stagnierte wollte kaum jemand diese Produkte haben. Nur wenige Produkte waren wirklich schon marktreif und hatten auch einen USP (= Unique Selling Proposition = einzigartiges Verkaufsargument) und die verkauften sich auch gut. Speziell Wasser-, Öl- und Schmutzabweisende Destillate und Oberflächenbeschichtungen für Metalle, Lacke, Porzellan, Glas, etc. gingen sehr gut. Es entstanden aber immer größere Zweifel bei der menschlichen Bevölkerung, weil viele Pressemeldungen über die Gefahren und Risiken der Nanotechnologie warnten, da man die Langzeitwirkungen noch nicht abschätzen konnte. Klar, Furcht entsteht immer aus Nichtwissen und das einzige Mittel die Furcht zu bekämpfen ist Wissen. Immer mehr Kritiker sprangen auf diesen Zug auf und das wiederum blockierte natürlich das Kaufverhalten, das wiederum blockierte die Subventionen, die der Staat an die kleinen innovativen Technologiefirmen zahlte; dadurch mussten viele kleine

Familienbetriebe aufgeben und es entstand eine Negativspirale, so dass der Fortschritt in den letzten 5 Jahren gegen Null ging. Die großen Industriefirmen und Chemiefirmen, die sich ebenfalls mit der Nanotechnologie beschäftigen konnten dadurch den Innovationsvorsprung der kleinen Familienbetriebe aufholen, kostengünstiger produzieren, da sie Joint-Ventures im Ausland, speziell in Asien gegründet hatten und die Marktherrschaft übernehmen. Um Markteintrittsbarrieren für innovative Neufirmen zu schaffen kreierten sie eigene Qualitätsstandards und Normen in Zusammenarbeit mit renovierten wissenschaftlichen Testlabors und Forschungsinstituten, um die Sicherheit und Langlebigkeit der Produkte gewährleisten zu können. Jedoch können sich immer wieder einmal einige geniale Wissenschaftler zusammenschließen, die ideologisch denken und um wirklichen Fortschritt bemüht sind; die quasi bereit sind in das Undenkbare vorzustoßen und neue Welten zu erforschen. Zu dieser Gruppe von Menschen gehören die Wissenschaftler der Firma Nano-X. Sie waren Querdenker aus Deutschland aus dem Raum Saarbrücken, einige Japaner von der hiesigen technischen Universität und einige Querdenker aus der Medizin und Biologie aus den USA. Wie aus Zufall stieß ich auf diese Firma, weil sie einen „Business-Angel" suchten. Und nachdem ich mit den insgesamt 8 Leuten gesprochen hatte war mir sofort klar, dass das eine gute Investition in die Zukunft sei; aber dass ich später einmal so sehr in dieser „neuen Wissenschaft" tätig sein würde hätte ich nie und nimmer geglaubt. Da ich der einzige „Wirtschaftsfachmann" bei Nano-X bin boten mir die anderen 8 Mitglieder der Firma an, meine stille Beteiligung in eine Einlage umzuwandeln und den Posten des gesellschaftenden Geschäftsführers zu übernehmen. Ich sprach das mit Ruppert von LABC und John von WBC ab und sie stimmten unter der Voraussetzung zu, dass mein Engagement und die Ergebnisse von LABC und WBC nicht darunter leiden dürfen.

Als Gesellschafter halte ich 20% der Anteile an Nano-X, die anderen 8 Forscher jeweils 10%. Um meine Loyalität LABC und WBC gegenüber zu beweisen trat ich jeweils 2% meiner Anteile an LABC ab und 2% an WBC. Ich nahm quasi diese beiden großen Brokerhäuser mit ins Boot, was sich später als geniale Idee herausstellen sollte.

14. Mai 2009 02.30 Uhr

„Bill, aufwachen, aufwachen!"

„Hallo Robert, wie geht es Dir!" Ich schaue auf meine Uhr und es ist 02.30 Uhr. „Du bist aber diesmal sehr früh dran. Sonst kommst Du doch immer erst um 03.00 Uhr?"

„Dieses Mal möchtest Du ja mehr wissen und ich werde Dir auch mehr erzählen, deshalb bin ich diesmal für dich früher da, auch wenn für mich Zeit nicht existiert!"

Nach dieser Äußerung muss ich schlucken. Er redet mit mir, als ob zwei ganz normale Menschen miteinander reden.

„Warum existiert für dich keine Zeit?"

„Ich lebe außerhalb eurer Raum-Zeit in einer anderen Dimension und deshalb bin ich weder an euren Raum noch an eure Zeit gebunden, verstehst Du das?"

Ich denke darüber nach und frage Ihn, ob er mir das nicht genauer erklären könnte.

„Nein, dazu ist es noch zu früh; das sollst Du selbst herausfinden".

Ich denke mir nur ruhig und gefühllos weiter fragen, dann wird Robert schon nicht verschwinden. „Kannst Du mir erklären, was die Nanotechnologie eigentlich ist und warum sie gerade jetzt entsteht?"

„Zu Deiner ersten Frage. Die Nanotechnologie beschäftigt sich mit den kleinsten im Moment für den Menschen sichtbaren Teilchen, die durch eine Größe von 10^{-9} gekennzeichnet sind. Zu Deiner zweiten Frage. Die Nanotechnologie entsteht genau jetzt, weil jetzt der richtige Zeitpunkt dafür ist!"

Klasse denke ich, das was er mir jetzt sagt, weis ich schon alles. Das konnte man ja schon in jeder Zeitung nachlesen oder in diversen Technologiebroschüren, etc. „Kannst Du mir das nicht genauer erklären? Für dich gibt es doch keine Zeit und keinen Raum?"

„Okay, dann pass gut auf!"

Er kommuniziert mit mir mit seinen Gedanken und es ist absolut abgefahren, was er mir alles mitteilt.

„Die Nanotechnologie bildet eine Brücke des sichtbaren, physischen, materiellen Universums mit dem unsichtbaren, nicht greifbaren, psychischen oder spirituellen Universum und ist das Ergebnis von gesammelten Gedanken von Menschen, die sich schon lange mit dem unsichtbaren Universum beschäftigt hatten. So ist die „Nanophysik" z.B. eine Übergangsstufe von der traditionellen Physik, die sich mit sichtbarer Materie beschäftigt zur Quantenphysik, die sich mit Parallelwelten, Teilchen und Schwingungszustände und dem Unsichtbaren beschäftigt. Die den Menschen bekannte sichtbare Realität entsteht erst immer etwas zeitverzögert als Abbild der durch die in der psychischen Realität entstehenden Gedanken. Hätte man in den 80-iger Jahren des 20. Jahrhunderts nicht das Tunnelrastermikroskop entdeckt, dann wären auch weiterhin Nanopartikel für den Menschen nicht sichtbar. Der Mensch und speziell die jetzige Wissenschaft akzeptiert nur etwas, was sie mit dem menschlichen Auge sehen kann, sei es durch ein Hilfsmittel wie das Mikroskop oder das Teleskop, obwohl alles schon da ist; der Mensch konnte es nur noch nicht wahrnehmen!"

„Darf ich kurz unterbrechen, Robert. Wenn ich also richtig verstehe, erschafft sich der Mensch durch seine Gedanken die eigene Realität? Kann man das so sagen? Oder besser gesagt, die uns bekannte und sichtbare materielle Realität entsteht erst dadurch, dass man sich mit der unsichtbaren Realität auseinandersetzt und dort etwas sät?"

„Im Grunde genommen, ja. Mit Hilfe der Nanotechnologie und des Tunnelrastermikroskops kann man das erste Mal die Wellen und die Kraft, also die Energie der menschlichen Gedanken sehen, die sich im Bereich von 30-2000 Nanometer abspielen. Aufgrund der Nanotechnologie wird der Mensch einen Quantensprung in seinem Lernen und seinem Bewusstsein machen können. Der Mensch wird erkennen, dass sein weiterer Fortschritt nicht durch das Erforschen der jetzt sichtbaren Welt entstehen wird, sondern durch das

Erforschen der unsichtbaren Welt im Inneren. Die sichtbare materielle oder physische Welt ist das zeitverzögerte Ergebnis. Die Schwierigkeit bisher ist, dass der Mensch vor Allem Angst hat, was er nicht kennt. Und was er nicht sehen kann, kann er logischerweise auch nicht kennen und erforschen!"

„Darf ich Dich weiter fragen, Robert".

„Natürlich, nur zu".

„Das, was Du soeben erklärt hast, ist das eine Gesetzmäßigkeit und tritt sie immer auf?"

„Ja, seit Beginn des Universums vor ca. 15 Milliarden Jahren eurer Zeitrechnung".

„Ich habe also richtig verstanden, dass durch die Nanotechnologie das Verständnis beim Menschen für das Unsichtbare erhöht wird um die Skepsis gegen alles nicht Sichtbare und daher Unbekannte abzubauen. Und dieser Schritt sei jetzt notwendig, damit der Mensch den Quantensprung des Bewusstseins machen kann. Kannst Du hier nochmals ein Beispiel bringen, das auch für mich „Nichtphysiker" oder „Nichtmediziner" klar nachzuvollziehen ist?"

„Ja, nimm einfach nur die Bakterien und Viren. Bakterien haben eine sichtbare Größe von max. 0.002 mm, Viren sind nochmals bis 100-mal kleiner. Obwohl schon seit dem Jahre 116 v. Chr. von krankheitserregenden Kleinlebewesen gesprochen wurde konnte die traditionelle Wissenschaft erst durch Louise Pasteur 1861 nachweisen, dass es diese Mikroorganismen gibt. Also für den Menschen ein immenser Zeitunterschied von mehr als 1900 Jahren. Jedoch gab es diese Bakterien schon immer, für die Wissenschaft aber erst seit 1861. Ist dieses Beispiel verständlich. Zu Deiner Information. Nanopartikel sind nochmals 1000-mal kleiner und um die zu entdecken hat es nur knapp über 100 Jahre gedauert. Weist Du was ich damit andeuten will?"

„Ja, aber ob das der hoch spezialisierte Wissenschaftler oder auch der einfache Mensch kapiert, ich weis es nicht. Hatte das Mikroskop, außer dass man diese Kleinstlebewesen oder Bakterien im Innern des Menschen erkannte andere Auswirkungen?"

„Bill, im Universum hat alles eine Auswirkung, wobei der/die Erzeuger der Auswirkung die Gedanken im nicht sichtbaren Universum sind. Jedoch konnte durch Erfindung des Mikroskops z.B. die Mikroelektronik entstehen; dann hat man sich damit beschäftigt und es entstand der Computer, dann nach einiger Zeit das Internet, dann kurze Zeit später die weltweite Vernetzung und schließlich der erste Stepp der Nanotechnologie. Alles was ich im Inneren finden kann, spiegelt sich auch im Äußeren, z.b. relativ kurze Zeit nach Entdeckung des Mikroskops wurden sehr starke Teleskope entwickelt, um den Weltraum zu erforschen. Wenn man davon ausgeht, dass der Mensch noch im 15 Jahrhundert dachte, dass die Erde ein flache Scheibe sei und das Zentrum der Welt, war das schon ein riesiger Entwicklungssprung. Und der Mensch entwickelt sich immer schneller weiter, und das spiegelt sich in der materiellen sichtbaren Realität wieder.

Auch die Technik spiegelt den etwas zeitverzögerten Zustand des menschlichen Bewusstseins wieder. Nehmen wir z.B. den Computer mit seiner Vielzahl von Programmen; damit er schnellstmöglich und effizient arbeitet wird er mit immer höheren Prozessoren und größeren Arbeitsspeicher ausgerüstet und das passende Programm wird auf Knopfdruck abgefragt, und die Programme wiederum werden stets weiterentwickelt und immer komplexer. Spiegelt sich das nicht im Arbeitsleben der Menschen wieder, immer schneller, mehr Speicher, mehr Wissen, höhere Anforderungen, mehr Geld;

oder nehmen wir das Internet. Wer hätte vor 40 Jahren gedacht, dass man einmal die ganze Welt verbinden könnte und sämtliches Wissen in einem „Worldwide Net" abrufbar sein wird? Niemand. Aber doch gib es das Internet. Und im Moment haben gerade die Suchmaschinen wie Google einen Boom, weil die Menschen sofort, quasi auf Knopfdruck an alles Wissen der Welt rankommen können. Die Gefahr besteht, dass sich der Mensch zu sehr auf die virtuelle Welt und die Maschinen verlässt, die ihm wirklich alles abnehmen!"

„Und wie spiegelt sich das jetzt bei den Menschen wieder" möchte ich natürlich wissen. Schon als kleines Kind wollte ich immer alles ganz genau wissen.

„Dieser verbindende Aspekt des Internets in der sichtbaren physischen Realität spiegelt sich auch bei den Menschen in vielen Dingen wieder. Die Gründung von Holdingstrukturen und Partnerfirmen in der Wirtschaft, Networking, Multi-Levelmarketing, die Wiedervereinigung Deutschlands und die Europäische Union. Wer hatte denn vor 25 Jahren an eine EU gedacht? Niemand. Dann noch zu dem Punkt mir den Suchmaschinen. Hieran sieht man, dass der Mensch interessiert und neugierig und auf der Suche ist. Er will Lösungen. Nur langsam wird er erkennen, dass alle Lösungen schon bereits da sind, bevor er sie in seiner Welt produziert!".

„Und Du bist Dir sicher, dass das alles zusammenhängt?"

„Ja!"

„Und wie zeigt sich das dann in der Nanotechnologie?"

„Bill, Du müsstest eigentlich anders herum fragen? Und zwar von was ist die Nanotechnologie das Abbild aus der nichtsichtbaren, psychischen Realität?"

„Ich verstehe, Du hast Recht. Erkläre mir das bitte auch noch?"

„Jetzt wird es immer komplizierter, weil wir ja immer weiter gehen. Die Nanopartikel sind im Moment die kleinsten sichtbaren Einheiten, die sich mit jedem anderen Material verbinden können und eine neuartige Verbindung mit neuen Eigenschaften erschaffen können. Sie bilden eine Nano-Matrix aus und die Energie dieser Matrix erhöht sich überproportional mit dem Zusammenschluss dieser Teilchen, wobei die einzelnen Teilchen eine unterschiedlich hohe Eigenenergie einbringen. Es sind also winzige Teile, die alles erschaffen können. Verstehst Du jetzt den Bezug?"

„Ich denke ja, aber bitte erkläre mir das genauer".

„Bereits im 20. Jahrhundert beschäftigten sich Wissenschaftler wie z.b. Einstein, Bohm oder Heisenberg mit der Energie kleinstmöglicher Teilchen, obwohl sie diese nicht sehen konnten; sie konnten nur Theorien darüber aufstellen. Durch diese Forschungsarbeiten und allein durch die Tätigkeiten des „nach neuen Lösungen suchen" werden Gedankenenergien freigesetzt, die wiederum bei anderen Menschen neue Ideen, neue Vorgehensweisen und neue Forschungsarbeiten in Gang setzten, z.B. bei Jung, bei Robert Monroe, William Buhlman, etc. die sich mit dem nicht sichtbaren, dem Inneren des Menschen auseinandersetzten, während die traditionelle Physik mit ihrem Latein am Ende war. Ebenso die traditionelle Biologie unter Darwin oder auch immer mehr die traditionelle Medizin gerieten unter Beschuss. Der Mensch spürte, dass es wieder etwas Unbekanntes, ja sogar Unglaubliches geben muss und machte sich auf die Suche. So konnten alternative Heilmethoden entstehen, Parapsychologie, die Beschäftigung mit sich selbst im Rahmen der Persönlichkeitsentwicklung, Gesundheits- und Umweltbewusstsein bis hin zu außerkörperliche Reisen. Der Mensch war wiederum bereit, einen weiteren Schritt seiner Entwicklungshürde zu nehmen und in tiefere Schichten vorzudringen. Und das zeitlich verzögerte sichtbare Ergebnis in unserer materiellen Welt spiegelt sich sehr deutlich im Bereich der Nanotechnologie wieder. Alles was der Mensch bis dahin an gedanklicher Vorarbeit geleistet hat, kann er jetzt in der materiellen Welt umsetzen.

Die nächste Erfindung in der physischen Welt, die absolut bahnbrechend sein wird, wird ein Tunnelrasterteleskop sein, mit dem man sehr weit ins Universum schauen kann, so dass man evtl. schon verschiedene Universen mit anderen Lebewesen und Lebensformen erkennen kann. Außerdem wäre ein Teleskop logisch, das die Raum-Zeit Krümmung überwinden kann und ermöglicht, in die Vergangenheit oder in die Zukunft zu schauen. Alles nur eine Frage Eurer Zeit!"

Das ist doch ziemlich starker Tobak, den mir Robert hier jetzt aufgetischt hatte. Aber es macht Sinn und deshalb verwirrt es mich auch. Auf einmal ist Robert wieder verschwunden. Ich schaue auf meine Uhr und es ist tatsächlich erst 03.30 Uhr. Mein Zeitgefühl war komplett verloren gegangen. Jetzt lege ich mich hin und schlafe noch eine Runde. Um 05.00 Uhr werden wir von Cindy geweckt. Das erste Mal seit langer Zeit, dass Cindy nicht durchschläft. Ob Cindy was von meiner Begegnung mit Robert mitbekommen hat, schießt es mir durch den Kopf. Kleinkinder sollen hier ja noch sehr empfänglich sein. Schade, dass Cindy es mir noch nicht erzählen kann. Ich finde überhaupt schade, dass wir nicht wissen, was unsere kleinen Kinder, die noch nicht sprechen können und sich nicht ausdrücken können alles denken. Das wäre mit Sicherheit sehr spannend wenn wir vergleichen könnten, mit welchen Augen sie die Welt sehen und wie wir. Das ist aber aufgrund des technologischen Fortschritts mit Sicherheit auch nur noch eine Frage der Zeit, denke ich mir. Grace steht auf, schaut was mit Cindy nicht in Ordnung ist und erkennt, dass Cindy in die Windeln gemacht hatte. Also nichts Weltbewegendes. Beim Windel- wechseln variieren wir, einmal bin ich dran, einmal Grace. Fairness halber gestehe ich, dass Grace die Windeln wesentlich öfter wechselt als ich. Manchmal wundere ich mich, wie eine so kleine Person nur so stinken kann. Und diesmal konnte man den Gestank schon durch die Windeln riechen. „Mein Gott, wie das stinkt" sind uns Grace und ich einig. Grace ist so lieb und übernimmt die Arbeit. Waschen, pudern, Windel wechseln und Cindy ist schon wieder eingeschlafen. Hier ist Grace viel pfiffiger und schneller als ich. Ich hätte bestimmt doppelt so lange gebraucht und ob Cindy dann nochmals einschlafen würde war auch fraglich.

„Danke Grace, dass Du das so schnell gemacht hast! Dann können wir uns noch ein Stündchen hinlegen. Ich stehe dafür als erster auf und bereite unser Frühstück vor. Ist das okay?" Und das findet Grace wiederum gut an mir, dass ich Ihre Leistungen auch anerkenne. Viele Väter würden das, was Grace macht als Selbstverständlichkeit annehmen und keine Anerkennung geben. Und daran gehen auch viele Ehen zu Grunde. Man geht einfach viel zu wenig auf den Partner ein und zeigt auch keine kleinen Gesten mehr, die das Feuer doch immer wieder zum Lodern bringen. Leider verändert sich auch die selektive Wahrnehmung des Partners im Laufe des Zusammenseins. Mir scheint es sowieso im Moment so, als wäre das Leben nur abhängig von der Wahrnehmung, d.h. was ich alles wahrnehme, wie ich alles wahrnehme und warum ich das alles wahrnehme. Und durch diese Wahrnehmungsüberflutung wird der Mensch geschützt durch die selektive Wahrnehmung. „Stellen Sie sich doch einmal die Savants (Autisten) vor, die alles ungefiltert wahrnehmen und speichern können, aber sichtlich durch diese Art der Wahrnehmung überfordert sind. Diese Menschen sind sogar zu hilflos, alleine über die Straße zu gehen, obwohl sie alle Genies sind.

14. Mai. 2009 06.30 Uhr

Wie versprochen bereite ich das Frühstück vor. Ich weis, dass Grace auf Kleinigkeiten Wert legt, wie z.b. einen schönen gedeckten Tisch, ein 3 Minuten Ei, frisch gepressten Orangensaft und einen schönen Latte Macchiatto. Dementsprechend beachte ich das auch und Grace fällt mir freudestrahlend mit „toll hast Du das gemacht, mein Schatz" um den Hals. Und ich freue mich und der Tag hat einen wunderbaren Beginn. Wie lautet so schön das Sprichwort.

„Kleine Aufmerksamkeiten und Achtsamkeiten erhalten die Liebe jung!"

Und dieser Satz hat sich bei mir ins Unterbewusstsein eingeprägt wie Fleisch und Blut. Cindy schläft zum Glück noch, so dass Grace und ich uns wenigstens ein paar ruhige Minuten am Frühstückstisch gönnen können. Ich erzähle Grace, dass Robert mich wieder im Traum besucht hat und frage abermals nach, ob sie etwas mit bekommen hat.

Ihre Antwort ist „nein, heute Nacht habe ich felsenfest geschlafen".

Grace hat für Träume unglaubliches Talent. Ihre Träume handeln fast immer von Außerirdischen, die sie in einem Raumschiff abholen. Liegt das etwa daran, dass sie deshalb so gerne Science-Fiction-Filme oder –Serien wie Stargate, Raumschiff Enterprise oder die Zeitmaschine sieht oder ist es umgekehrt. Auf jeden Fall hat Grace einen unglaublichen Bezug zu Außerirdischen. Warum das so ist, sollte ich später erfahren.

Vom guten Frühstück gestärkt, von Grace motiviert und von der Nacht beeinflusst gehe ich mit dem festen Ziel zur Arbeit, mehr über die Firmen Nano-Pat, Nano-Xell, Nano-Static, Nano-White, Nano-Pu, Nano-Door, Nano-Bios, Nano-Med und Nano-Pollution zu erfahren. Wenn möglich, einfach alles. Ich stürze mich sofort in Internetrecherchen, beauftrage Auskunftsfirmen wie Creditreform und habe schon binnen weniger Stunden eine Unmenge an Daten über die Firmen gesammelt. Jetzt liegt es nur noch an mir, diese Daten auch auszuwerten. Ruppert sieht mich wieder mit dem ganzen Papierberg auf meinem Schreibtisch und fragt, ob ich Unterstützung brauche.

„Nein, geht schon klar, vielen Dank für Deine Hilfe!"

Ruppert ist ein Chef, wie man sich ihn nicht besser wünschen kann. Immer aufmerksam, hilfsbereit, freundlich und auch mal selbst mit zupackend, nicht nur der prahlerische Kommandeur, der jede Arbeit auf die anderen delegiert und selbst nichts mehr schafft. Ich bin sehr froh, dass ich Ruppert als Chef habe und mit John von WBC verhält es sich nicht anders. Die Zeit heute verging wie im Flug. Schon wieder 19.00 Uhr und ich habe noch knapp 40 Minuten mit dem Auto nach Hause. Grace wird mich bestimmt schimpfen, da mich Cindy schon wieder nicht sehen kann, da Cindy immer schon um 19.00 Uhr ins Bett gebracht wird. Hier hat sich Grace ein gutes Ritual einfallen lassen, das immer wirkt. Wichtig ist dabei, immer den gleichen Rhythmus beizubehalten, damit sich das Kind daran gewöhnen kann und weis woran es ist. Grace gibt ihr einen letzten Schluck zu trinken, wickelt sie und wechselt die Windeln und dann spielt sie Ihr noch 10 Minuten ruhige Meditationsmusik vor, und eingeschlafen ist Grace. Wenn uns andere Mütter oder Väter davon berichten, welches Theater sie immer haben ist das für uns schwer nachvollziehbar, weil es mit Cindy super funktioniert. Ich packe mir den Stapel Zeitschriften und alle Daten, die ich mir heute zusammengesucht hatte ein und nehme sie mit nach Hause, damit ich noch ein wenig Leselektüre habe. Ich komme erst um 20.00 Uhr an und als Grace sieht, was ich an Lesematerial mit aus dem Auto schleppe schwant ihr schon wieder Böses. Dementsprechend verfinstert sich auch Ihre Miene.

„Bill, kannst Du nicht einmal ein bisschen früher nach Hause kommen, Dein Kind sieht dich ja überhaupt nicht mehr!"

„Liebling, entschuldige bitte, ich war heute so in meine Arbeit vertieft, dass ich die Zeit gar nicht bemerkt hatte, tut mir leid. Ich versuche, dass ich in Zukunft nicht immer so spät nach Hause kommen werde, aber versprechen kann ich es Dir nicht!"

Graces Miene hellt sich wieder ein bisschen auf, weil sie sieht, dass ihr Anpfiff bei mir nicht nur durch das eine Ohr hindurchgeht und durch das andere wieder heraus, aber ob es Wirkung zeigt bleibt dahingestellt. Alleine die Bemühung und die Absicht zählen. Grace fragt mich natürlich, was ich hier denn schon wieder alles zum Lesen anschleppe. Und ich erkläre Ihr, dass wir evtl. in diese Firmen investieren werden, weil sie sehr erfolgsversprechend für die Zukunft sein könnten. „Verdienen wir daran extra?" möchte Grace natürlich wissen. Und ich erkläre ihr, je nachdem welche Form der Beteiligung oder Unterstützung wir den Firmen anbieten werden wir daran auch etwas verdienen. Grace kannte sich in den ganzen Börsengeschichten und Trades nicht aus. Für Sie war die Hauptsache, dass dabei etwas rüber kommt und wir ein schönes Leben führen können. Und unser Verdienst war wirklich sehr gut, wenn nicht sogar bombastisch für unser Alter. Future Electronics war schon ein wenig sauer, dass Grace schwanger wurde, da sie wirklich eine sehr gute Qualitätsmanagerin war. Sie boten Ihr sogar an, dass sie nach der Schwangerschaft ihr Kind mit in die Arbeit nehmen darf, wenn und wann sie will. Ab und zu war Grace hin- und hergerissen, ob sie nicht doch wieder arbeiten gehe solle. Zwar nicht Vollzeit, aber so um die 30 Stunden um den Anschluss nicht zu verlieren und auch um etwas Abwechslung zu haben. Aber sie merkte einfach, dass Cindy sie im Moment mehr brauchte. Dadurch war es doch ein relativ Leichtes, dass sie ihr starkes Ego ein wenig zurückfuhr. Das Kind war im Moment das wichtigste für sie, und dann folgten in der Hierarchie schon die Seminare zur Persönlichkeitsentwicklung. Hier blühte Grace förmlich auf und zeigte, welch großes Potential in Ihr steckt. Und ich war und bin immer stolz auf meine Frau und meine Familie und auch auf das, was ich tue. Es ist einfach spannend und abwechslungsreich. Da es doch schon relativ spät ist essen wir nur noch etwas Leichtes zu Abend. Grace hatte extra auf mich gewartet, damit wir zusammen in Ruhe den Tag ausklingen lassen können. Sie tischt uns Ruccola-Salat mit Parmesan und Baguette mit Kräuterbutter auf.

„Ich liebe Ruccola mit Parmesan" flirte ich zu Grace rüber. „Hast Du auch eine Flasche Wein kaltgestellt?"

„Klar, einen schönen Bordeaux, 2005- er Jahrgang. Ich habe Ihn passend auf Zimmertemperatur". Grace schenkt ein und der edle Tropfen mundet uns köstlich. Rotwein zu einem frischen Baguette ist einfach eine feine Sache. Und wir leeren fast die ganze Flasche. Wir, die nur äußerst selten Alkohol trinken. Eigentlich wollte ich heute Nacht arbeiten, bei dem Berg, den ich mir aus dem Büro mitgenommen hatte. Daran war aber nicht mehr zu denken. Der Alkohol machte sich sehr schnell bemerkbar und ich kam in diese lockere, beschwipste Stimmung. Und Grace auch.

„Du Bill, ich weis jetzt was Besseres als ins Bett und schlafen zu gehen". Und ruck-zuck hatte sie meine Hose heruntergestreift, befreit meinen kleinen Lümmel von allen Zwängen und macht sich mit Ihren warmen Lippen an ihm zu schaffen. Mir wird extrem heiß und ich entledige mich meiner restlichen Kleidung. Sofort befreie ich auch Grace von allen unnötigen Kleidungsteilen, so dass wir binnen weniger Sekunden nackt über uns herfallen können. Wir lieben es, es vor unserem Kamin zu treiben; und Cindy schläft ja bereits fest oben im Schlafzimmer und kann uns hier nicht hören. Wenn ich mir Grace in Ihrer Nacktheit so anschaue, dann denke ich mir immer wieder, welch unglaublich gute Figur sie noch hat, obwohl sie schon ein Kind bekommen hatte.

15. Mai 2009 03.00 Uhr nachts

Ich warte auf Robert, aber er kommt nicht, obwohl ich noch soviel von Ihm gerne gewusst hätte. Liegt es am Alkohol oder am Sex, dass er nicht kommt, ging es mir durch den Kopf. Die Antwort sollte ich bald von Ihm erfahren.

07.00 Uhr

Die Nacht schlief ich mehr oder weniger bewusstlos, bis auf die feste Unterbrechung um 03.00 Uhr. Für diese Zeit hat sich bei mir irgendwie schon ein innerer Wecker installiert. Auch Grace schlief tief und fest. Was Sex und Alkohol doch für eine Wirkung haben. Nichtsdestotrotz muss ich heute nochmals in die Arbeit, bevor das lang ersehnte Wochenende wartet. Ich habe ein schlechtes Gewissen, weil ich die ganzen Sachen nicht wie geplant gelesen hatte. Aber ab und zu ist es einfach auch mal notwendig, etwas langsamer zu treten. Speziell, wenn einem die Ehefrau auch noch darauf hinweist. Und so konnte ich mir das dann doch gut selbst verkaufen und war meine Unzufriedenheit los. Ich hatte wirklich schon sehr viel für LABC und WBC gearbeitet und geleistet; da steht es mir auch einmal zu, dass ich zu Hause nicht bis Mitternacht im Büro sitze und alles nachbereite, was ich während der Arbeit nicht mehr schaffen konnte.

Nachdem ich das doch überzeugend meinem Gewissen bzw. meinem Unterbewusstsein verkauft habe mache ich mich voll motiviert auf den Weg in die Arbeit. Ruppert fragt mich natürlich sofort, wie weit ich in der „Nanogeschichte" gekommen bin.

„Und hast Du wieder wie ein Verrückter die Nacht durchgearbeitet?", wollte er von mir wissen.

„Diesmal hatte meine Frau was dagegen und wir haben einen auf ruhig gemacht".

„Aha, so nennt man das jetzt, einen auf ruhig machen". Ich sehe, dass Ruppert genau weis, was ich mit „einen auf ruhig machen" in diesem Fall meine und wir beginnen beide zu schmunzeln. Jetzt sind meine letzten Zweifel auch noch verflogen, denn sogar mein Boss hat mich sogar sehr gut verstanden.

„Lass es ruhig mal locker angehen; oft kommen einem doch die besten Ideen, wenn man nicht alles so verbissen sieht und die gewisse Lockerheit hat. Wie wär es, wenn ich dir heute ausnahmsweise schon mal ab Mittag freigebe und du ein schönes Wochenende mit deiner Familie verbringst. Dein Kind Cindy kennt dich ja kaum!"

Unglaublich denke ich mir, was ich wieder für ein Glück habe mit meinem Chef. Es kommt mir oft so vor, dass er mehr über mich weis und was gut für mich ist als ich selbst. Kennen Sie dieses Gefühl, dass es manchmal eine Person in ihrem Leben gibt, die bei Ihnen immer genau den Nagel auf den Kopf trifft? Bestimmt, oder? Wenn bisher noch nicht, dann passen Sie von jetzt an bitte gut auf; sie werden so eine Person in Ihrem Leben noch treffen oder finden!

Ruppert lädt mich zu sich in sein Büro ein und wir trinken einen frischen Cappuccino aus der neu angeschafften Kaffeemaschine. Aufgrund der guten Ergebnisse, die wir im letzten

Jahr erzielten, hatte sich Ruppert hier nicht lumpen lassen und eine der teuersten industriellen Kaffeevollautomaten besorgt, die im Moment auf dem Markt sind. Es war und ist bei uns in der Firma Gewohnheit, dass man sofort, wenn man reinkommt, nach einer Tasse Kaffee schreit. Warum sich das so eingebürgert hat weis ich nicht. Ich habe das auch nie hinterfragt. Ruppert möchte noch meine Einschätzung für dieses Quartal haben, speziell, ob es so gut weiterlaufen wird. Er deutet an, dass er bereit ist auch größere Summen in etwas zu investieren, wo ich denke, dass es funktionieren wird. Irgendwie fühlt Ruppert, dass gerade meine instinktiven Trades und Geschäfte am meisten Erfolg bringen. Wahrscheinlich möchte er auch deshalb, dass ich ab und zu einmal langsamer trete, damit sich mein Gefühl ausbreiten kann und wieder einen interessanten Deal einfädelt. Ehrlich gesagt, ich bewundere Ruperts Vertrauen oder weis er einfach mehr in diesen Dingen. Ruppert hatte in den letzten 10 Jahren stets Fortbildungen bei den besten Verkaufs-, Erfolgs- und Mentaltrainern gemacht und verlies sich bei seinen wichtigen Entscheidungen immer aufs Gefühl, nicht auf den Verstand. Und er gibt und zeigt mir dieses unglaublich tiefe Vertrauen. Wenn ich Ihn darauf anspreche teilt er mir immer nur kurz und knapp mit, dass ich sein Vertrauen ja immer rechtfertige und dass er sich auf mich verlassen kann. Was seine Bauchentscheidungen betrifft macht er manchmal Witze oder Anspielungen. Seine Neueste ist, dass er in den letzten 3 Monaten 5 Kilo Intuition und Gefühl angefressen hat, und darum soll er im Moment viele Bauchentscheidungen treffen, damit sein Bauch wieder kleiner wird. Den Witz oder diese Anspielung verstand ich aber nicht.

„Soll ich darüber lachen?" fragte ich Ruppert.

„Nein nein, nimm es einfach wie es ist".

„Was hast Du für ein Gefühl mit der „Nano-Sache?", wollte er von mir wissen.

Ich konnte Ihm jetzt ja schlecht von meinen Treffen mit Robert Smith erzählen. Er hätte mich wahrscheinlich für verrückt erklärt, obwohl er sich auch mit sehr vielen Dingen beschäftigte. Bisher wusste vom Inhalt der Gespräche mit Robert Smith nicht einmal Grace Bescheid. Sie wusste zwar mittlerweile, dass ich im Traum oder was es auch ist jemanden treffe, dass es aber absolut real wirkt weis sie nicht. Ist auch besser so. Sie würde sich wahrscheinlich nur Sorgen machen, oder?

„Wir sollten in Nano investieren", antworte ich schon wieder aus dem Bauch heraus obwohl ich die Firmen noch gar nicht analysiert hatte und die Nano-Technologie im Moment noch mit der Panikmache der Presse zu kämpfen hatte. Für uns Börsenleute ist aber gerade dieser Zeitpunkt oft der beste, weil dadurch die Kurse dieser Branche oder dieser Forschungsrichtung unterbewertet sind. Ich erläutere Ruppert diesen Gesichtspunkt in wenigen Sätzen klar und deutlich und er reagiert darauf.

"Genial deine Sichtweise, wie Du wieder alles kurz und knapp auf den Punkt bringst. Und Du hast wirklich das Gefühl, dass sich Investitionen in diesem Bereich lohnen würden?"

„Tausendprozentig" ist meine spontane Antwort.

„Okay, dann mach Dich auf den Weg nach Hause und genieße die Zeit mit Deiner Familie. Denk immer daran, lebe so, als wäre jeder Tag ein kostbares Geschenk. Bedenke immer, dass der jetzige Tag Dein letzter sein könnte".

Ich verabschiede mich einem ehrlich gemeinten „Danke" bei Ruppert, verschwinde durch die Bürotür und wünsche Ihm auch ein wunderschönes Wochenende. Ihr letzter Satz hinterließ richtige Brandwunden in meinem Gedächtnis. Der Satz „lebe jeden Tag so, als wäre er Dein letzter" erzeugt einen eiskalten Schauer in mir und lässt fast mein Blut gefrieren.

Zum Glück erweckt mich die wärmende Mai-Sonne in L.A. wieder zum Leben. Es ist strahlender Sonnenschein und hat bestimmt 28 Grad in der Sonne. Ach ist das ein herrlicher Tag und ich habe schon frei. Ich kann es kaum glauben, dass ich mich über relativ einfache Dinge so sehr freuen kann. Wahrscheinlich hatte Ruperts Satz einigen Einfluss auf mein Unterbewusstsein, was sich dann sofort in meiner veränderten, lockeren Einstellung zeigte. Jetzt müsste man nur noch ein Cabriolet haben, dachte ich mir. Leider haben wir noch keins, da ich den Firmenwagen besitze. Warum sollen wir uns nicht einfach noch ein Cabriolet kaufen, schießt es mir augenblicklich durch den Kopf. Das wäre eine super Überraschung für Graces Geburtstag. Das Wetter hier in Kalifornien ist dafür ja prädestiniert und leisten können wir es uns ja auch. Ich merke, wie mich dieser Gedanke beflügelt, schwinge mich in meinen Firmenwagen und genieße die Heimfahrt, obwohl der Freitagmittagverkehr schon begonnen hatte. Das war mir aber in diesem Moment einfach nur egal. Ich könnte die ganze Welt umarmen.

„Die Welt liebt mich und ich liebe die Welt; wie schön es hier doch ist!"

Grace kann Ihren Augen kaum trauen, dass ich schon um 13.00 Uhr zu Hause bin. Freudestrahlend fällt sie mir um den Hals und fragt mich doch glatt, ob ich mich verirrt hätte, und was ich denn jetzt schon zu Hause wolle. Sie konnte es kaum glauben und ging glatt davon aus, dass ich später nochmals nach L.A. fahre.

„Liebling, Ruppert und ich waren uns einig, dass ich mir auch einmal ein schönes Wochenende mit der Familie gönnen sollte und das habe ich befolgt!"

„Ruppert ist sehr schlau. Motiviert sein bestes Pferd im Stall mit einer kleinen Geste, die aber große Wirkung zeigt", wird Grace wahrscheinlich gedacht haben.

„Du schau mal, wer noch da ist? Deine Mutter Thelma hat uns heute überrascht und bleibt übers Wochenende, passt das nicht gut? Dann können wir uns heute mal zu zweit einen schönen Nachmittag machen, Thelma passt auf Cindy auf und am frühen Abend sind wir wieder zurück. Und morgen und am Sonntag machen wir was zu viert? Wie findest du das?"

„Dein Vorschlag ist perfekt Grace. Was hältst Du davon, wenn wir uns für heute Nachmittag ein schickes Cabriolet ausleihen und den wunderschönen Sonnentag genießen?"

„Können wir uns das leisten?" ist gleich die erste Frage von Grace, obwohl sie eigentlich genau weis, dass wir uns das locker leisten können. Dieser Satz hatte sich so stark in Graces Unterbewusstsein manifestiert, dass er immer wieder zweifelnd auftauchte, auch wenn es sich nur um kleine Anschaffungen handelte.

Ich beruhige Grace, dass wir uns das sehr wohl leisten können und dass es wichtig ist, einfach das Leben auch genießen zu können. Mir ging immer wieder der Satz von Ruppert durch den Sinn. Und wie Recht Ruppert damit doch hat.....

„Du, Mumm ist es okay, dass Grace und ich heute etwas zu zweit unternehmen wollen. Kannst Du auf Cindy aufpassen?" will ich einfach direkt noch aus ihrem Munde wissen.

„Natürlich, macht Euch einen wunderschönen Tag". Obwohl ich diese Antwort wusste brauchte ich nochmals die direkte Bestätigung.

Warum ist das so, ging es mir durch den Kopf. Warum ist es so, dass der Mensch ständig Bestätigung braucht? Ist es, weil er immer Angst hat, etwas falsch zu machen? Die Antwort auf diese Frage hätte ich schon sehr gerne gewusst. Wissen Sie liebe Leser, warum?

Meine Mutter ist eine Seele von Mensch und sehr altruistisch veranlagt. Wenn wir, Grace oder ich einen Wunsch haben oder sie brauchen, ist sie sofort zur Stelle und immer bereit, ihre eigenen Interessen in den Hintergrund zu stellen. Die Gefahr bei dieser Einstellung ist natürlich, dass man ausgenutzt werden kann. Aber Grace und ich versuchen alles, dass wir meine Mumm nicht ausnutzen und deshalb betonen wir Ihr gegenüber immer, dass sie stets bei uns willkommen sei ohne irgendeine Verpflichtung erledigen zu müssen. Und wir meinen das auch wirklich so. Trotzdem ist es einfach bewundernswert, wie uneigennützig Thelma denkt und immer nur das Beste für die Familie will. Wir sind jedenfalls sehr froh, dass wir ständig auf Ihre Unterstützung zählen können. Und vor allem ist sie dann auch da, wenn wir sie brauchen und nicht, wenn wir sie nicht brauchen. Bei vielen Familien ist das etwas ins Ungleichgewicht geraten. Was ich damit meine ist, dass die Mütter oder Schwiegermütter sich immer in die Belange Ihrer Söhne oder Töchter einmischen wollen, da sie es auch nur gut meinen. In Wirklichkeit haben sie aber kein Vertrauen, können nicht loslassen und suchen Anerkennung, dass sie noch geliebt werden. Ob hier Streit entsteht oder nicht liegt oft auf Messers Schneide.

Liebe Omas und Opas, wenn ihr dieses Buch liest, dann bedenkt, dass eure Söhne oder Töchter schon erwachsen geworden sind und ihr euch nicht immer bei Ihnen melden müsst.

Eure Kinder lieben euch trotzdem und nur so kann eine liebevolle Beziehung zwischen ihnen und euch beibehalten werden. Eure Kinder werden es euch danken, indem sie ihr eigenes Leben führen dürfen und neue Erfahrungen machen können. Und deshalb werdet ihr immer von ihnen geliebt werden und Ihr braucht keine „Pflichtanrufe" oder „Pflichtbesuche" zu machen. Das Leben ist viel zu kostbar und die Zeit zu kurz, dass man sich Zwänge auferlegt. Bitte versteht diesen Hinweis nicht falsch, die Zeiten haben sich sehr stark geändert und was vor 20 oder 30 Jahren noch richtig war muss jetzt nicht mehr unbedingt richtig sein.

„Danke Mumm, wir sind gegen 19.00 Uhr zurück, damit wir Cindy ins Bett bringen. Ist das okay?"

„Ja, und jetzt haut schon ab, sonst habt ihr von diesem Tag nicht mehr viel!" Grace und ich verstehen. Wir packen schnell die wichtigsten Utensilien, die man für so eine Cabriolettour braucht, zusammen. Kappe, Sonnenbrille, Wind- oder Lederjacke und natürlich Badehosen bzw. Bikini, Handtuch und Sonnenbrille für den Strand. Halt, fast hätten wir das Trinken und die Brillenputztücher für die Sonnenbrillen vergessen. Es ist doch gut, dass Grace so einen Kontrolleur in sich hat, der dafür sorgt, dass man nichts vergisst. Manchmal geht mir ihre penible Ader auf den Geist. Mein innerer Kontrolleur meldet sich z.B., wenn ich überprüfe, ob ich meinen Geldbeutel auch wirklich eingesteckt habe, ob und wo ich die Haustür- und Autoschlüssel hingetan habe, immer eigentlich bei kleineren Dingen. Wir fahren mit unserem „Cadi", damit meine ich natürlich unseren Cadillac, zur nächsten Autovermietung. Ich sehe Grace die Anspannung schon an und dass sie gerade nachdenkt, welches Auto wir wohl nehmen werden. Der Typ bei der Autovermietung ist ein Typ Buchhalter und er kann überhaupt nicht einschätzen, was wir für diesen halben Tag suchen. Er fragt uns auch nicht, und da er nicht meine Gedanken lesen kann, was offensichtlich ist, geht er auch Null auf unsere Wünsche ein. Wären Grace und ich heute nicht so gut gelaunt, dann hätten wir Ihn entweder zur Schnecke gemacht oder wären wieder nach Hause gefahren. Doch wir hatten beiden diesen unbedingten Willen, dass wir einen schönen Tag gemeinsam verbringen wollen. Und fast zeitgleich stachen Grace und mir ein schwarzes Porsche-Cabriolet ins Auge und wir waren uns sofort einig, dass wir den haben wollen und keinen anderen. Der Verkäufer teilt uns mit, dass das sein einziger sei und er den deshalb nicht halbtags sondern nur tageweise vermietet.

„Okay, was ist der Preis?" wollen wir von ihm wissen.

„300 Dollar incl. Versicherung und Steuer" teilt er uns mit der Einstellung mit, dass wir das sowieso nicht machen werden.

Grace und ich schauen uns kurz in die Augen und sind uns einig. „Wir nehmen ihn!" ist unsere kurze Antwort. Ich frage mich just in diesem Moment, ist der Verkäufer dumm oder sehr clever, weil er etwas Teureres verkauft hatte, als er beabsichtigte. Wir zeigen beide unseren Führerschein, füllen den Mietvertrag aus und los geht's. Wir ließen uns beide als Fahrer eintragen, da wir beide das Porsche Cabriolet ausprobieren und die PS unter dem Hintern spüren wollten. Auch in den USA ist ein Porsche Cabriolet Kult.

Grace setzt sich als erstes ans Steuer. Kurz die elektrischen Sitze und die Spiegel eingestellt, Kappe, Sonnenbrille auf uns los geht es. Mit einem Kavalierstart sondergleichen legen wir los. Man merkt, dass Grace schon länger nicht mehr hinterm Steuer war; dann noch die erschwerenden Bedingungen wie Gangschaltung und mehr als 300 PS. Dem Typen in der Autovermietung rutschte bestimmt auch das Herz in die Hose. Und Grace gibt richtig Gas. Die strengen Geschwindigkeitsbeschränkungen sind für Grace im Moment keine Hürde. Wir fahren auf den Highway 66 und Grace gibt Vollgas, bis die Nadel mehr als 170 Meilen/Stunde anzeigt. Wegen dem Windschott spüren wir den Fahrtwind kaum; aber der Lärm durch den Fahrtwind ähnelt schon der Lautstärke eines Überschallflugzeuges. „Jetzt fehlt nur, dass wir noch abheben!" schreie ich zu Grace rüber.

„Ist das geil!" brüllt sie zu mir zurück.

Nachdem Grace einmal getestet hat, was der Wagen so hergibt wird sie wieder vernünftig und passt sich den allgemeinen Verkehrsregeln an. Wir fahren mit 60 Meilen auf dem Highway und denken wir stehen. Im gleichen Augenblick schießt mir durch den Kopf, wie oft wir doch durch allgemeine Regeln, Gesetze oder Vorschriften ausgebremst werden.

Grace strahlt bis über beide Ohren und so kannte ich sie noch gar nicht. So draufgängerisch, unvernünftig, einfach richtig schön. Gut zu wissen. Gib Grace die richtige Motivation oder das richtige „Spielzeug" und sie wächst über sich hinaus und vergisst alle Schranken. Nach mehr als zwei Stunden machen wir die erste Pause. Wir sind etwas mehr als 100 Meilen gefahren. Stolz ohne Ende fahren wir auf dem Parkplatz am „Diners" direkt am Meer und genehmigen uns einen „Latte".

„Willst du noch an den Strand gehen?" frage ich Grace und hoffe insgeheim, dass sie nicht mehr will, denn das „Cabriolet fahren" bei diesem schönen Wetter mit diesem Auto ist einfach cooler. Was kann es denn Schöneres geben. Und Grace und ich liegen wieder, wie fast immer, auf derselben Wellenlänge.

„Du Bill, ich möchte nach dem Kaffee einfach nur noch den Fahrtwind und die Sonne spüren; wir brauchen von mir aus nicht mehr an den Strand!"

Ich bin so erleichtert, dass ich meinen Schatz sofort umarme und ihr einen dicken Kuss auf den Mund drücke. Fast hätte sie dabei das Glas Latte ausgeschüttet. Normalerweise wäre sie früher bei so etwas leicht wütend geworden; heute ist aber alles anders. Man sieht die Fröhlichkeit und Leichtigkeit des seins in Ihr Gesicht geschrieben. Nach dem Latte machen wir uns auf den Rückweg, weil wir Thelma versprochen hatten, pünktlich um 19.00 Uhr wieder zurück zu sein. Und wir wollten unser Versprechen einhalten und haben das auch getan. Thelma fragt uns sofort wie es war und wir können Ihr nur von diesem wunderschönen traumhaften Tag vorschwärmen. „Bill, Grace, wollen wir noch ein kleines Barbecue auf der Terrasse machen? Das Wetter lädt uns ja förmlich dazu ein. Ich habe extra noch in paar Steaks, Spare-Ribs, Burger und sogar deutsche Grillwürstchen besorgt!"

Wir lieben diese deutschen Bratwürstchen und sind so froh, dass es diese mittlerweile auch bei uns im Dorf zu kaufen gibt. In den USA ist nichts unmöglich. Hier kannst du alles bekommen. Und natürlich nehmen wir diesen Vorschlag an. Thelma geht in die Küche um den passenden Salat und die Saucen vorzubereiten, Grace macht Cindy bettfertig und sorgt dafür, dass sie einschläft und ich bereite den Grill und das Fleisch vor. Außerdem würze ich das Fleisch. Das ist so eine Spezialität von mir. Ich verlasse mich dabei einfach auf meinen Instinkt. Schon nach 20 Minuten kommt Grace runter und ist überrascht, dass Cindy so schnell einschlief. „Ihr müsst ja wirklich viel gemacht haben, wenn Sie so schnell einschläft" spricht Thelma.

Man sieht, wenn man Kinder tagsüber beschäftigt und sich intensiv mit Ihnen abgibt, dann schlafen sie auch sofort ein. Mittlerweile glüht die Holzkohle einigermaßen, so dass wir die ersten Würstchen und Bürger auflegen können. "Oma" Thelma ist mit dem Salat auch schon fertig. Grace holt noch den Senf, den Ketchup, die Barbecuesaucen und wir können beginnen. Zum Trinken genehmigen wir uns ausnahmsweise ein schönes kaltes Bier. Das passt unserer Meinung nach zu so einem Grillabend einfach am besten. Dieser wunderschöne Tag klingt märchenhaft aus. Glühendes Abendrot mit anschließendem Vollmond und wir genießen hier auf unserer Terrasse. Ist das nicht herrlich? Kurz nach 23.00 Uhr melden sich die ersten Müdigkeitsanzeichen bei Oma Thelma und sie verabschiedet sich. Selbstredend räumt sie noch den Tisch ab und stellt das dreckige Geschirr in die Geschirrspülmaschine. Grace und ich bedanken uns nochmals bei meiner Mutter für die liebevolle Art der Unterstützung. Ach bin ich glücklich, dass ich so eine Mutter habe.

Grace und ich wärmen uns am Holzkohlengrill, weil es doch langsam anfängt, empfindlich kühl zu werden. Ich würde schätzen so um die 18 Grad. Dass es auf einmal doch so abkühlt lässt auf einen Wetterumschwung hindeuten. „Hoffentlich bleibt es übers Wochenende noch schön, weil wir ja zu viert etwas unternehmen wollten. Ich hatte mir vorgestellt, dass wir alle zusammen morgen nach Disneyworld gehen. Cindy hätte hier bestimmt ihren Spaß!"
Obwohl sie erst ein Jahr alt ist bekommt sie schon viel mit. Grace und ich gehen zusammen ins Bett und kuscheln noch ein wenig, obwohl wir etwas anderes jetzt lieber täten. Oma Thelma liegt aber genau im Zimmer neben uns und hat einen sehr leichten Schlaf, deshalb lassen wir es und verschieben es, bis sie wieder weg ist. Wir wären heute schon in richtiger Stimmung gewesen. Zuerst der wunderschöne Tag, das Cabriolet, das Barbecue, der romantische Sonnenuntergang und zuletzt der Vollmond. Diese spezielle Konstellation hatte Graces und meine Hormone doch ganz schön durcheinander gewirbelt. Trotzdem sind wir

vernünftig, schlafen aber mit dem Gefühl und der Vorstellung, dass wir beide jetzt zusammen wunderschönen Sex haben Arm in Arm ein. Ich merke richtig, wie Grace und ich auf der gleichen Wellenlänge schwingen.

16. Mai 03.00 Uhr nachts

„Bill, Grace, aufwachen, ich bin es, Robert!"

Wie von einem Blitz getroffen schrecke ich hoch. Hat er wirklich auch Grace gesagt? Und tatsächlich, Grace ist ebenfalls hoch geschreckt.

„Kannst Du Robert hören und sehen, frage ich Grace?"

„Ja!"

Mann ist das abgefahren denke ich. „Warum kann Grace Dich jetzt auch hören und sehen?" möchte ich von Robert wissen.

„Weil ihr heute genau auf der gleichen Frequenz schwingt. Deshalb ist es Grace auch möglich, mich wahrzunehmen!"

Was mich wundert ist, dass Grace überhaupt keine Angst zeigt. Liegt es vielleicht daran, dass sie nicht alleine Robert begegnet? Doch auf einmal wird Cindy wacht und beginnt zu quaken und sofort ist Robert verschwunden. Cindy hat Durst und Grace steht auf und gibt ihr nochmals die Flasche.

„Das nächste Mal bist du dran" sagt sie zu mir und legt sich wieder hin. In kürzester Zeit sind Cindy und auch Grace wieder eingeschlafen. Ich bin doch noch etwas perplex, dass Grace auch Robert sehen konnte, aber er hatte mir ja auch die Antwort auf die Frage „Warum..." gegeben.

Ich beschäftige mich in meinen Gedanken weiterhin mit Robert und schon sitzt er wieder zur Linken auf meiner Bettkante. Ich schaue sofort zu Grace rüber, ob sie wach ist und Ihn auch sehen kann.

„Sie kann dich nicht sehen. Grace ist im Stadium des bewusstlosen Schlafes und wieder auf einer anderen Frequenz".

Was auch immer das heißen mag, ich verstehe, dass Robert und ich wieder ein Männergespräch untereinander führen.

„Worauf würdest Du denn heute gerne eine Antwort haben?"

„Auf vieles!"

„Dann schieß los!"

„Du hast doch schon mal anklingen lassen, dass Raum und Zeit für Dich nicht existieren, richtig?"

„Ja!"

„Soll ich in die Nano-Technologie investieren und mit LABC und WBC die ganzen finanzschwachen und familiengeführten Unternehmen finanziell unterstützen?"

„Wenn Du überzeugt davon bist, dann ja!"

„Werden diese Firmen in der Zukunft erfolgreich sein?"

„Wenn Du überzeugt davon bist, dann ja!"

Ich merkte, dass ich mit dieser Art der Fragestellung nicht weiter kommen würde. Robert antwortete mir immer das gleiche. Und ich durchschaute zu jenem Zeitpunkt noch nicht, was wirklich hinter diesen Antworten steckte und wie Recht Robert doch hat. Also frage ich einfach einmal anders und gehe mehr ins Detail. Welche Art der finanziellen Unterstützung für diese Firmen jeweils die Richtige wäre und wie LABC, WBC und ich den größten Nutzen und Gewinn dabei haben könnte.

„Du hast schnell gelernt Bill. Du kannst mir auch diese detaillierten Fragen stellen und eine Antwort bekommen!"

„Okay, dann erzähle mal bitte, was das Beste für uns ist!"

„Du hast instinktiv mit Nano-Pat, Nano-Xell, Nano-Static, Nano-White, Nano-Pu, Nano-Door, Nano-Bios, Nano-Med und Nano-Pollution „Nano-Firmen" aus den unterschiedlichsten Bereichen ausgewählt, die nahezu alle jetzigen wissenschaftliche Bereiche wie die Medizin, die Biologie, die Physik und die Chemie berühren. Kauf diese Firmen wenn möglich durch LABC und WBC und werde Vorstand dieser Firmen. LABC und WBC wird speziell in den nächsten 3 Jahren sehr hohe Gewinne aus diesen Firmen erzielen können. Beteilige LABC und WBC zusätzlich mit 10% an diesen Firmen, so dass ihre stillen Einlagen auch gewürdigt werden. Die Aktionäre, die durch die Broker von LABC und WBC geworben werden, werden sehr hohe Gewinne an diesen Firmen machen und dadurch wird LABC und WBC die größte Brokergemeinschaft in den USA werden. Teile diese Pläne ruhig John und Ruppert mit. Du wirst größtmögliche Unterstützung bei deinem Vorhaben erhalten. Worauf du achten musst ist, dass jede dieser Firmen weitergehend spezialisiert in ihrem Fachgebiet bleibt und sich auf die eigenen Stärken konzentriert; ferner ist es aber auch notwendig, die Firmen zu vernetzen um die Synergie-Effekte wie die „economies of scale" und die „economies of scope" auszunützen. Gründe deshalb über diese Firmen eine Muttergesellschaft, die deinen persönlichen Anforderungen entspricht und mit der du dich identifizieren kannst!"

„Robert, glaubst du, dass das wirklich alles eintreffen kann und funktionieren wird?"

„Ja, wenn du bereit bist, dafür zu leben und dein Bestes geben wirst. Um dieses großartige Projekt ins Leben zu rufen muss es deine Lebensaufgabe sein. Dann wird Großartiges geschehen und entstehen!"

„Warum gerade ich?" möchte ich wissen.

„Weil es so sein soll und so sein wird!"

„Robert, woher weist du, dass alles so kommen wird?"

„Weil alles schon da ist und ich das sehen kann. Die Menschen in deiner Welt und auch du können das einfach noch nicht sehen, weil es erst in der psychischen Realität da ist, aber auch nur, wenn du es absolut willst und es auch machen wirst. Nur dann kann dieses Projekt durch dich entstehen. Wenn nicht, ruft es vielleicht jemand anderes in die Welt. Die Zeit ist reif dafür. Das universelle Informationsfeld als Voraussetzung für die Übersetzung in die materielle physische Welt ist immer da. Es muss nur angezapft werden und es wurde immer angezapft. Aber immer erst zur passenden Zeit, wenn das Bewusstsein so weit vorhanden war. Und bei dir ist dieses Bewusstsein da!"

„Du sprichst jetzt wieder in einer Sprache, die mir zu hoch ist und die ich nicht verstehe. Erkläre mir das bitte in einer für mich verständlichen Sprache!"

„Okay, dann hole ich wieder weiter aus. Das Universum, also die äußere sichtbare Realität existiert eurer Zeitrechnung nach seit ca. 15 Mrd. Jahre. Ein paar Jahre mehr oder weniger spielen bei diesem langen Zeitraum eigentlich keine Rolle. Durch den Urknall (oder auch verschiedene Ur-Knalle) wurde immense Energie freigesetzt, die dann in Verbindung mit chemischen Reaktionen Materie erschuf. Auf die Einzelheiten möchte ich hier nicht zu sehr eingehen; das würdest du im Moment wahrscheinlich noch nicht verstehen. Vor diesem Urknall war also reine Energie, reines Wissen, reine Schöpferkraft, die im Laufe der Milliarden von Jahren nur ein bisschen mutiert ist und ein wenig Materie dazu gewonnen hat. Jedoch stehen alle Materie-Teilchen als auch nichtmateriellen Teilchen in einer direkten Verbindung zueinander und können sich auch austauschen, ähnlich wie es im Internet passiert. Deshalb ist ja auch das Internet entstanden, weil der Mensch weis, dass so etwas möglich sein kann. Große Erfindungen oder neue Zeitalter entstehen aber immer erst, wenn die Zeit dafür reif ist, d.h. wenn quasi ein gesammeltes Bewusstsein vorhanden ist, das sich mit sehr viel Intensität mit einem gewissen Thema beschäftigt, so dass sich dieses Thema dann aufgrund der Gedankenkonzentration verdichten kann und durch die Verdichtung Materie erzeugt. Wir erzeugen also durch unsere energievollen Gedanken Leben, nichts anderes! Genau so ist übrigens das Leben auf Eurer Erde standen; der verdichtende Faktor

war hierbei der Kohlenstoff der dafür notwendig ist, dass sich Energie verdichten kann. Ist Dir das klar?"

„Das hört sich alles eigentlich sehr logisch an. Kannst Du mir auch Beispiele dafür bringen, dass diese Veränderungen eigentlich mit der Verdichtung der Gedanken zu tun haben, weil sich viele Menschen gleichzeitig damit beschäftigen und das „universelle Informationsfeld", so wie Du es nennst anzapfen und dadurch einen Impuls zur Veränderung erzeugen und eine Mutation erzeugen oder etwas Neues schaffen?"

„Bill, nochmals, dass du mich verstehst. Es muss gar nichts Neues erschaffen werden, weil alles schon da ist. Alles ist in diesem Informationsfeld gespeichert, wird dann von verschiedenen Menschen oder was auch immer angezapft, dadurch entsteht eine Verbindung zu eurer Welt und einfach dadurch, dass ihr etwas tut und euch damit beschäftigt holt Ihr das durch eure Energie rein in eure Welt!"

Klingt für mich jetzt eigentlich klar und stimmig. „Gib mir bitte trotzdem ein paar konkrete Beispiele dafür, dass es quasi die universelle Ordnung gibt und alles zu einer gewissen Zeit geschieht, einfach weil wir uns damit beschäftigen!"

„Okay Bill, du bist sehr neugierig und möchtest wirklich alles wissen!"

„Ich möchte nicht nur alles wissen, sondern auch verstehen, damit ich es umsetzen kann. Wissen alleine reicht doch nicht. Nenn mir jetzt bitte konkrete Beispiele!"

„Nehmen wir z.B. die Entwicklung der Weltreligionen. Sie entwickelten sich mehr oder weniger zur gleichen Zeit, wenn man davon ausgeht, dass die Erde ca. ein Alter von 5 Mrd. Jahre eurer Zeitrechnung hat. Die wichtigsten jüdischen Propheten predigten zwischen 750 und 500 v. Chr., die wesentlichen Teile der Upanishaden wurden in Indien zwischen 660 u. 550 v. Chr. erfasst, Buddha lebte von 563 bis 487 v. Chr. und fast zur gleichen Zeit lehrte Konfuzius in China (551 bis 479 v. Chr.) und Sokrates kam in Griechenland wenig später (469-399 v. Chr.). Wenn wir diesen kurzen Zeitraum von knapp 400 Jahren im Verhältnis zum Alter des Universums oder auch der Erde sehen, ist die Größe eines Nano-

meters im Vergleich zu einem Meter fast identisch. Während der eine Aspekt den Aspekt der Zeit berührt, betrifft das Beispiel mit dem Nanometer den Bereich des Raumes!"

„Kannst Du mir weiter Beispiele oder Erfindungen aus neuerer Zeit nennen?"

„Gerne. Es gibt in der Wissenschaft und Technik viele Beispiele und trotzdem war der Mensch bisher nicht in der Lage zu interpretieren, warum das so sei. Das liegt daran, dass die ganzheitliche Sichtweise noch nicht genügend ausgeprägt war und er nur einen Teil der Realität, quasi seine subjektive Realität wahrnehmen kann und nicht die Zusammenhänge sehen. Erst das Internet als sichtbares Zeichen in der physischen Realität zeigt, dass sich immer mehr Menschen mit einer ganzheitlichen Betrachtung identifizieren und einzelne Mosaiksteinchen zu einem Ganzen zusammen bauen. Die berühmtesten Fälle in Wissenschaft und Forschung sind z.B. in der Mathematik die nahezu gleichzeitige Entdeckung der Infinitesimalrechnung durch Newton und Leibniz, in der Biologie die Evolution durch Darwin und Wallace oder in der Technik die gleichzeitige Erfindung des Telefons durch Bell und Gray. Es gibt unzählige dieser Parallelitäten im Universum, die auf eine transpersonale Kommunikation mit diesem allwissenden universellen Informationsfeld hinweisen. Dass alles schon da ist und der Mensch es nur erkennen muss zeigen auch viele Beispiele aus der Natur, die dann in die Technik übernommen werden. Typisch gerade jetzt für dein Beispiel in der Nanotechnologie ist der „Lotusblüten-Effekt", den es in der Natur schon immer gab, der Mensch diesen Effekt aber jetzt erst aufgrund seiner selektiven Wahrnehmung wahrnimmt. Deshalb gab es vorher auch für ihn noch nicht die Nanotechnologie, obwohl sie natürlich immer schon da war bzw. da ist. Der Mensch muss nur seine Augen öffnen oder anders wahrnehmen!"

„Hast du noch weitere aktuelle Beispiele?"

„Ich könnte dir Stunden in deiner Zeitrechnung darüber erzählen!"

„Bitte mach, das hilft mir zu verstehen!"

„Ich nenne dir einfach Beispiele, die diese Parallelitäten zeigen und in der Technik schon gewinnbringend umgesetzt werden. Bei Landwanzen z.B. werden die Vorder- und Hinterflügel durch Kopplungsmechanismen zusammengehalten. Diesen Aspekt hat man beim Bau eines Besens und der Besenklemme berücksichtigt; oder die Flügelverspannung bei einer kleinen Libelle; dieses Muster wurde bei der Optimierung der Wellpappe berücksichtigt, um diese Steifigkeit zu erreichen; oder die Saugnäpfe des Gelbrandkäfers werden imitiert bei Seifenhaltern in den Badezimmern; der Klappmechanismus des Stutzkäfers findet sich beim Taschenmesser wieder; die Riesenholzweste verwendet einen ähnlichen Bohrmechanismus wie Bohrraspeln, die wir in jedem Baumarkt kaufen können. Es gibt unzählige Parallelitäten und Hinweise, dass alles schon da ist; nur wir müssen sie finden!"

„Das heißt also vereinfacht, dass derjenige, der gezielt sucht und seine Augen richtig aufmacht am meisten finden wird?"

„Bill, du hast es erfasst. Dies betrifft jeden Bereich, sei es die Partnerschaft, die Wissenschaft oder auch den Erfolg. Es ist alles in irgendeiner Form schon da oder du machst dir einfach diese Form!"

„Darf ich dir noch eine Frage stellen, weil du mir doch durch dein unbegrenztes Wissen schon so viel erklärt hast. Wer bist du? Ich möchte es bitte wissen!"

„Ich bin Robert Smith, das habe ich Dir doch schon einmal gesagt".

„Ich weis, dass Du Robert Smith bist, aber wer ist dieser Robert Smith, wo kommt er her, woher weis er das alles, was er mir erzählt; all das sind die Fragen die ich wissen will!"

„Jetzt verstehe ich. Dein Verstand hat hier als Filter deiner Gefühle gewirkt. Du hast innerlich doch bestimmt gefühlt, dass ich dir sehr nahe stehe?"

„Ja!"

„Okay. Ich bin du bzw. ein Teil von dir!"

„Ehrlich?"

„Ja!"

„Warum kann ich dann mit dir bzw. mit mir kommunizieren?"

„Weil du jetzt soweit bist und nach Innen gehst und auf deine Gefühle hörst. Ich bin immer da und du kannst mich immer rufen, wenn du mich brauchst. Und du hast gemerkt, wie du mich rufen kannst. Durch deine Gedanken verbunden mit Gefühlen in einem anderen Bewusstsein, so einfach ist das. Du bist quasi in meine geistige Welt eingetaucht, und das können bisher nur sehr wenige. Vor allem können sie es dann nicht plausibel erklären und einen Nutzen daraus ziehen!"

„Heißt das, dass du mich in meinen Entscheidungen auch schon früher des Öfteren beeinflusst hast?"

„Indirekt, früher warst du dir ja vieler Dinge nicht bewusst, was du machst. Aufgrund der Entwicklung wird sich das jetzt verändern, weil du durch mich immer den Zugang zu deinem Unterbewusstsein hast und somit die bestmöglichen Entscheidungen treffen kannst. Wichtig ist aber auch, dass du diese Fähigkeiten auch nützt und zum Wohle aller einsetzt. Denn die Schwingung der Liebe ist entscheidend, gerade jetzt bei diesen hochsensiblen „Nanopartikel". Du hast in deinem Alptraum gesehen, zu was es führen kann. Und bedenke, dass der Mensch durch seine Gedankenkraft ein Energiefeld schafft, das laut Forschungen am A.S. Popov Bio-Information Institute bei einer Frequenz zwischen 300 und 2000 Nanometer liegen kann. Also bedenke gut, wie du diese Firmen aufbaust, welche Leute du mit ins Boot nimmst und wen du über dein Wissen informierst. Jedoch brauchst du Leute, die wie in einem Netzwerk zusammenarbeiten. So geschieht die im Moment schnellstmögliche Verbreitung, wie du bereits durch den Datenhighway im Internet erfahren hast. Alles ist nur eine Frage der Frequenz, auch warum ich bei dir bin oder du bei mir bist; das ist eigentlich egal, da beides wahr ist!"

„Danke Robert, oder wie soll ich Dich in Zukunft nennen, weil du ja ich bist bzw. ein Teil von mir, nur quasi in einer anderen Frequenz. Ist das so richtig?"

„So ziemlich. Genauer gesagt ist es so, dass du mich wahrnehmen kannst, wenn du dich im Rahmen meiner Frequenz bewegst!"

„Erklärst du mir das bitte auch noch?"

„Ganz kurz. Wenn du z.b. eingeschlafen bist und träumst und bewusst an mich denkst, dann siehst du mich, dafür siehst du dann z.b. deine Tochter nicht. Wenn du wach bist und mit deiner Tochter spielst siehst du dafür mich nicht. Ganz einfach ist das!"

„Ich denke jetzt einfach nicht mehr weiter darüber nach und nehme es einfach so an, wie du es mir erzählt hast. Wie soll ich dich jetzt in Zukunft nennen? Sollen wir es so lassen, weil die Kommunikation bisher so gut funktioniert. Warum soll man denn etwas ändern, wenn es funktioniert!"

„Okay, wir können es gerne so lassen. Es liegt ganz an dir, wie die Kommunikation ablaufen soll!"

„Okay Robert, dann vielen Dank. Ich möchte jetzt auch noch ein wenig schlafen!" Und weg war er.

Beeindruckend wie real das alles ist. Ich habe meinen eigenen allwissenden Berater und dieser Berater ist dann auch noch ein Teil von mir oder er ist ich. Das darf ich aber niemanden erzählen sonst denken sie, ich sei reif für die Klapsmühle oder erschaffe ich mir schon wieder dieses Bild durch meine Gedanken, geht mir gerade so durch den Kopf. Morgen..., morgen will ich mich damit weiter auseinandersetzen. Jetzt will ich nichts anderes als schlafen. Oh Gott, es ist schon 05.00 Uhr morgens; dann wird uns Cindy bestimmt bald wecken. Meine Gedanken haben schon unglaubliche Kraft. Wie bestellt weckt uns Cindy um 06.30 Uhr auf und das am Samstag. Das erste Mal weis ich aber auch warum. Weil ich meinen Gedanken ausgesendet habe und sogar durch ein Gefühl verstärkt hatte. Dann ist es kein Wunder, dass Cindy darauf hört. Gerade weil Kleinstkinder hier noch viel offener sind und alle ausgesendeten Gedanken und Gefühle viel besser und intensiver wahrnehmen als wir Erwachsene. Jetzt beginne ich glatt schon zu philosophieren und spinne etwas vor mich herum. „Hat Cindy meine „Nano-Gedankenströme" aufgenommen und schon kurze Zeit später reagiert? Können Sie sich denn vorstellen, welche Kraft die Gedanken von 6 Mrd. Menschen auf Nanopartikel haben und welche Auswirkungen das haben könnte? Wie Robert mir hier mitteilt, muss ich ganz behutsam vorgehen. Bisher war noch immer das System der Sieger, weil der Mensch sich innerhalb eines sicheren und bequemen Systems einfach wohler fühlt und die Resonanz des kollektiven Unterbewusstseins der anderen Menschen spürt. Das geht mir jetzt aber doch schon wieder zu weit. Bitte nicht am Samstagmorgen und wie weggeblasen sind meine Gedanken von eben.

Ich opfere mich dieses Mal und schaue nach Cindy, damit Grace dieses Mal noch ein bisschen Ausschlafen kann. Und das letzte Mal war ja sie dran. Der Duft von Cindy ist schon wieder unverkennbar. Es kommt mir fast wie ein Angstschiss vor, so stinkt es. Einfach bestialisch. Es kann doch nicht sein, dass so ein Winzling so stinken kann, aber Cindy kann es. Ich nehme sie behutsam aus Ihrem Bettchen und lege sie auf die Wickelkommode im angrenzenden Badezimmer. Cindy hat Durchfall, auch das noch. Liegt das vielleicht daran, dass sie gestern zur Milch einen Bissen Apfel aß, geht mir so gerade durch den Kopf. Was auch immer den Durchfall erzeugte, es hatte auf jeden Fall eine große Wirkung. Die Windeln sind gelb-braun getränkt und mindestens 500 Gramm schwer, so hatte sich die Mischung aus Urin und Kacke in der Windel festgesaugt. Unser armes Mäuschen, an Ihrer Stelle hätte ich auch geschrien, denn bei buchstäblich so viel Scheiße ist die Kacke am dampfen!

Ich nehme noch schnell einen dunklen Waschlappen aus der Kommode, befeuchte ihn mit lauwarmen Wasser und mache damit ganz sanft und behutsam Cindys verschissenen Popo und die in Mitleidenschaft gezogene Muschi sauber. Dann noch kurz mit Creme eingeschmiert und es geht ihr wieder sichtbar wohler. Der rote Kopf ist weg und ihre Gesichtszüge haben sich wieder entspannt. Wahnsinn, was man an den Gesichtszügen kleiner Kinder alles erkennen kann, geht es mir durch den Kopf. Ferner stelle ich fest, dass meine spontanen Ideen und meine Auffassungsgabe extrem gestiegen sind, seitdem ich mit Robert kommuniziere. Warum das so ist werde ich Ihn beim nächsten Mal fragen. Da habe ich dann gleich den passenden Einstieg. Ich konzentriere mich darauf, dass Cindy wieder schnell einschlafen soll und bitte einfach auch darum, dass sie wenigstens noch zwei Stündchen schlafen soll. Es ist schließlich Samstag und einer der wenigen Tage in der Woche, wo wir ausschlafen könnten, wenn es sie nicht gäbe. Natürlich liebe ich meine Tochter, aber ab und zu schlafe ich auch gerne. Das muss man doch verstehen, oder?

16.Mai 09.00 Uhr morgens

Cindy hat uns wirklich bis 09.00 Uhr ausschlafen lassen, ich fasse es nicht. Ich rieche schon den Duft von frischen Kaffee, der langsam aber stetig zu uns ins Schlafzimmer strömt. „Mmh, wie köstlich das duftet!" Ich sehe neben mir noch Grace am schlafen, also muss es meine liebe Mutter sein, die schon wach ist. Obwohl Grace und ich eigentlich zum Frühstück Latte Macchiato bevorzugen macht mich diesmal der Duft von normalen Kaffee auch an. Ich öffne die Jalousien und bemerke schönes Wetter draußen. Hat Petrus mit unseren Plänen doch ein einsehen. Wir wollten heute zu viert nach Disneyworld. Dann müssen wir uns aber sputen, dass sich der Tag auch noch rentiert. Wie ich mich schon wieder von meinen Gedanken manipulieren lasse, geht es mir durch den Kopf. Mach dir keinen Stress und genieße einfach, dass du frei hast, ein schöner Tag ist, der Kaffee frisch aufgesetzt ist und du heute einen wundervollen Tag mit der Familie in Disneyworld verbringen wirst. Nichtsdestotrotz muss ich jetzt noch meinen Schatz aufwecken, auch wenn sie darauf meist mürrisch reagiert.

„Hallo Schatz aufwachen, Disneyworld ruft! Es ist schönes Wetter. Wir sind schon alle fertig, auch Cindy!"

Cindy wurde von Oma Thelma während der letzten halben Stunde reisemäßig ausgestattet. Grace kommt morgens immer sehr langsam in Schwung. Ob ihr die Motivation fehlt? Ohne Motivation hält einen der Bettzipfel ziemlich stark fest. Aber als Grace sieht, dass wir schon alle zur Abfahrt bereit sind gibt sie Gas und ist binnen weniger Minuten fertig. Das einzige was sie dann zur guten Laune noch braucht ist ein frischer Latte Macchiato. Und da ich das wusste, habe ich ihr schon einen frischen ans Bett gestellt. Auch wenn sie ihn jetzt während des leichten Zeitdrucks ziemlich schnell hinein kippt, geniest sie ihn trotzdem. „Es geht doch nichts über einen frischen Latte am morgen", höre ich sie leise vor sich hin reden, oder denkt sie das gerade nur. Seit ich mich mit Robert immer mehr und ausführlicher unterhalte kann ich genau sehen und fühlen, was andere gerade denken. Ich kann die Gedanken anderer Menschen richtig hören oder sehen, speziell bei den Menschen, die mir sehr nahe stehen. Das letzte Mal konnte ich sogar bei einem Arbeitskollegen genau sehen und fühlen, was er denkt. Nicht dass ich seine Intimsphäre verletzen wollte, aber indem ich ihn genauer betrachtete und mich ganz auf ihn einließ passierte dies einfach, ohne Absicht. Warum das so einfach funktionierte wusste ich zu diesem Zeitpunkt noch nicht, aber ich ahnte es. Wie Robert mir erklärte sind alle Lebewesen mit dem universellen Informationsfeld verbunden und irgendwie kam meine Verbindung mit den Gedanken des Arbeitskollegen zustande. Und der „Info-Highway" funktionierte. Wir packen noch schnell das Nötigste für Disneyworld zusammen. Grace packt die Windeln, die Ersatzgarnitur an Wäsche sowie 3 Fläschchen für die Kleine ein; ich den Kinderwagen. Kurz den Kindersitz eingebaut und drin sitzt Cindy. Das Autofahren liebt sie. Zum Glück schläft sie dann immer sehr schnell ein. Das ist auch gut so, denn so ein plärrendes Kind kann die Konzentration des Autofahrers sehr zum Negativen beeinflussen. Pünktlich bei Ankunft Parkplatz Disneyworld wacht Cindy verstohlen auf und sieht schon die ersten Micky Mouse- und Donaldfiguren am Parkplatz stehen. Sofort ist sie wach und ganz aufgeregt. Ich spüre die Aufregung der Kleinen richtig. Schade, dass sie sich verbal noch nicht ausdrücken kann. Aber das wird schon. Im Moment ist sie ja erst im „Krabbel-Stadium" und hatte auch schon die ersten mehr oder weniger erfolgreichen Gehversuche hinter sich; alles nur eine Frage der Betrachtungsweise und der Einstellung. Das Wetter spielt mit. Nicht zu heiß und nicht zu kalt. Vielleicht so um die 23 Grad und bewölkt. Also optimal für einen Ausflug wie Disneyworld. Und es wird ein schöner Tag. Wir sehen richtig, wie das Gesicht der Kleinen in diesem Umfeld der „Märchenfiguren" und dieser Traumwelt erblüht, als wäre sie noch eins mit ihr. Mir ist klar, dass unsere Kleine diese Art von Welt noch viel intensiver erlebt als Grace und ich, geschweige denn als Oma Thelma. Die kleinen Kinder sind einfach noch viel mehr Rechtshirn und erlebnisorientiert gesteuert, wir Erwachsenen dagegen leider immer stärker Linkshirn und analytisch. Ich möchte Ihnen jetzt nicht den ganzen Tag im Detail schildern. Sie können sich bestimmt vorstellen, wie so ein Tag mit einem kleinen Kind in dieser Welt der Wunder verläuft, gerade wenn sie selbst Kinder haben.

Und, sehen sie die Bilder vor ihren Augen? Ich wollte einfach einmal schauen, ob Ihre Gedanken auch schon geistige Vorstellungsbilder, eine Vorstufe der Realität bei ihnen erzeugen! Bei Erwachsenen, die Kinder haben oder die schon in Disneyworld oder Disneyland waren dürfte das natürlich wesentlich einfacher funktionieren.

16.Mai 2009, 20.00 Uhr.

Total erschöpft kommen wir zu Hause an. Cindy schläft schon tief und fest. Das Autofahren wirkt bei ihr wie das stärkste Schlafmittel. Grace hat soeben noch die Windeln der Kleinen gewechselt und sie bettfertig gemacht. Wenn das immer so leicht und einfach ginge, dann sollten wir wahrscheinlich öfters Ausflüge dieser Art unternehmen. Wir essen noch eine Kleinigkeit in Form belegter Brote mit Wurst und gehen ins Bett. So früh bin ich schon lange nicht mehr ins Bett gegangen. Der Körper braucht anscheinend heute diese Ruhephase. Ich schlafe so tief, dass ich mich an keinen Traum erinnern kann, geschweige denn, dass ich Robert treffe oder traf.

Sonntag, 17. Mai 06.00 Uhr

Cindy macht sich frühzeitig bemerkbar, weil sie wahrscheinlich hungrig oder durstig ist. Sie hatte gestern Abend nichts mehr zu sich genommen. Grace steht auf, weil ihr bewusst ist, dass Sie heute dran ist. Und Grace hat Glück. Keine vollen Windeln sondern lediglich Durst oder Hunger. Kurz nachdem Cindy die Flasche bekommen hat schläft sie wieder ein. Das hatte diesmal keine drei Minuten gedauert.

Zwei Stunden später werde ich von den ersten Sonnenstrahlen geweckt, weil wir gestern vor lauter Müdigkeit nicht einmal mehr die Jalousien runtergelassen haben. Ich bemerke die Wärme auf meiner Haut und die Helligkeit sticht direkt in meine Augen. Ich schaue auf die

Uhr und es ist 08.00 Uhr morgens. Grace schlummert noch seelenruhig vor sich hin; ich schleiche mich rüber ins benachbarte Zimmer und meine Mutter ist auch noch im Tiefschlaf. Der Ausflug gestern war für eine ältere Dame über 70 doch sehr anstrengend. Lass einfach alle drei noch schlafen und bereite das Frühstück vor, dann kann der Tag gleich gut beginnen. Ich backe Brötchen auf, stelle Rührei hin, decke den Tisch, richte die Wurst und die Marmelade her, frisches Obst und frisch gepressten Orangensaft und schmeiße die Kaffeemaschine an. Binnen 20 Minuten habe ich alles fertig angerichtet und denke mir, jetzt können sie bitte kommen. Und wie auf Kommando höre ich Cindy wach werden. Das Schreien der Kleinen wiederum weckt meine Mutter und natürlich auch Grace. Der Duft des Frühstücks, vor allem der frischen Rühreier und der Brötchen hatte sich schon im Haus verteilt. Innerhalb weniger Minuten kommen beide noch ein wenig verschlafen angetanzt. „Oh lala", höre ich beide im Gleichklang. „Hat sich hier wohl jemand Mühe gegeben" höre ich Grace und meine Mutter bestätigt das durch „das schaut aber gut aus!"

Cindy darf auch an Ihrem Kinderstühlchen bei uns am Tisch sitzen und bekommt eine warme Tasse Kakao und einen Vanillepudding. Den liebt sie.

„Was wollen wir denn heute unternehmen?" frage ich mit einem ironischen Unterton, weil beiden die Strapazen von gestern noch ins Gesicht geschrieben stehen. Mir war schon, bevor ich die Frage gestellt hatte klar, dass beide heute für einen „Relax-Tag" plädieren, d.h. also einfach nur den ganzen Tag zu Hause rumhängen, ein wenig mit Clara im Garten spielen, die Liege aufstellen und sich sonnen. Also nichts Weltbewegendes. Mir ist so etwas einfach zu langweilig. Um den Familienfrieden nicht zu gefährden hatte ich ja schon das Frühstück wunderbar vorbereitet. Dann geselle ich mich ein bisschen dazu und am späten Nachmittag verziehe ich mich nach unten in mein Büro und analysiere die Informationen der Nano-Technologiefirmen, die für uns ja sehr interessant sein könnten. Dann wird der Tag wenigstens sinnvoll genutzt und die ganze Zeit so rumhängen, das ist einfach nichts für mich. Das kann ich mal machen, wenn ich älter bin und die Schäfchen im Trockenen habe!

„Ich lasse euch drei mal kurz alleine!" rufe ich aus meinem Büro nach oben. Wahrscheinlich hören sie mich nicht, weil sie sich gerade auf der Terrasse sonnen, aber das ist mir jetzt auch egal. Wenn sie etwas von mir wollen werden sie mich schon finden. Bei der Durchsicht der Berichte und Zeitungsschnitte fällt mir die negative Berichtserstattung über die Nano-Technologie extrem ins Auge. So genannte freie Journalisten, die von der Materie keine Ahnung haben machen nahezu alle Firmen verrückt und betonen nur die drohenden Gefahren und die Risiken. Ausgenommen werden nur die renommierten Großfirmen, die sich bereits einen Namen in dieser „Neuen Wissenschaft" gemacht haben. Wenn ich diese Berichterstattungen als Grundlage für meine Entscheidungen verwenden soll, dann gute Nacht. Der Entschluss wäre dann so etwas von eindeutig, eindeutiger ginge es nicht mehr. „Finger weg von der Nanotechnologie!" heißt es in der Presse, weil die Langzeitfolgen noch nicht absehbar sind.

Mittlerweile hatte ich durch die Treffen mit Robert ganz andere Informationen und Sichtweisen bekommen. So war mir sofort klar, dass bei den Journalisten und so genannten Experten die Angst regiert, weil sie etwas Neuem schutzlos ausgeliefert sind, weil sie hier absolut noch gar nichts wissen, ihren „Expertenstatus" durch Wichtigtuerei verteidigen wollen und zudem ist die negative Publicity einfach wesentlich schlagzeilenträchtiger als das Positive und eine faire Berichterstattung. Wissen Sie was ich mache? Ich schmeiße die komplette Ansammlung an Informationsmaterial in unseren offenen Kamin und zünde diese „Scheiße" an. Das müsste doch wirklich gut brennen, denke ich mir und bin stinkig, weil so viel Mist über die Nano-Technologie geschrieben wird. Und wenn noch weiter viel Scheiße geschrieben und verbreitet wird, dann schaffen wir uns auch die möglichen negativen Folgen in Form einer „self-fullfilling-prophecy". Mit der Nano-Technologie ist das absolut möglich. Bitte liebe Leser, gehen sie sogar davon aus, dass es sich bei diesen kleinen Teilchen um eine Form von Lebewesen handelt, da sie eine eigene Energie entwickeln. Und Energie ist Information in reinster Form und wie sie jetzt wissen erzeugt Energie, wenn sie sich verdichtet, Materie. Wütend, aber doch erleichtert diesen Schritt gewagt zu haben, verlasse ich wieder mein Büro, weil ich mir sicher bin, dass ich richtig gehandelt habe. Ich darf mich bei meinen Entscheidungen nicht auf so genannte Experten verlassen, da diese die Welt nur durch die für sie profitabelste Brille sehen, nein, ich muss auf mein Gefühl und meine Intuition setzen, speziell weil es sich hier um etwas absolut Neues, Großartiges handelt, das die Wissenschaft im Moment noch gar nicht erklären, geschweige denn begreifen kann, da sie nicht dazu in der Lage, weil die jetzige Sichtweise einfach zu begrenzt und nur aus einem bestimmten Umfeld (= bestimmte Denkrichtung der Wissenschaft) betrachtet wird. Ihr fehlt dazu einfach die Möglichkeit der Mittel, der Überblick über das Ganze, auf den Punkt gebracht. Der Blick aus der Metaebene ist mit den heutigen Wissenschaften im Bereich der Nanotechnologie aber auch in benachbarten Wissenschaften wie der Physik, der Mathematik, der Medizin, der Chemie und der Biologie, nur um die wichtigsten zu nennen, nicht möglich. Dazu sind diese Theorien und Sichtweisen zu veraltet. Oder welche Wissenschaft erklärt schon, warum Bauchentscheidungen im Bereich der Betriebswirtschaft fast immer wesentlich effizienter und erfolgreicher sind als die absolut rational analytischen. Immer mehr erkennt der Mensch den Weg zum „Simplify Your Life". Es hatte auch ein Autor oder eine Autorin darüber schon ein Buch geschrieben. Den Namen weis ich leider nicht, weil ich das Buch nicht gelesen habe.

Der Mensch muss sich bewusst machen, dass die Nano-Technologie das bisher Großartigste ist, was bisher entdeckt wurde. Und was damit alles möglich sein kann und wird, wage ich mir im Moment noch gar nicht alles vorzustellen, weil das im Moment meinen Horizont sprengen würde. Die Vorteile und der Nutzen sind absolut großartig und wenn wir uns auf die Vorteile konzentrieren, dann werden wir auch kaum Nachteile erfahren.

„Wissen Sie, was die heutige Wissenschaft eigentlich ist und was der Wissenschaftler macht?"

Hier schließe ich mich voll der Betrachtungsweise meines Kollegen Nikolaus B. Enkelmann an, der Wissenschaftler als nichts anderes als Sammler ganz spezifischer Informationen bezeichnet, die sie dann ordnen und statistisch auswerten. Auf Basis dieser vorhandenen Daten forschen Wissenschaftler dann nach etwas Neuem. Da ist es doch kein Wunder, dass man für die neuen großartigen Errungenschaften auf diesem Weg einfach zu lange braucht. Wie soll das auch gehen? Mit alten, unvollständigen Daten etwas Neues finden.

Sie arbeiten nicht anders als nach dem „try and error Prinzip". Dies soll keine Anklage sein, liebe Wissenschaftler; aber, wenn ich nicht konkret weis, nach was ich suche, dann kann ich es auch nicht finden! Wie müssen lernen anders zu denken, genial zu denken, in Möglichkeiten, in Form von Wahrscheinlichkeiten und zukünftigen Szenarien zu denken!

Welche Entwicklungen und Möglichkeiten hier noch entstehen können und entstehen sollten werden sie in dieser Geschichte noch finden!

Grace und Thelma sind ganz erstaunt, weil ich schon fertig bin. Außerdem wundern sie sich, dass der offene Kamin angezündet ist, und das bei 25 Grad im Schatten. Ihnen fällt auf, dass extrem viel Rauch entsteht und es gewaltig stinkt.

„Du Schatz, was verbrennst Du denn? Normales Brennholz macht nicht soviel Rauch und stinkt auch nicht so. Was ist es?" möchte Grace ganz aufgeregt wissen.

Und dieses Mal habe ich intuitiv den passenden Spruch auf Lager.

„Ich verbrenne hier auf Papier niedergebrachte Scheiße die viel stinkt. Und Du kennst doch auch das Sprichwort, „viel Rauch um nichts" und das trifft hier absolut zu. Ich habe die veralteten und negativen Horrormeldungen über die Nano-Firmen vernichtet!" Grace konnte es kaum glauben, dass ich so etwas mache. Aber wenn ich so eine Aktion fahre, dann hat es auch immer den richtigen Grund.

Der Tag verläuft sonst sehr ruhig. Es ist ein typisch verbummelter Sonntag, obwohl das absolute Nichtstun und einfach nur mit der Familie zusammen sein auch sehr schön sein kann.

Montag, 18. Mai 03.00 Uhr nachts

Robert weckt mich wieder. Ich schaue, ob Grace auch gemeint ist aber Grace schläft weiter. Dieses Mal möchte ich von Robert einfach wissen, wie der heutige Tag im Büro ablaufen wird, speziell weil ich all die negativen Berichte über die Firmen, die ich in der Zukunft leiten soll, vernichtet habe. „Ist das machbar?" frage ich Robert.

„Na klar!"

Auf einmal bin ich in meinem Büro und wir besprechen, wie wir den Firmen unser bestmögliches Beteiligungs- bzw. Übernahmeangebot unterbreiten. „Robert, kannst du mir hier die passende Lösung genauer zeigen?"

Wieder bin ich im Büro in einer Telefonkonferenz mit Ruppert und John und sehe genau die Zahlen, die wir für die einzelnen Firmen bieten sollen. Es ist wie Magie. Ich gehe einfach in die Zukunft und schaue dort nach, was ich für die Gegenwart brauche und treffe daraufhin die notwendige Maßnahme. Ist das nicht unglaublich? Nachdem ich jetzt genau weis wie die Gespräche mit John und Ruppert ablaufen frage ich Robert, ob er mir auch noch zeigen kann, wer die richtigen und wichtigen Ansprechpartner der zu übernehmenden Firmen alles sind. Mit einer kurzen Verzögerung zeigen sich Namen ganz deutlich und ich schreibe sie mir auf.

„Robert, warum funktioniert das alles so reibungslos und warum kommen nicht andere Menschen darauf?"

„Die einfache Lösung ist meist die schwierigste. Der Mensch geht einfach nicht davon aus, dass alles schon da ist und er sich nur bedienen und auswählen muss. Deshalb gibt es ja auch das passende Sprichwort hierzu, „den Wald vor lauter Bäumen nicht zu sehen". Und nicht jeder Mensch, der erkannt hat, dass die Lösung schon da ist und dass er quasi nur zugreifen braucht greift auch zu und handelt. Das liegt meist daran, dass er zweifelt oder noch Angst vor etwas hat!"

„Danke Robert. Dann verhalte ich mich morgen genau so, wie wir es soeben besprochen haben!" Und Robert ist verschwunden.

Montag, 18. Mai 2009 20.00 Uhr

Heute war ein sehr langer und anstrengender Tag. Ich hatte Grace am Telefon schon vorgewarnt, dass ich spät nach Hause kommen werde. Es hat aber alles genauso geklappt wie ich es die Nacht davor durch Robert bekommen hatte. LABC und WBC vertreten durch John, Ruppert und mich hat den mit Abstand größten Firmenzukauf unternommen, seitdem es diese beiden Firmen gab. Wir haben für morgen 10.00 Uhr ein Termin mit allen „ehemaligen Firmenbesitzern" dieser Familienunternehmen anberaumt. Ziel ist es, die genauen Gründe dieses Zukaufs zu erklären, die Ziele und Strategie für die nächsten 3 und 5 Jahre festzulegen, außerdem die Vision des zukünftigen Multi-Nano-Konzerns zu zeigen und natürlich die Festlegung des zukünftigen Organigramms der Firmenstruktur. Grace zeigte sehr viel Verständnis dafür, dass ich sehr spät nach Hause kam. Aber der heutige Tag sollte einen Meilenstein in unserem Leben bedeuten. Ich erzähle Grace natürlich alles und dass die Firmenzukäufe leichter als gedacht von statten gingen. So als wäre eine unsichtbare Hand im Spiel oder als ob wir das alle schon einmal gemacht hätten. Auch vor dem morgigen Meeting, an dem ich als Hauptsprecher fungieren soll, ist mir überhaupt nicht angst und bange. Ich wurde als Sprecher auserkoren, weil die Firmenzukäufe schließlich meine Idee waren und ich in Zukunft auch der Vorstandsvorsitzende sei. Eines war mir noch ein wenig schleierhaft. Warum wusste ich schon heute, über was ich morgen reden werde, und zwar in allen Einzelheiten. Das werde ich Robert beim nächsten Mal fragen.

Dienstag 19.Mai 03.00 Uhr nachts.

Ich konnte sehr schwer einschlafen, weil ich sehr aufgeregt war. Immer wieder spielte ich in meinen Gedanken den Dienstagmorgen durch und ich weis nicht mehr wie nach wie vielen Wiederholungen ich einschlief. Punkt 03.00 Uhr höre ich wieder Roberts Stimme.

„Aufwachen Bill, aufwachen, du hast mich gerufen. Was willst du von mir heute wissen? Dein Tag lief ja prächtig, genau so wie geplant!"

„Robert, warum wusste ich schon gestern, was ich genau in meinem heutigen Meeting als neuer Vorstandsvorsitzender sagen werde, außerdem bitte ich dich, mir meine optimale Rede nochmals zu zeigen. Es muss einfach perfekt klappen!" Und Robert beginnt.

„Zu deiner ersten Frage, Bill. Es wird jetzt wieder etwas komplizierter. Dadurch, dass du dich mit deinen Gedanken mit der Materie schon total identifiziert hattest, konntest du

unabhängig von Zeit und Raum den morgigen Tag schon voraus denken. Du wusstest, dass wir uns heute Nacht treffen und dieses Meeting durchgehen werden. Und die Ergebnisse des Meetings hattest du dadurch schon in dich gespeichert. Das zukünftige Ereignis des Meetings war für dich dadurch bereits schon in der Vergangenheit. Deshalb kommt es dir auch so vor, als hättest du das schon einmal gemacht. Und du hast es ja auch schon einmal gemacht und zwar unzählige Male. Heute während dem Einschlafen hast du dir dieses Meeting immer wieder mental vorgestellt und dann natürlich jetzt. Wir werden es auf deinen Wunsch hin nochmals durchgehen und optimal vorbereiten. Und weil du wusstest, wie das Meeting verläuft, warst du dann auch absolut überzeugend. Bedenke, nur durch Unwissenheit entsteht Furcht und Wissen beseitigt diese.

„Robert, lass mich das bitte nochmals zusammenfassen, ob ich dich hier auch richtig verstanden habe, weil heute für mich wirklich ein entscheidender Tag ist. Ich hatte gestern dieses Gefühl, dass ich das alles schon erlebt habe, weil ich es in meinen Gedanken schon ein Mal erlebt habe. Meine Gedanken haben den Ablauf des morgigen Tages dadurch schon vorweggenommen, weil diese Gedanken in der Zeit reisen können und das Geplante vorwegnehmen können. Durch meine Wiederholungen dieser Gedanken in der heutigen Nacht haben sich diese verfestigt und das wirkte wiederum auf mich gestern, weil ich wusste, dass ich alles unternehmen werde um ein bestmögliches Meeting zu halten!" Wenn ich jetzt höre, was ich gerade gesprochen habe, dann nähert sich meine Sprache immer mehr Roberts Sprache an. Ich kann gar nicht glauben, was ich soeben von mir gegeben habe.

„Es ist genau richtig, was du sagst. Deine Gedanken haben quasi gestern schon die heutige Zukunft erzeugt und du hattest gestern schon Rückgriff auf das Ergebnis von heute. Nichts anderes wie eine geistige Zeitreise!"

„Ich höre dich von Zeitreise sprechen. Ist das möglich?"

„In deiner Zeitrechnung im Moment nur geistig, da Eure Materie in einer zu niedrigen Frequenz schwingt. Aber langsam und stetig geht es voran. Jetzt die Nano-Technologie, dann die Quantenforschung, dann.....halt, zu viel möchte ich dir auch nicht erzählen, denn

du willst ja auch ein wenig Spaß in deinem Leben haben. Und Spaß hat man im Leben durch leben und leben ist nichts anderes als erfahren. Ob du dabei dann Spaß empfindest liegt wiederum nur an deiner geschaffenen Realität!"

Ich verstehe Roberts Sprache immer besser. Es ist alles so klar, wie er mit mir kommuniziert. Ich fühle richtig, dass er ein Teil von mir ist. Wie Ihn das alles bewegt, wie er sein Bestmögliches geben will, dass für ihn Offenheit, Ehrlichkeit und Ethik an oberster Stelle stehen und dass er einfach nur Gutes tun möchte. Und dafür sucht er mich immer wieder auf oder besser gesagt ich rufe Ihn immer. Und meine Wertvorstellungen sind absolut identisch. Das ist kein Wunder, weil er ein Teil von mir ist. „Robert, bitte zeig mir, wie ich heute alles machen soll?" Und Robert entführt mich in das Jahr 2014 an die Börse. Und die Nano-Top Corporation ist der Gewinner der letzten 5 Jahre mit einem Börsenwert von 350 Mrd. Dollar. Ich verstehe zwar noch nicht ganz aber wir machen einen weiteren Zeitsprung ins Jahr 2012 und die Nano-Top Corporation hat einen Börsenwert von 35 Mrd. Dollar. „Wer ist denn Nano-Top?" möchte ich von Robert natürlich wissen

„So heißt die neue Holdingstruktur, die du heute ins Leben rufen wirst. Du hattest ja noch keinen Namen dafür. Jetzt hast du ihn!"

Und in den Zeitungen vom Jahr 2012 und 2015 überschlugen sich die Sensationsmeldungen über Nano-Top. Weil alles wie im Eilzugtempo vorbeirauschte konnte ich mir nur noch wenige Schlagzeilen, wie z.B. „Nano-Top erfindet revolutionäre Krebsheil-Methode", „Aids besiegt durch Nano-Top"; „Nano-Top gründet Institut für neue Wissenschaften, neue Denkmethoden und neue Materialien", „Job-Wunder Nano-Top". Als ich das sehe kann ich es gar nicht glauben. Aber Robert unterstützt mich.

„Du hast in deinem Alptraum gesehen, was alles Negative mit der Nanotechnologie passieren kann, wenn sie in falsche Hände gerät, wenn mit falschem Bewusstsein weiter gearbeitet wird und dass das verheerende Folgen für den ganzen Planeten haben könnte. Also nimm die Sache in die Hand. Du bist zur richtigen Zeit am richtigen Ort. Man kann die Welt nicht auf einmal ändern, aber Stepp by Stepp immer mehr positives beitragen. Dann

tue es auch. Wie du gesehen hast, hat sogar die Presse positiv berichtet und das als Schlagzeilen. Das wäre im Moment doch undenkbar. Also nimm dein Schicksal in die Hand und tue, was du soeben erfahren hast. Dein Tun heute verändert die Realität von morgen!"

Ich kann das alles noch gar nicht glauben. Trotzdem fühle ich, dass es wahr ist.

„Bist du jetzt genügend vorbereitet?"

„Ich denke schon!"

„Noch etwas ganz wichtiges. Sprich morgen immer positiv in deiner Rede. Du hast gesehen was sich alles positiv ereignen wird. Sei begeisternd und reiße die Leute mit und vor allem zeige ihnen, dass die Zukunft positiv und schön sein wird, dass Arbeitsplätze geschaffen werden, dass neue Arbeitsmethoden und Denkweisen entstehen und dass sogar die öffentliche Meinung sich zum Positiven verändern wird. Sprich nicht von Gefahren, Risiken, Sparmaßnahmen und Gewinne für die Shareholder. Wir sind in einer weltweiten Wirtschaftskrise! Hole die Menschen dort ab wo sie stehen! Hole sie ab mit dem Herzen! Gewinne sind das logische Resultat der guten Leistung und der Werte, die Ihr mit Nano-Top schaffen werdet. Der Name „Nano-Top Corporation" ist der einzig richtige, weil ihr natürlich an die Spitze wollt!"

Mit dieser Ansprache von Robert kann ich mich voll identifizieren. Es ist, als ob sie mir in Fleisch und Blut übergehen würde und mir war klar, dass ich morgen genauso enthusiastisch und begeisternd überzeugen werde wie es soeben Robert bei mir getan hat. Denn mir war klar, Robert ist ein Teil von mir und ich muss diesen Teil nur wecken und leben. Dann bin ich er und er ist ich!

Dienstag 19.Mai 2009 07.00 Uhr.

Der Wecker klingelt und ich stehe bestens gelaunt auf. Grace liegt noch verschlafen neben mir und spricht mich etwas mürrisch an. „Und war Robert wieder da?"

„Ja und er hat mir alles gezeigt, wie der Tag verlaufen wird, welche zukünftigen Möglichkeiten wir haben, einfach alles. Es war nur noch gigantisch. Ich freue mich richtig auf das Meeting heute! Möchtest du auch schon aufstehen oder noch etwas liegen bleiben?" frage ich Grace bestgelaunt.

„Lieber noch etwas liegen bleiben" ist Ihre Antwort. „Hat er Dir eine geistige Adrenalinspritze gegeben, weil du so aufgedreht bist?"

„So etwas Ähnliches, aber was, das würde jetzt den zeitlichen Rahmen sprengen!"

Und Grace bleibt ganz gelassen und vertraut mir einfach. Das bewundere ich an Grace. Dieses grenzenlose Vertrauen und Vertrauen entsteht eigentlich nur durch sehr viel Wissen. Vielleicht ist es sogar so, dass Grace noch mehr weis als ich, weil sie das letzte Mal sogar Robert sehen konnte. Ich konnte Ihre geistige Grace oder wer es auch ist bisher nicht sehen. Diese Aufgabe muss ich mir für mein nächstes Meeting mit Robert gut merken.

19.00 Uhr.

Der Tag verlief gigantisch. Es lief alles so, wie ich es in der vorherigen Nacht mit Robert abgesprochen hatte. Die Leute lagen mir zu Füßen und gaben tosenden Beifall. Auch Rupert und John bewunderten meine Rede. Entscheidend war, dass ich bescheiden aber bestimmend mit klaren Zielen auftrat, und diese positiven Ziele 100% überzeugend begeisternd und enthusiastisch glaubhaft vermitteln konnte. Und ich hatte ihnen klar gemacht, dass wir das Beste für sie wollen und nur gemeinsam unsere hochgesteckten Ziele erreichen können. Und wirklich, jeder spielt hier eine entscheidende Rolle; jeder kann das Zünglein an der Waage sein und wird gebraucht.

Das war der entscheidende Punkt. Für jeden war Platz in der neuen Firma „Nano-Top". Und ich spürte nach anfänglichem Mistrauen das immer stärker zusammenwachsende Gemeinschaftsgefühl. Man konnte diese unendliche Kraft dieses „Wir-Gefühls" förmlich festhalten.

„Hallo Liebling, wie lief es? Deinem Strahlen nach kann ich vernehmen dass alles so lief, wie du es dir vorgestellt hattest!"

„Ja mein Schatz, alles ist in trockenen Tüchern. Die Firma Nano-Top Corporation ist gegründet und ich wurde unglaublich gefeiert. Das war mir fast schon peinlich. Es kam alles ganz genau so, wie Robert es mir gezeigt hatte. Unglaublich. Hast du eigentlich schon jemanden im Traum getroffen, mit dem du auch so kommunizierst wie ich?"

„Nein, bisher noch nicht. Aber ich träume sehr intensiv und kann mich immer sehr genau an meine Träume erinnern".

„Von was träumst du denn so?"

„Ich träume immer von Außerirdischen und von Raumschiffen, die mich abholen. Deshalb schaue ich mir auch so gerne die alten Science-Fiction-Serien wie Stargate, Raumschiff Enterpreis oder auch Filme wie die Zeitmaschine an!"

„Ich habe eine Idee. Sollen wir heute Abend Robert zusammen rufen. Vielleicht kann er uns ja mehr dazu erzählen?"

„Okay, lass es uns ausprobieren. Wie machst Du das, dass er kommt?"

„Ich konzentriere mich auf Ihn und wünsche mir, dass er um drei Uhr erscheint!" „Du hast ihn doch auch schon gesehen. Stell Ihn dir einfach vor und mache das gleiche. Wir können ja schauen, ob das funktioniert; alles klar?"

„Ja, alles klar!"

Wir umarmen uns beide, kuscheln und schmusen und Grace schläft in meinen Armen ein.

Mittwoch, 20. Mai 2009, 03.00 Uhr

Es rüttelt mich wach und Robert steht vor mir, ganz pünktlich. Auch Grace ist hoch geschreckt und sieht Robert.

"Hallo Bill, hallo Grace!"

„Kannst Du Ihn genauso sehen wie ich, Grace?"

„Ja ich sehe Robert ganz deutlich!"

„Kannst du auch mit Ihm kommunizieren?"

„Ja Bill, das kann sie!"

Ich erschrecke ein wenig, weil Robert plötzlich geantwortet hat.

„Warum kann Grace Dich eigentlich sehen, weis aber nichts von Ihrer „geistigen Grace?"

„Du möchtest es ja wieder sehr genau wissen. Ich denke, du wirst überrascht sein. Graces Ursprung kommt nicht von der Erde. Das was du von Bill Smith z.B. immer im Spiegel siehst ist der materielle Körper oder die Trägersubstanz der Energie Bill Smith. Ich bin auch die Energie von Bill Smith, habe aber einen anderen Körper, der etwas Frequenz verschoben ist. Das ist vergleichbar mit den Nano-Partikeln. Diese haben auch so eine hohe Energie und hohe Schwingung und sich derart verdichtet, dass man sie jetzt durch das Tunnelrastermikroskop erkennen kann!"

„Das weis ich ja, unterbreche ich Robert. Was hat das aber mit Grace zu tun?"

„Graces Ursprung ist nicht von der Erde sondern XT 52. Einem Planeten vom Sternbild der Plejaden, der der Erde sehr ähnlich ist von den Lebensbedingungen, von den Verhaltensweisen, von der Entwicklung, nur dass die Lebewesen dort schon sehr viel weiter entwickelt sind als hier auf der Erde. Der Energiekörper ist wesentlich stärker ausgeprägt als bei irdischen Menschen und dadurch können Lebewesen von XT-52 auch viel genauer

wahrnehmen und sensibilisieren. Deshalb ist es für Grace ein leichtes mich zu verstehen und sie weis jetzt auch genau, wo ihre innere Unruhe herrührt und warum sie sich auf der Erde eigentlich nie 100% heimisch gefühlt hat!"

„Du willst mich wohl verkohlen, Robert. Meinst du allen Ernstes, dass du mir klarmachen kannst, Grace sei eine Außerirdische!"

„Bill, du hast noch nicht ganz verstanden. Die Energie, die in Graces Körper steckt hat ihren Ursprung nicht auf der Erde, sondern auf XT-52. Das was du an Grace wahrnimmst ist nur der materielle Körper, quasi die Hülle. Dieser Körper ist die Schutzschicht für den Energiekörper. In eurer materiellen Welt benötigt nämlich jede Energie ein Schutzschild, das quasi nichts anderes als die Trägersubstanz ist!"

„Das Äußere, Materielle ist also immer nur die Trägersubstanz der Energie? Kann man das so sagen?"

„Ja, wobei man noch ergänzend hinzufügen kann ist, dass wenn sich die Energie z.B. durch Gedankenkraft auf einen Punkt richtet, weiter Materie entsteht, quasi verhärtete Energie!".

Grace ist das alles ziemlich klar. Sie schaltet sich in unseren Dialog überhaupt nicht ein. Das verwundert mich doch etwas. Ich bin einfach zu neugierig oder zu unwissend und möchte mehr erfahren.

„Kannst Du mir das an weiteren Beispielen erklären?"

„Ich versuch es. Nehmen wir einmal folgendes an. Du fühlst dich total gut, voller Energie und möchtest ein Ziel erreichen. Dein Focus ist voll auf dieses Ziel ausgerichtet und du willst dieses Ziel unbedingt erreichen und bist bereit, auch alles dafür zu geben. Was passiert? Deine Energie konzentriert sich wie durch eine Linse oder Brennglas betrachtet auf einen Punkt, bündelt sich dort zu einer Energiemasse und lässt diese Masse in Form des von dir erreichten Ziels entstehen. Die Gefühle wirken hierbei wie der Brennglaseffekt und dienen als Verstärker. Klar?"

„Ja, das ist mir klar. Warum spricht man dann z.B. auch, dass jemand hart und verbittert ist der andere weich. Hat das auch etwas mit verdichteter Energie zu tun?"

„Indirekt ja. Verbitterung und Härte entstehen durch negative Gedanken. Die Energie wird klein und als Schutzmechanismus verdichtet sich die noch wenige Energie. Das wiederum wirkt sich auf den ganzen Körper aus, z.B. durch Verspannungen, Kopfschmerzen, Gliederschmerzen, usw.; die Energie kann dann einfach nicht mehr richtig fließen und das bewirkt ein vorzeitiges Altern bis hin zu einem schnellen Tod, wenn z.B. ein plötzlicher Energiestau passiert, vergleichbar mit einem Gehirngerinsel. Krankheiten entstehen nur dadurch, dass der eigentlich geregelte Energiefluß unterbrochen oder verändert wird!"

Das reicht mir jetzt. Ich begreife immer mehr und das mit Grace ist natürlich der Hammer. Ich bin mit jemandem von XT-52 verheiratet, einer Plejadierin! Grace und ich beschließen, das wirklich niemandem zu erzählen. Man würde uns sonst in die Klapsmühle einliefern.

„Robert, noch eine allerletzte Frage. Warum ist Grace hier und wann kehrt sie wieder zurück?"

„Bill, willst du mich austricksen? Das sind zwei Fragen!"

„Beantwortest du mir bitte beide Fragen?"

„Okay, zu deiner ersten Frage.

Jedes Lebewesen, jede Energieform hat im Universum seinen bestimmten Platz, damit die universelle Ordnung gewährleistet wird. Graces augenblicklicher Platz ist an deiner Seite.

Zu deiner zweiten Frage. Solange Grace diesen Körper hat, wird sie auf der Erde bleiben. Durch Bewusstseinserweiterung und verändern Ihrer Schwingungsfrequenz kann sie aber auch jetzt schon zu Ihrem Planeten reisen. Das erfordert nur ein wenig Training!"

„Können Cindy und ich zusammen mit Grace dort hinreisen?"

„Wenn sie es zulässt und euch die passende Schwingungsfrequenz gibt, klar. Zuerst muss aber Grace die passende Frequenz in ihr finden. Sie kennt sie ja, hat sie aber nur über die tausenden von Jahren vergessen. So ähnlich wie beim Menschen, der einfach nur die Augen öffnen muss; das gleiche gilt auch für Grace. Deshalb ist sie hier; zu lernen die Augen zu öffnen und ihr wahres Wesen zu finden. Sie muss genauso die selektive Wahrnehmung ausschalten wie der Mensch. In dieser Hinsicht sind sich Erdlinge und Plejader sehr ähnlich!"

Ich merke irgendwie, dass das mir jetzt doch etwas unheimlich wird. Auf einmal stellt Grace jetzt eine Frage, die ich sogar hören kann. Sind unsere Schwingungsfrequenzen schon so ähnlich oder fast identisch, dass ich Ihre Gedankenkommunikation mitbekomme?

Grace fragt Robert, wie sie Kontakt zu XT-52 aufnehmen kann und Robert teilt ihr folgendes mit.

„Nütze deine Energie. Und die Energie wird verstärkt durch die Kraft der Gedanken. Du brauchst sehr viel Energie, um diese weite Entfernung zu überwinden. Deshalb trainiere, indem du das irdische Leben geniest und dir dort die notwendige Energie für die bewusste Kommunikation mit deinem Planeten holst. Richte deine Augen und Sinne immer auf das Positive, werde weich und du kannst dich unendlich ausdehnen, bis zu deinem Planeten und weiter!"

Unsere Planeten müssen doch sehr ähnlich sein, geht es mir durch den Kopf. Ich sehe, wie Graces Augen leuchten und hoffe nur, dass Sie nicht sofort abhauen will. Jetzt, wo ich das alles mit der Nano-Technologie aufbauen soll. Hoffentlich schaffe ich das, falls sie weg sein sollte. Was soll dann mit Cindy passieren? Ich liebe Grace doch sehr und vermag mir im Moment noch nicht vorzustellen, wie es sein würde, wenn sie weg ist. Ob wir dann auch weiterhin Kontakt halten?

Mittwoch 30. Mai 2012 08.00 Uhr morgens

Heute ist ein großer Tag in unserer Firma Nano-Top. Alle Vorstandsmitglieder treffen sich um über die letzten 3 sehr erfolgreichen Jahre zu sprechen. Ich freue mich schon sehr auf diesen Tag, weil die Stimmung mit Sicherheit sehr positiv sein wird. Gerade die positive Stimmung, die in der Arbeit herrscht hat mich immer wieder zu neuen Höchstleistungen und neuen Ideen animiert. Die Arbeit und die Aufgabe wurden immer mehr meine zweite Liebe und ich verbrachte jede freie Minute mit meiner zweiten Liebe. Das brachte mir die Anerkennung, die ich mir wünschte und die ich zu Hause leider vergeblich suchte. Seit Grace wusste, dass Ihr Ursprung auf XT-52 liegt, hatte sie nichts mehr anderes im Sinn als diesen Planeten, Ihre Heimat zu finden. Ich verstand diese Sehnsucht von Grace und den natürlichen Wunsch herauszufinden, welche Lebensform auf XT-52 vorherrscht, aber aufgrund dieser zielgerichteten Suche veränderten sich die Charaktereigenschaften von Grace. Sie lebte nicht mehr hier auf der Erde, sondern nur noch in Ihrer Traumwelt, um besagten Planeten zu finden. So entzweiten wir uns langsam aber stetig, obwohl wir wussten, dass wir uns lieben. Jedoch fühlte ich mich sehr von ihr vernachlässigt, da sie immer wieder aussprach, „bald ist es soweit, dann haue ich ab und Cindy nehme ich mit!"

Zu Beginn nahm ich diesen Satz noch nicht so ernst, weil ich wusste, dass sie Ihre Lernerfahrungen hier auf der Erde in dem Körper von Grace Smith durchmachen müsste, aber wenn man fast täglich über einen Zeitraum von 3 Jahren mit diesem unbändigen Wunsch des „Verschwinden Wollens" konfrontiert wird, dann lässt auch einmal die stärkste Liebe nach. Denn ich bin ein Mensch von der Erde und ich weis, dass mein Ursprung hier liegt, oder…? Ich habe in meiner Verzweiflung in meinen Träumen oft mit Robert darüber gesprochen, was ich machen soll und seine Antwort war immer die gleiche. Du bist mit Grace zusammen, damit du erkennst wer du bist und damit du dein volles schöpferisches Potential entfalten kannst. Und wenn ich Robert fragte wie ich mich denn am besten verhalten soll, dann war die Antwort immer nur *„zeige ihr deine Liebe und dein Verständnis, egal was sie tut"*. Das wurde für mich immer schwerer obwohl ich mir immer die schönen positiven Seiten von unserer Beziehung und unserer Liebe ins Leben rief. Ich wurde ein Meister im Vorstellen mentaler Liebe mit Grace. Manchmal wusste ich gar nicht mehr, ob ich jetzt im

Traum mit Ihr zusammen bin, oder ob diese ganze Geschichte doch wahr ist. Vieles, gerade das mit XT-52 kam mir vor wie ein böser Traum. Unsere Tochter Cindy entwickelte sich dafür prächtig. Und immer, wenn ich mich eigentlich Grace annähern wollte und kalt abgewiesen wurde, waren Cindy und meine Arbeit der Rettungsanker. Das gab mir diese immense Kraft, um immer wieder positive Signale und positive Energie Grace zu schicken. Der strittige Punkt , der diese Situation eigentlich erzeugte war die unterschiedliche Sichtweise von mir und Grace, wie sie denn zu Ihrem Heimatplaneten Kontakt aufnehmen kann. Und ich war durch viele Gespräche mit Robert zu einer anderen Erkenntnis gekommen als Grace. Wer Recht hat oder haben wird, sei dahingestellt. Aufgrund dieser unterschiedlichen Ansicht verfolgten wir von da an nicht mehr das gleiche Ziel. Wir verfolgten zwar die gleichen Ziele in dem Sinn, weil wir beide nach Liebe suchten; nur Grace suchte sie in erster Linie zu XT-52. Auch wenn es sich dumm anhört, es entwickelte sich fast so etwas wie Eifersucht auf XT-52, weil dieser Planet mir meine geliebte Frau wegnehmen will. Und das sollte meine große Lernaufgabe noch sein. Ich war sehr erfolgreich, tat alles für meine Mitmenschen und meine Familie und doch war es gerade mit meiner großen Liebe Grace am Schwierigsten. Erst später sollte ich erfahren, wie ich daran wachsen kann und die bedingungslose Liebe kennen lerne. Auch Grace sollte erst zu XT-52 Kontakt erhalten, wenn Sie die bedingungslose Liebe vorlebt und kennt. Das sollte Ihre Lernaufgabe sein. Vorher war Ihre Energie zu verdichtet und von zu niedriger Frequenz.

Und so begann ich nach vielen Gesprächen mit Robert langsam anzunehmen, dass ich in dieser Phase Grace in Ruhe lassen soll, damit sie Ihre eigenen Erfahrungen machen wird. Sie sollte für sich den optimalen Weg finden. Und weil ich Grace über alles liebte musste ich gerade in diesem Moment loslassen, damit sie einen weiteren Baustein Ihres Lebens kennen lernen kann.

Und als ich damit begann lernte ich, meine Gefühle in den Griff zu bekommen und nur die Gefühle nach außen zu zeigen, wenn ich es will. Gerade durch Graces Verhalten konnte ich mich extrem weiterentwickeln, z.B. konnte ich meine ureigensten Triebe, die tief im Unterbewusstsein verankert sind erkennen, bekämpfen und lösen. Ich spürte förmlich, was mir Energie gibt und was mir Energie nimmt. Und alle positiven Gedanken brachten mir unglaubliche Energieschübe und alle negativen Gedanken kosteten mich unendlich Energie. Diese Erkenntnisse, die ich an meinem eigenen Körper und an meinem eigenen Wesen erfuhr konnte ich dann auf die Nano-Technologie übertragen. Es war wirklich ein Quantensprung, den wir in den letzten 3 Jahren mit Nano-Top gemacht hatten.

Der Tag in der Arbeit beginnt einfach nur schön. Überall zufriedene Gesichter, strahlendes Lachen, Humor und Lockerheit, so wie man es in den wenigsten Großkonzernen erleben kann. Man spürt einfach, dass hier eine richtige Familie entsteht. Und diesen Aspekt führe ich in meiner Rede an.

„Liebe Kollegen und Kolleginnen, vielen, vielen Dank für Ihre totale Unterstützung, für Ihren Einsatz, Offenheit und Loyalität der Firma und mir gegenüber. Diese Firma ist mir so ans Herz gewachsen als sei es meine Familie. Dank Ihnen ist dies hier meine zweite Heimat geworden in der ich all das tun und lassen kann, was zum Erfolg aller beiträgt. Ich wünsche mir nichts sehnlicher, als dass wir große Werte und Nutzen auf diesem Planeten stiften; die Armen unterstützen und zu einem würdigen Leben aller beitragen. Es kann nicht sein, dass heute noch so viele Menschen auf diesem Planeten aufgrund von Hunger oder unzureichender Medikamente sterben müssen. Ich bitte sie inständig weiterhin alles zu geben, um diese Missstände abzuschaffen. Danke!"

Mir standen richtig die Tränen in den Augen. Fast wie in Trance spüre ich wie mir viele Menschen auf die Schultern klopfen und höre immer wieder das Wort großartig. In diesem Moment wird mir das alles zu viel und ich wollte nur noch alleine sein.

Mittwoch 30. Mai 2012 es ist ca. 10.30 Uhr.

Die letzten 3 Jahre liefen wie in einem Schnellfilm vor meinen Augen ab.

Nano-Top hatte deshalb so großen Erfolg, weil alle Mitglieder der Firma von Beginn an an den großen Erfolg glaubten. Es entwickelte sich eine Eigendynamik in dem Unternehmen wie in einem lebenden Organismus, der immer weiter lernt. Obwohl jede einzelne Spezialabteilung ein eigenes Pofit-Center war wurden die neuesten Errungenschaften und Erfindungen mitgeteilt, um evtl. Parallelitäten in den anderen Abteilungen zu finden. Es war ein ständiger Austausch an Informationen und Wissen, der ein sehr starkes energetisches Wissensfeld erzeugte. Und überall konnte man Parallelitäten entdecken. Sei es in der Biologie in der Industrie, daraus entstand dann ja die Bionik, sei es in der Mathematik und Physik, sei es in der Medizin und der Physik. Die einzelnen wissenschaftlichen Ressorts bemerkten, dass ein ganzheitliches Denken notwendig wurde. Jede einzelne Wissenschaft an sich konnte bisher nur einen kleinen Teilaspekt analysieren, ohne dass der Zusammenhang zum Ganzen hergestellt werden konnte. Aber jede einzelne Wissenschaft war wichtig; und jede trug ihr kleines Puzzleteilchen zu einem ganzen Bild bei. Was waren jetzt die herausragenden Erfindungen, die Nano-Top zum schnellst wachsenden Unternehmen in den USA werden lies. Das möchten sie doch bestimmt wissen?

Zuerst wurden die bestehenden Produkte, die man hatte analysiert um den USP herauszufinden und dann wurde experimentiert, ob wir nicht neue Produkte aus den bestehenden einfach durch Kombinationen verschiedener Vorteile erhalten.

So wurde z.B. für die Automobilindustrie ein Lack entwickelt, der nicht nur schmutzabweisend war, sondern der gleichzeitig selbstreinigend und sogar größere Beulen oder Kratzer schadlos überstehen konnte. Dann wurde eine weitere Eigenschaft in die Matrix eingefügt wie sonnenschutzbeständig und kühlend. Dieser Lack wurde dann wieder so verfeinert, dass die Nanopartikel eine so große Energie hatten und dadurch eine sehr große, glatte Oberfläche ohne Unebenheiten. Dieser Lack wurde dann für Flugzeuge und Raketen eingesetzt, weil er viel leichter war und weniger Reibung erzeugte. Dadurch konnte fast 50% an Treibstoff eingespart werden. Eine weiteres High-Light waren die Nano-Chip Prozessoren für Computer sowie Nano-Festplatten. Die Mikroelektronik speziell im Bereich der Halbleiter- und der Computerindustrie wurden durch diese Nano-Chips bereichert.

Im Bereich der Medizin konnten neue Medikamente entdeckt werden, die sofort die negative Wirkung der größeren Viren und Bakterien umpolte. Nanomed als Salbe hier stellvertretend zu nennen. Es war eine Salbe gegen Erkältungskrankheiten. Man reibt sich mit Ihr den Rücken und die Brust ein und die Nanopartikel in der Salbe machen sich selbständig auf den Weg zu den krankheitsauslösenden Viren oder Bakterien und programmieren sie um oder zerstören diese sogar bei Bedarf. Dann natürlich die Nanorobots, die sowohl in der Industrie als auch in der Medizin für revolutionäre Erkenntnisse sorgten; z.b. konnte durch den Einsatz von Nano-Sonden das menschliche Blut genauestens analysiert werden; speziell z.b. bei den roten Blutkörperchen (Erythrozyten) die Einwirkung von Stress, die Auswirkung von Sport. Bisher hatte man hier nur mehr oder weniger Schätzzahlen; dann die Verbindung zwischen Hämoglobin, Sauerstoff und den Erythrozyten und wie sich eine verminderte Sauerstoffzufuhr auswirkt und der Einfluss des Immunsystems. Hier wurden dann Medikamente entwickelt, die ganzheitlich auf den Körper wirkten und dadurch die Herz-Kreislauf-Krankheiten verminderten. Der Durchbruch war die genaue Analyse von Krebs und erste Heilungserfolge, auch wenn der Erfolg noch nicht stetig war. Diese Ergebnisse lies sich Nano-Top natürlich weltweit patentrechtlich schützen. Der Fehler bisher war, dass man nicht genau wusste, was Krebs eigentlich ist. Ist es eine Krankheit, ein Geschwulst, eine Verbindung von Krankheiten; ist es erblich bedingt, usw.

Man hatte wiederum den ganz entscheidenden Aspekt vergessen. Den Aspekt der Ganzheitlichkeit. Krebs entsteht, wenn in dem komplexen menschlichen Körper von Milliarden von Zellen nur eine Zelle nicht die Aufgabe macht, die sie eigentlich machen soll. Dadurch entsteht dann eine Art Kettenreaktion auf die anderen Zellen oder Organismen, diese sind verwirrt und leisten nicht mehr das was sie können, und der Krebs verbindet sich mit diesen Fehlwirkungen und kann sich im Körper ausbreiten. So ist ungefähr das einfache Grundprinzip.

Wie kommt es jetzt dazu, dass eine Zelle einfach nicht die Ihr übertragene Arbeit ausführt? Gene dienen der Zelle als Baupläne und daraufhin baut die Zelle Eiweisproteine zusammen. 99% dieses Eiweißes, die als biochemische Werkzeuge in der Zelle fungieren werden durch Autophagie abgebaut. Autophagie ist quasi das Recyclingsystem von Zellen, was mit den geschädigten Zellen passiert bzw. mit den toten Zellen nach der Zellteilung. Durch gewisse Umstände kann dieser Prozess der Autophagie beeinflusst werden, so dass die Autophagie die beschädigten aber noch teilungsfähigen Zellen nicht mehr beseitigen kann. Die geschädigten Zellen teilen sich wieder und immer wieder und kreieren neue geschädigte Zellen, die eine sehr hohe Energie haben und zu einem Tumor, der sehr vergleichbar mit der Struktur einer Nanomatrix ist, entwickelt. Dieser Tumor hat dann natürlich ganz andere Informationen durch die geschädigte Zelle erhalten. Hier sieht man wie komplex der menschliche Körper aufgebaut ist und es bei weitem nicht ausreicht, nur einen Teilaspekt zu beleuchten. Das was ich so eben beschrieben habe zeigt nur die Daten und Fakten, was aus geschädigten Zellen passiert, aber es erklärt nicht, warum die Autophagie nicht mehr funktioniert. Dieses Recyclingsystem ist wie alles andere an das universelle Informationssystem angeschlossen, d.h. dass jede Information des Menschen, seien es genetische oder Umweltinformationen von dieser Autophagie aufgenommen und verarbeitet werden. Ist in dem menschlichen Körper irgendeine Störfunktion, so dass das Autophagiesystem eine falsche Information erhält, dann führt es eine Fehlfunktion aus und beseitigt nicht mehr geschädigte Zellen. Beeinflusst wird die Autophagie vor allem vom Erbmaterial und von der Umwelt. In der Umwelt vor allem von der Einstellung der lebenden Person und deren Energielevel, aber auch durch Energiestrahlen wie UV-Licht und radioaktive Strahlen. Strahlen sind nichts anderes als sichtbare Informationswellen. Bekommt der menschliche Körper zu viel davon ab, entsteht ein „Information-Overload" bei der Autophagie.

Was haben wir dann gemacht? Wir haben einerseits Nanorobots entwickelt, die die geschädigten Zellen, die nicht abtransportiert wurden, abtransportieren; aber dies erzeugte nur einen Verzögerungseffekt, weil es nur eine Frage der Zeit war, bis die nächste geschädigte Zelle nicht abtransportiert wird. Damit hatten wir schon Riesenerfolge.

Das entscheidende war aber wieder die ganzheitliche Betrachtung unter realen Bedingungen und nicht unter Laborbedingungen, da wirklich alles einen Einfluss auf den Prozess der Autophagie hat. Mit Nanosonden haben wir den Prozess der Autophagie gefilmt und den Film in Teilsequenzen zerlegt und untersucht. Dabei konnten wir feststellen, dass verschiedene Energien gleichzeitig den Prozess der Autophagie einleiten. Wir konnten jedoch noch nicht die genaue Energiefrequenz ermitteln, die notwendig ist, dass die Autophagie immer funktioniert, egal unter welchen Bedingungen. Aus diesem Grund haben wir folgenden Versuch gestartet, der bisher erfolgreich war. Wir haben den Prozess der Autophagie bei 1000 verschiedenen Menschen untersucht. Da Krebs meist im Alter ab 60 Jahren auftritt waren unsere Untersuchungspersonen zum Großteil über 60 Jahre. Und unsere Vermutungen hatten sich bestätigt. Wenn der Mensch älter wird nimmt seine Lebensenergie messbar ab, außer er trainiert seine Energie. Energie kann man hierbei unterteilen in körperliche und geistige Energie, wobei die geistige Energie einen größeren Einfluss auf die Lebensenergie hat. Das können Sie mit einem Egely-Wheel auch gerne selbst nachmessen. Durch die Schwächung des Immunsystems in Verbindung mit Energie weis der menschliche Körper nicht mehr, was los ist und wie er richtig reagiert. Und genauso ergeht es der Autophagie als Spiegelbild des Prozesses. Einerseits konnten wir die Autophagie durch Mentaltrainings beeinflussen, andererseits auch durch kleine Nano-Energierezeptoren, die mit positiv-ionisierter Energie geladen waren. Dies hatte sehr positive Effekte, so dass die geschädigte Zelle in mehr als 95% abtransportiert wurde. Leider haben wir noch ein Restrisiko von 5%, das wir bisher nicht ausschließen konnten. Hier fehlt uns noch irgendein Mosaiksteinchen zur Vollständigkeit. Und ich bin mir sicher, dass wird dieses fehlende Mosaiksteinchen sehr bald knacken. Das was ich Ihnen über den Krebs soeben erzählt habe, liebe Leser, weis natürlich sonst niemand, da wir die Heilungsmethoden von Krebs patentrechtlich schützen haben lassen. Und wir werden auch niemanden davon erzählen.

Nach der Rede wollte ich einfach nur alleine sein und gehe in die Tiefgarage zu meinem Auto. Das mache ich manchmal, wenn ich abschalten will. An einen ruhigen Ort gehen, eine ruhige gefühlvolle CD einlegen und zurücklegen. Als ich in mein Auto einsteigen will spüre ich, wie mir eine kräftige Hand Nase und Mund zuhalten und mir Chloroform oder ein anderes Betäubungsmittel per Gewalt einflößen. Binnen Sekunden bin ich weggetreten.

Ich wache auf und bin an einen Stuhl gefesselt, wie in einem Agentenfilm. Ich weis nicht, wie viel Zeit vergangen ist, aber langsam werden meine Gedanken wieder klarer. Zwei Männer in weißen Kittel nähern sich mir und setzen mir Elektroden an die Stirn und an die Brust. Es kommt mir vor wie ein schlechter Traum, aber es ist real. Die Elektroden sind an eine Starkstromanlage angeschlossen. Plötzlich spüre ich einen brennenden stechenden Schmerz an meinen Schläfen und meiner Brust. Sie setzen mich unter Strom. Warum?

Ich entspanne mich trotz dieser Schmerzen und rufe Robert zu Hilfe und frage Ihn was die von mir wollen.

„Das sind Leute vom Geheimdienst, der Regierung und der X-Akten. Der Geheimdienst hat dich die letzten beiden Jahre observiert. Sie möchten herausfinden, woher du dieses unglaubliche Wissen und diese Ideen hattest, um Nano-Top zu dieser führenden Firma in dieser kurzen Zeit hochzupuschen. Bleibe bei den Fragen einfach ganz locker und versetze dich in tiefe Meditation, so kannst du dein Bewusstsein vom Körper trennen und ihnen die Antworten geben, die rational für sie sind. Erzähle Ihnen nichts von mir!"

Und wieder öffnet sich vor meinem geistigen Auge was ablaufen wird. Wie sie mich foltern und ermüden wollen, dann an einem Lügendetektor anschließen und mich verhören und zu guter Letzt hypnotisieren um in mein Unterbewusstsein einzudringen. Ich bitte Robert, der noch immer bei mir ist, zu Grace Kontakt aufzunehmen und Ihr mitzuteilen, wo ich bin. Und Robert nimmt sofort Kontakt mit Grace auf und ich kann über Robert auch mit Grace kommunizieren. Auf meine Frage warum ich jetzt hier bin antwortet Robert noch *„weil sie Angst vor Dir haben"*.

Die beiden Männer in weiß kommen auf mich zu und foltern mich weiter. Ich spüre, dass sie mich einfach zermürben wollen um meinen Geist zu brechen. Also öffne ich meinen Geist und gehe auf deren Wünsche ein, ohne dass mein Geist gebrochen ist. Als nächstes setzen sie mich vor den Lügendetektor und stellen mir die unglaublichsten Fragen. Durch die Gespräche mit Robert habe ich gelernt, dass Lügendetektoren auf Frequenzbasis arbeiten, um in das Unterbewusstsein einzudringen. Und meine Schwingung durch Konzentration und Entspannung runter zu fahren hatte ich gelernt. So ist es mir jetzt möglich, den Lügendetektor genau mit den Antworten, genauer gesagt mit den Bildern zu füttern, die so von mir erwarten. Der Lügendetektor übersetzt die Bildsprache vom Unterbewusstsein einfach in sichtbare Schwingungsfrequenzen, nichts anderes. Sie schnallen mich fest und beginnen.

„Wie ist Ihr Name?"

„Bill Smith"

„Wie alt sind Sie?"

„47"

„Sind Sie verheiratet?"

„Ja"

„Haben Sie ein Kind?"

„Ja"

„Heißt Ihre Frau Jane?"

„Nein"

„Lieben Sie Ihre Frau?"

„Ja"

„Heißt Ihre Tochter Clara?"

„Nein"

„Sind sie gebürtiger Amerikaner?"

„Ja"

„Sind Sie ein Außerirdischer?"

„Nein"

„Sind Sie ein Mensch?"

„Ja"

„Manipulieren Sie den Lügendetektor?"

„Nein"

Sie beobachten genau die Ausschläge. Ich weis, dass sie mit mir noch nicht fertig sind, weil sie die geheimen Methoden für die Krebsheilung von mir haben wollen, da die mutierte Krebszelle die widerstandsfähigste Zelle im Körper ist. Damit könnten sie dann evtl. eine neue Waffe bauen, um Krebs ansteckend zu verbreiten und niemand würde darauf schließen, dass bei Krebstoten das Militär oder der Geheimdienst dahintersteckt. Auch bin ich irgendwie bei Grace und Cindy und höre wie sie mir zuflüstern „halte durch, alles wird gut".

Und wie ich es vorausgesehen hatte kommt ein dicker Mann im weißen Kittel mit Hornbrille und Glatze und versucht mich zu hypnotisieren, um an mein verborgenes Wissen im Unterbewusstsein ranzukommen.

Durch gezielte Konzentration auf Grace befördere ich mein Bewusstsein aus dem Körper und bin bei Grace, während ich sogar sehe, wie sie mich ausfragen. Und tatsächlich fragen sie mich nach den Einzelheiten bei der Krebsforschung, was für Projekte in unserer Firma als nächstes gestartet werden und ob wir eine Bedrohung für die USA sind.

Natürlich erzähle ich Ihnen einiges, damit sie zufrieden sind, aber nicht die entscheidenden Geheimnisse. Bei der Krebsforschung erzähle ich Ihnen von der Zellteilung und dass die geschädigte Zelle nicht abtransportiert werden kann außer durch Nano-Roboter; von den kommenden Projekten erzähle ich Ihnen von Nano-Chips, Nano-Sonden, aber nicht von der Zeitmaschine, der Überwindung der Raum-Zeit-Krümmung durch Nano-Technologie und auch nicht von dem Plan des INDMW. Das INDMW ist das Institut für neues Denken, neue Materialien und neuen Wissenschaften. Ich darf jetzt nur nicht daran denken, um dies in meinem Bewusstsein zu erzeugen, sonst können diese Leute auf dieses Wissen zurückgreifen. Zum Glück ist mein Körper in diesem Moment nur eine von mir programmierte leere Hülle, weil ich mich mit meinem Bewusstsein zu Grace begeben hatte.

Und es wirkt. Aus der Metaebene bei Grace kann ich sehen, wie die Geheimdienstleute zufrieden mit den Informationen sind, die sie von mir bekommen und dass ich keine Bedrohung für die Welt darstelle. Der glatzköpfige dicke Mann im weißen Kittel mit Hornbrille zieht eine Spritze mit einer Flüssigkeit auf. Ich kann aber nicht erkennen ob es Gift oder ein Betäubungsmittel ist. Ich hoffe, dass es nur ein Betäubungsmittel ist, weil ich noch nicht von dieser Welt scheiden will, da in der Nanotechnologie so viel Großartiges von uns zu leisten ist. Ich spüre, wie die Spritze wirkt und mein Bewusstsein wieder in den physischen Körper hineingezogen wird. Dann tiefe schwärze und ich werde bewusstlos.

Keine Ahnung wie lange ich bewusstlos war, aber ich wache wieder in meinem Büro auf und es ist 15.00 Uhr. Die anderen hatten meine mehr als 4-stündige Abwesenheit gar nicht bemerkt. Ruppert kommt zufällig in mein Büro und sieht mich.

„Typisch Bill, zuerst die großartige Rede halten und dann die Anerkennung gar nicht genießen wollen, sondern sofort wieder in die Arbeit stürzen. Überarbeite dich nicht, wir brauchen dich noch länger. Du schaust sehr mit genommen aus!"

Natürlich erzähle ich Ruppert nicht, was während der letzten 4 Stunden wirklich geschah. Ich gehe kurz in mich um meine Gefühle herunterzufahren und das zu spielen, was Rupert jetzt von mir auch wollte. Den strahlenden, alles geliebten erfolgreichen Vorstandsvorsitzenden, der sich im Erfolg badet und die sozialen Kontakte innerhalb der Firma hegt und pflegt. Auch wenn es mir dieses Mal aufgrund der Umstände extrem schwer fällt; ich schaffe es auch dieses Mal. Niemand, aber auch wirklich niemand bemerkt meine eigentliche innerliche Zerrissenheit und den Schock über das, was passiert war. So führe ich mit den meisten Teilnehmern sehr oberflächliche Gespräche. Den typischen Smalltalk eben, der normalerweise auf Gesellschaften dieser Art so gepflegt wird. Und ich merke, wie die Leute auf diesen kurzen oberflächlichen Smalltalk eingehen und ihnen wohl dabei ist, genauer gesagt fühlen sie sich sogar toll, weil ich, der große Vorstandsvorsitzende von

Nano-Top, mit Ihnen spreche. Früher hatte ich diese Bewunderung und Anerkennung gesucht und gebraucht, aber durch dieses Erlebnis heute wurde mir klar, dass das nicht alles sein kann. Wie schnell kann das Leben doch vorbei sein. Ich hatte Glück, wie so oft in meinem Leben und meinen Robert quasi als Schutzengel, der mir genau sagte, wie ich mich verhalten sollte. Eine falsche Antwort, und sie hätten mich ermordet. Ich fragte mich, macht es denn jetzt noch Sinn, an der Nanotechnologie und der Aufgabe der Forschung weiterzumachen, auch wenn es eventuell mein Leben kosten sollte. Irgendwie spürte ich aber in mir, dass es so nicht zu Ende sein sollte....

Mittwoch, 30. Mai 2012, 20.00 Uhr

Ich hatte sogar vergessen, Grace Bescheid zu geben, dass ich freigelassen wurde und lebe. Grace sieht mein Auto und fällt mir um den Hals.

„Du lebst, Bill, das ist das wichtigste!"

Das erste Mal seit knapp drei Jahren spüre ich wieder diese tiefe Liebe, die ich von Grace zuletzt vergeblich gesucht hatte. Und ich verfalle in Tränen des Glücks und der Freude, denn ich hatte nicht mehr daran geglaubt. Das tiefe Gefühl der Liebe war bei Grace noch da, bedurfte aber dieser Entführung, dass es wieder erwachte. Wir liegen uns beide in den Armen und sehen die Welt viel klarer. Das Entscheidende ist die Erkenntnis, im hier und jetzt glücklich zu leben und das Glück in die Hand zu nehmen, nicht ständig rastlos nach neuen Zielen zu suchen und den Sinn des Lebens, nämlich das glücklich leben, zu vergessen. Nur wenn wir glücklich leben finden wir auch das, was wir suchen, weil es immer schon da ist, und zwar in uns. Das wurde mir in diesem Moment so bewusst und ich spüre direkt die Veränderung bei Grace, wie sie hemmungslos weint und Ihre Gefühle raus lässt quasi mit den Gedanken, wie blöd sie doch die letzten 3 Jahre war. Und genauso ergeht es mir. Ich sah an Ihr immer mehr das Negative, obwohl ich mir immer wieder einredete, dass das Positive das Entscheidende ist. Aber sie und ich konnten bis heute diese Art Negativspirale kaum unterbrechen, wenn, dann nur an der Oberfläche. Ich hatte so gehofft, dass das tiefe Gefühl der Liebe uns wieder vereint und darum gebeten, und es geschah, obwohl ich dafür hätte fast draufgehen müssen. Auch wenn es sich dumm anhört, ich bin dankbar für dieses Schockerlebnis, dass ich fast gestorben wäre. Nur so wurde Grace und mir bewusst, was wir an uns haben. Aufgrund Ihrer Suche konnte sie meine positiven Seiten nicht mehr sehen, da ihre Suchscheinwerfer auf ganz andere Dinge ausgerichtet waren, nämlich auf XT-52. Und mir erging es genauso. Ich suchte die Liebe von Grace, aber meine Suchscheinwerfer waren sehr „verschmutzt" durch diese Umstände, so dass ich sie natürlich nicht sehen konnte. Ich hätte nie an Ihr und mir zweifeln dürfen, dann wären die letzten 3 Jahre für mich gefühlsmäßig nicht die Hölle gewesen. Das Gute an dieser Sache war, dass ich meine ganze Energie in die Arbeit steckte und dadurch, dass ich mich nur noch darauf konzentrierte kamen mir hier die unglaublichsten Ideen und Eingebungen, die wir dann umsetzten. Ist das Leben nicht ein verrückter Kreislauf, geht es mir wieder durch den Kopf. Alles Negative kann sogar sehr viel Positives erzeugen und alles Positive sehr viel Negatives. Es ist nur eine Frage der Gedankenkonzentration, der Erfahrungen und der Suchscheinwerfer. Diese Erkenntnis heute war die bisher wichtigste in meinem Leben und die Erfahrung, dass mich Grace trotzdem liebte und immer lieben wird, egal was kommt, die schönste Erfahrung in meinem Leben. Es war dieses tiefe Gefühl der Verbundenheit, eine ganz andere Form der Liebe, als ich sie bisher kannte. Auch wenn ich jetzt aus dem Leben scheiden würde wüsste ich, dass Grace mich weiterhin lieben wird und ich sie weiterhin liebe, da ich ohne sie diese unbezahlbare Erkenntnis nicht hätte machen können. Egal was passieren wird. ich werde es annehmen können, da alles Negative mir weiterhelfen kann.

Montag 21. September 2012 08.00 Uhr

Heute ist Graces Geburtstag. Ich habe sogar eine Geburtstagstorte das erste Mal in meinem Leben gebacken; und sie ist gut geworden, obwohl ich kein Rezeptbuch verwendet hatte; einfach so nach Gefühl und was mir gerade in den Sinn kam.

„Hallo Grace, aufstehen, ich habe eine Überraschung für Dich!"

Mit einer frischen Tasse Latte Macchiatto und einem Glas Champagner überfalle ich Grace und küsse sie. „Alles Gute zum Geburtstag". Grace fragt mich gleich, ob Cindy noch schläft.

„Cindy liegt noch wie ein Stein im Bett. Ich hatte erst vor einer Minute nach Ihr geschaut!"; Grace zieht mich ins Bett und wir lieben uns nahezu auf göttlicher Weise. Es ist wie Liebe von einem anderen Stern. Einfacher Sex fühlte sich in der Vergangenheit ganz anders an. Mir kommt es so vor, als ob unsere Seelen verschmelzen und Grace und ich eins werden. Sie spürt genau was in mir vorgeht und vorging und ich genau, was in Ihr vorgeht oder vorging. Jetzt weis ich genau, warum sie solche Sehnsucht nach XT-52 hat und sie spürt genau, warum ich diese Sehnsucht nach Anerkennung und Liebe habe. Dieses Gefühl und diese Erkenntnis kann man einfach nicht in Worte fassen.

Es sollte einfach jeder einmal erfahren dürfen und können, auch sie liebe Leser. Jetzt fragen sie sich bestimmt, warum ich gerade Sie anspreche, wie schon des Öfteren in diesem Buch. Ich möchte Ihnen die Gelegenheit geben, alles zu fühlen und Ihre Gedanken beim Lesen dieses Buches zu verstärken, nur so können sie selbst erfahren was wirklich alles möglich sein könnte.

Durch diese „Verschmelzung" haben wir wieder neue Erkenntnisse und Erfahrungen gewonnen, die einfach unglaublich sind. Erst jetzt konnte ich es wirklich glauben und annehmen, dass Grace nur der Körper war und in ihr außerirdische Energie steckt oder ein außerirdisches Lebewesen oder auch außerirdisches Bewusstsein! Von diesem Zeitpunkt an hat sich meine Welt nochmals verändert. Wie ein Film lief dieses wunderbare letzte halbe Jahr an meinen Augen vorbei. Wir machten bei Nano-Top unglaubliche Entdeckungen ; so fanden wir heraus, dass wir durch geeignete Behandlung Nahrungsmittel mit mehr Energie aufladen können und der Körper dadurch mit einer Bruchteil an Nahrung auskommen kann, wenn er diese zu sich nimmt. Ferner belastete diese neue mutierte Nahrung auch nicht so stark den Körper, so dass diverse Krankheiten, speziell Blutzucker, Diabetes, Übergewichtigkeit, Herz-Kreislauf-Krankheiten sehr stark zurückgingen. Von anderen positiven Langzeitwirkungen können wir noch nicht sprechen, weil uns die Erfahrungswerte fehlen. Ich bin mir aber sicher, dass das gesamte Energiesystem des Menschen positiv beeinflusst wird. Das war speziell ein Segen für die armen Länder der Dritten Welt aber auch für die anderen Menschen, sinkende Krankheitszahlen, höheres Energieniveau, längere Lebenserwartung; all das wurde möglich. Die einzigen die etwas dagegen hatten war die mächtige Pharmaindustrie.

Aber wie ich Ihnen in meinem Buch schon oft versucht hatte zu erklären gibt es immer zwei Seiten der Sichtweise, positiv oder negativ.

Es kommt immer darauf an, aus welchem Blickwinkel ich etwas betrachte. Und natürlich verbreiteten speziell die profitgierigen Nahrungsmittelkonzerne, Pharmakonzerne, Ärzte, Krankenhäuser, um nur einige zu nennen negative Schlagzeilen, sogar furchterregende. Die einzigen, die aber in Wirklichkeit Furcht hatten, waren natürlich sie selbst. Stellen sie sich vor. Plötzlich standen die großen Nahrungsmittel- und Pharmakonzerne vor der Pleite; Ärzte und Krankenhauspersonal wurden immer überflüssiger und das war natürlich für die Presse viel wichtiger. Das Hauptargument dieser Firmen und der Ärzte, die auch traditionelle Wissenschaftler mit in ihr Boot holten, war, dass solche Lebensmittel nicht funktionieren können, weil es bisher so etwas nicht gab.

Ich musste erkennen, dass traditionelle Wissenschaften mit ihrer „wissenschaftlichen Weltsicht" dem nötigen Wissen um Jahre hinterherhinkten um weiteren Fortschritt gewährleisten zu können. Aus diesem Grund gründete ich am 01.September 2012 das INDMW, das Institut für „Neues Denken", „Neuer Materialien" und „Neuer Wissenschaften". Dabei holte ich die besten innovativsten Querdenker aus dem Bereich Erfolg, Bewusstseinsforschung, Parapsychologie weltweit zusammen. Diese Gruppe verkörpert den Bereich „Geniales Denken"; ferner besorgten wir uns alle möglichen Bausteine der Erde, der Lebewesen, unterschiedliche Energien, usw. und sammelten diese; „dann holte ich noch führende Mathematiker, Physiker, Quantenphysiker, Biologen, Spezialisten der anorganischen Chemie und Mediziner zusammen für den Bereich „Neue Wissenschaften"; diese waren dann für die statistischen Erhebungen und Auswertungen verantwortlich und für die „Übersetzung der gewonnenen Erkenntnisse und Erfahrungen in eine wissenschaftlich anerkannte

Fachsprache". Es gab dabei noch ein Problem, nämlich wie soll ich diese 3 verschiedenen Bereiche optimal vernetzen und zusammenführen, da sonst jeder Bereich wie bisher sein eigenes Süppchen kochen würde. Und hierbei wiederum half mir ein Treffen mit Robert Smith. Die spirituellen Querdenker mussten die Sichtweise der Wissenschaftler (Datensammler) verstehen, dass alles Neue auch durch Zahlen und Fakten statistisch auswertbar gemacht werden muss; die Wissenschaftler hingegen mussten lernen, ihren begrenzten Horizont ihrer materiellen Welt zu verlassen um in die psychische, immaterielle Welt eintauchen zu können. Und es waren nur wenige, die bereit waren, ihr altes Weltbild aufzugeben, aber die wenigen halfen uns sehr weiter, da sie den Zusammenhang wissenschaftlich erfassen konnten. Den Zusammenhang zwischen der sichtbaren äußeren materiellen Welt und der bisher unsichtbaren Welt, der nicht physischen Realität, in der die gesamten Informationen unseres Universums liegen und die wir uns nur in die physische Realität holen müssen. Nur durch die Zusammenführung der Sichtweisen beider Welten ist es uns möglich, den Gesamtzusammenhang des Universums zu erkennen und die Erkenntnisse waren unglaublich. Die Welt entwickelt sich in einem Prozess immer wieder selbst und entwickelt sich weiter, ähnlich einer Lotusblume, die sich entfaltet. Und gerade der Lotusblüteneffekt steht als Synonym für die weltweite Nano-Technologie. Erkennen Sie die Zusammenhänge?

Durch unsere Forschungen in Verbindung mit dem neuen Denken wurde uns alles immer klarer. Das menschliche Leben, genauer gesagt die menschliche Energie und deren Energiefluss bzw. deren Beschaffenheit oder Materie ist abhängig von einem bestimmten durch das universelle Informationsfeld festgelegten Verhältnis aus Wasserstoff, Helium, Kohlenstoff, Stickstoff, Sauerstoff und Neon, sowie einer geheimen weiteren Substanz, die wir bisher noch nicht erfahren haben. Wir gehen davon aus, dass es eine spezielle Energieform ist, die in Verbindung mit diesen vorhin genannten Elementen für die Synthese sich selbst replizierender Zellen zuständig ist. Ich nenne diese Energie die Energie Gottes oder Schöpferkraft.

Ich führe ein weiteres Beispiel aus der Nanotechnologie an. Kohlenstoff ist im Universum der wichtigste Faktor zum Verdichten der Materie; in der Nanotechnologie spiegelt sich das z.B. bei Oberflächenbeschichtungen wieder. Nehme ich eine einfache SIO_2 Beschichtung verdichtet diese z.B. bestehendes Glas nicht so stark als wenn ich Fluorcarbon(CH_3) hinzumische, weil im Fluorcarbon das Element Kohlenstoff sehr stark gebunden ist. Resultat. Das mit SiO_2 beschichtete Material hat eine geringere Dichte und eine geringere Oberflächenspannung als SiO_2 in Verbindung mit Fluorcarbon. Trotzdem kann die Energie der SiO_2 Verbindung wesentlich höher sein.

Ein weiteres Beispiel ist die Krankheit Krebs. Durch sehr starkes Rauchen erhöht sich die Kohlenstoff-Zufuhr durch den Teer der Zigaretten zu stark im Verhältnis zu dem anderen lebensnotwendigen chemischen Elemente und es kommt zum Ungleichgewicht. Dadurch passiert, dass der Energiekreislauf, damit der Informationsfluss, verändert wird, der sich auf die kleinsten Zellen auswirkt bis irgendwann einmal so etwas wie ein Kurzschluss im menschlichen System entsteht und der Abtransport einer geschädigten Zelle verpasst wird. Diese mit hoher Kohlenstoffinformation angereicherte geschädigte Zelle sucht natürlich den Kontakt zu anderen Zellen aufgrund des verbindenden Informationsgehalts des Kohlenstoffs und gibt seine geschädigten Informationen weiter bis sich das richtige Grüppchen an Zellen gefunden hat, diese werden nicht mehr abtransportiert und bilden dann den Tumor. Ich hoffe, sie verstehen was ich meine, denn ich habe einen sehr komplexen Vorgang sehr vereinfacht in Ihrer Sprache dargestellt.

Es gelangen uns im letzten halben Jahr revolutionäre, wissenschaftlich beweisbare Erkenntnisse, die die damalige Sicht der Welt komplett auf den Kopf stellten.

Bitte liebe Leser, gehen sie vereinfacht ausgedrückt davon aus, dass Zellen auch nichts anderes als Lebewesen sind, sie nur aber einen anderen „Körper" oder eine andere „Form" besitzen. Sie besitzen die gleichen universellen Informationen wie Sie. Wie gesagt, es gab nicht nur positive Befürworter meiner Sichtweisen und dem was ich alles tat. Aber meine Aufgabe war es, damit leben zu können und meinen Weg zu gehen. Ich musste meine positiven Ziele, meine Vision von der lebenswerten Welt einfach verwirklichen. Der Albtraum einer sich selbst zerstörenden Welt war für mich nicht lebenswert. Ich wusste durch meine Erfahrungen, dass das Leben ein ständiger Kreislauf aus Positivem und Negativen sein muss. Nur so kann die Energie immer zwischen zwei Polen fließen und dadurch wurde mir bewusst, dass ich selbst immer die Energie zu dem Zeitpunkt durch meine Einstellung umpolen kann, wenn nötig.

Es wird, so lange sich das Leben auf unserer Erde entwickelt, immer positive und negative Ereignisse geben, damit Leben, und somit Weiterentwicklung stattfinden können.

Ich gehe an diesem Tag nicht in die Arbeit, weil ich irgendwie das Gefühl habe, dass es der letzte „gewöhnliche gemeinsame Geburtstag" mit Grace und Cindy sein wird. Nachdem Grace immer liebevoller und weicher wurde, konnte sie während der letzten 3 Monate im Traum Pyra treffen. Pyra ist vergleichbar von der Konstellation wie Robert Smith, nur dass Pyra ein Teil von Grace war, den sie noch nicht kannte. Grace erzählte mir von Ihren Gesprächen mit Pyra und dass sie langsam immer mehr über das Leben auf XT-52 von Ihr erfahren hat.

„Es ist eine andere Art des Lebens auf diesem Planeten, nicht so sehr auf das Materielle und den persönlichen Vorteil bedacht wie auf der Erde. Dieses Stadium des Bewusstseins hatten die dortigen Bewohner schon durchschritten. XT-52 ist ca. 3 Mrd. Jahre älter als die Erde dementsprechend haben die Lebewesen dort eine längere Lebenserwartung in Ihren Körpern. Die durchschnittliche Lebenserwartung liegt bei ca. 300 Erden Jahren. Den sexuellen Geschlechtsakt gibt es dort nicht mehr", erzählt mir Grace und ich spüre, dass die Zeit ihres Abschieds immer näher rückt. Was wird dann mit Cindy, geht es mir durch den Kopf und vertraue darauf, dass schon das richtige passieren wird. Diesen Tag feiern wir alle zusammen wieder in Disneyworld. Cindy ist jetzt schon 4 Jahre alt und kann von Mickey, Mini, Donald, Dagobert und Konsorten einfach nicht genug kriegen. Wie wohl sie sich in dieser Märchenwelt doch fühlt.

„Ob sie eine Ahnung davon hat, welche Konstellation Grace und ich haben?"

Kinder spüren so etwas ja sehr oft. Jedenfalls sind Grace und ich sehr froh, dass Cindy sich zu so einem hilfsbereiten, intelligenten und liebenswerten Kind entwickelt. Wenn man bedenkt, dass Cindy gar nicht auf der Welt sein sollte, da Grace ursprünglich keine Kinder haben wollte. Der Zusammenhang mit Cindy wurde mir erst jetzt klar, da auf XT-52 keine Kinder mehr auf die schmerzvolle Art und Weise wie auf der Erde geboren werden.

Oma Thelma ist auch mit von der Partie und für Ihr Alter immer noch sehr gut zu Fuß. Obwohl Grace an ihrem Geburtstag bestimmen könnte, was alles gemacht wird hat sie Cindys Wunsch nach Disneyworld zu fahren verwirklicht. Und es ist für mich einfach die größte Freude, das strahlende Lächeln des Kindes und der glücklichen Mutter zu sehen. Doch habe ich Angst was passiert, wenn Grace Ihrem Urtrieb folgt und irgendwie die Möglichkeit findet, nach XT-52 zurückzukehren.

Montag, 24. September 2012 03.00 Uhr nachts

Mein Bett wackelt und ich höre Robert

„Bill aufwachen, aufwachen; ich möchte Dir jemanden vorstellen. Hier ist Pyra, Grace hatte Dir von Ihr ja schon erzählt!"

Zur gleichen Zeit wacht auch Grace auf, um an dem Gedankenaustausch und der Kommunikation teilzunehmen.

„Ihr habt jetzt die Chance, alle Fragen beantwortet zu bekommen, nützt sie. Speziell du Bill hast doch einige Fragen!"

Und ich wollte sehr viel wissen. „Pyra, ist mein Gefühl richtig, dass Grace bald von der Erde verschwindet?"

„Das kann sehr gut möglich sein und passiert dann, wenn sie so weit ist zu gehen!"

„Kann sie Cindy und mich dann auch mitnehmen?"

„Wenn ihr die gleiche Schwingungsfrequenz habt, ja? Meist ist es so, dass kleine Kinder bis ca. 4 Jahren noch sehr die Mutterschwingung verinnerlicht haben. Bei dir und bei Grace kommt es auf die Liebe an. Die Liebe ist die Grundlage für die gleiche Schwingung in höheren Dimensionen. Ferner musst du auch wollen und bereit sein, alles los zu lassen!"

Im Moment bin ich ein bisschen frustriert, aber wenn es Grace glücklich macht zu gehen, dann bin ich es auch. Und sie soll wirklich das machen, was für sie das richtige ist.

Langsam verschwindet Pyra aus meinem Blickfeld und ich höre Grace noch mit Ihr kommunizieren und spüre, wie Grace auch hin und her gerissen ist. Ist es vielleicht Graces Aufgabe, die Verbindung zu den Erdlingen durch mich herzustellen und alle Voraussetzungen für eine erfolgreiche Verständigung zu schaffen. Ist Grace die einzige von XT-52 oder eine von vielen geht mir durch den Kopf. Aber das ist mir im Moment alles zu viel und übersteigt meine Gedanken. Ich möchte einfach leben, glücklich sein! Ich sehe Robert und er ermutigt mich dazu, Erfahrungen zu machen, diese festzuhalten und zu sammeln um daraus Erkenntnisse zu entwickeln. Nur so kann ich lernen und erfahren.

24. September 2012 07.00 Uhr morgens.

Noch etwas verwirrt durch diese Nacht steige ich ganz sachte aus dem Bett und sehe, wie friedlich Grace im Bett liegt. Ob sie gerade von XT-52 träumt oder evtl. sogar schon dort ist? Auch Cindy schläft wie ein Engel und liegt wieder quer in Ihrem Bett. Sie braucht einfach Raum. Begrenzungen sind Gift für sie. Hier kommt ganz der Vater durch, denn mir gingen auch Regeln, Einengungen und Vorschriften auf den Geist. Ich musste immer mein Leben leben; und dabei habe ich stets auf mein Gefühl vertraut.

Ganz behutsam, mit einem flauen Gefühl im Magen ziehe ich mich an, und schaue, wie beide so ruhig schlafen. Alleine dieser friedliche Anblick macht mich in diesem Augenblick unglaublich glücklich und trotzdem habe ich ein Gefühl der Wehmut.

Ich setze mich in meinen Cadillac und fahre los.

24. September 2012 11.00 Uhr

Ich werde auf meiner Durchwahl angerufen. Diese Nummer haben nur wenige, u.a. Grace. Mit einer gewissen Vorahnung nehme ich den Hörer ab und höre eine männliche verzerrte Stimme.

„Hören Sie, wen ich hier im Hintergrund habe?" und kann Graces und Cindys Stimmen klar und deutlich wahrnehmen. „Wir haben Ihre Frau und Ihre Tochter und wir fordern sie auf, alles das zu tun, was wir verlangen. Keine Polizei und kein Wort mit niemand darüber. Geben Sie uns Ihre Zeitmaschine, sonst sterben sie!"

Woher wussten die, dass unsere ersten Versuche mit der Zeitmaschine sehr erfolgreich waren? Aber in Zeiten, in denen Gedankenübertragung möglich ist brauche ich eigentlich nicht mehr dazu erklären. Alle noch so gut gehüteten Geheimnisse können aufgedeckt werden.

Wir hatten uns beim Bau der Zeitmaschine an dem Philadelphia Projekt im Jahre 1943 orientiert, in dem ein Kriegsschiff kurzfristig in eine andere Zeit „verrutscht" war, auch wenn es bisher nur die wenigsten glauben konnten. Mittels der Nanotechnologie konnten wir einen nanomodularen Frequenztransmitter erfinden, der sehr hohe Energie erzeugt und ein und denselben Gegenstand einerseits zu verschiedenen Orten gleichzeitig transportieren konnte, andererseits auch zu verschiedenen Zeiten; einfach mehrdimensional. Und das gleiche funktionierte sogar bei den Menschen. Körperliche Zeitreisen sind seit kurzem möglich, aber nur ich und meine engsten Forscher wussten von diesem Projekt. Es wurden hierbei die neuesten Erkenntnisse der Quantenphysik, der Quantenmechanik und der Nanotechnologie kombiniert.

Mein ungutes Gefühl, dass etwas passieren würde hatte sich bestätigt. Speziell Gefühle teilen einem oft die Wahrheit mit. Deshalb reagiere ich sehr gefasst, denn ich wollte einfach Bedenkzeit gewinnen und schauen, ob ich außerkörperlich mit Grace Kontakt aufnehmen kann. Ich schließe mein Büro ab, damit mich niemand stören kann und versetze mich in einen anderen Bewusstseinszustand und rufe Robert und Pyra zu Hilfe, um den Kontakt mit

Grace herstellen zu können. Und Pyra hilft mir sofort und binnen weniger Sekunden bin ich bei Grace in ihrer dunklen, schäbigen Zelle.

„Grace, was soll ich machen? Soll ich Ihnen die Zeitmaschine übergeben?"

Und Grace schließt sich mit Pyra kurz und antwortet besorgt „auf keinen Fall darf sie in die falschen Hände geraten. Gib sie ihnen nicht und gewinne einfach nur ein wenig Zeit!"

Und plötzlich bin ich wieder in meinem Körper im Büro. Wenig später rufen die Entführer wieder an.

„Wie haben sie sich entschieden?" spricht eine dunkle männliche markante Stimme. Ich habe sofort ein Bild von diesem Mann in meinem Kopf, wie er aussieht und welch eiskalter Hund er ist.

Ich halte mich an Graces Anweisungen Zeit zu schinden.

„Ich muss die Zeitmaschine erst aus unseren Labors holen. Wie gehen wir dann weiter?"

„Wir treffen uns heute 20.00 Uhr in der Lincoln Street Hausnummer 20. Wehe sie kommen zu spät, dann sind Ihre Frau und Tochter Tod!"

Ich nahm nochmals Kontakt mit Grace über Pyra auf und sie bestätigte mir, dass alles so okay sei und dass die Zeit ausreicht. Mir war klar, dass heute Grace mit Cindy zu Ihrem Heimatplaneten XT-52 zurückkehren würde. Grace und Cindy wurden von der Zelle in einen tief düsteren Keller verlegt. Das war optimal für Grace, da sogar auf Wachen verzichtet wurde. Auf einmal spüre ich unheimliche Energie und denke mir, jetzt ist es soweit und schaue auf die Uhr. Es ist 18.52 Uhr und plötzlich bleibt sie stehen. Und ich wusste, Ihre Reise konnte beginnen. Dazu musste Grace ihren alten Bewusstseinszustand annehmen. Cindy wurde im Soge der Mutterenergie mitgezogen, weil sie noch sehr jung war und annähernd das Energielevel Ihrer Mutter hatte.

Grace war jetzt nicht mehr die irdische Grace sondern eine Lebensform auf XT-52, ebenso Cindy. Sie wurden von Ihren Lebensformen abgeholt. Obwohl ich Grace und Cindy eigentlich verloren hatte, wusste ich, dass es so das Beste war, da meine Aufgabe hier noch nicht beendet war.

Über diese Dinge kann ich natürlich mit niemanden sprechen und deshalb sind Grace und Cindy bei dieser Entführung offiziell getötet worden, obwohl keine Leichen gefunden wurden. Auch wenn es noch so makaber klingt.

Mir war klar, dass von meiner Zeitmaschine niemand erfahren durfte. So hatte ich es mit Grace vereinbart und geschworen, dieses Geheimnis für mich zu behalten.

Sonntag, 21. Juni 2015

Die letzten 3 Jahre waren einsam für mich. Grace und Cindy weg, meine Mutter Thelma vor einem halben Jahr verstorben. Aufgrund meiner mentalen Trainings konnte ich außerkörperlich zu Grace, Cindy und auch meiner Mutter Kontakt halten und wenn mir danach war, dann ging ich per Zeitmaschine auch des Öfteren in die traumhaften Zeiten mit Grace zurück, gerade als wir frisch verliebt waren. Und wir wiederholten dann unser Kennenlernen, unseren Sex, etc.; aber trotzdem war es nur wie in einem Film, da ich das Bewusstsein und die Einstellung hatte, dass Grace mit Cindy auf XT-52 ist. Mir ging folgendes durch den Kopf.

1. Soll ich mit Grace und Cindy weiterhin außerkörperlich kommunizieren?
2. Soll ich Sie mit der Zeitmaschine öfters in der Vergangenheit treffen?
3. Soll ich mit Hilfe von Robert und Pyra Kontakt zu XT-52 herstellen und versuchen, deren Lebensform anzunehmen?

Das sind meine 3 Alternativen geht es mir an diesem 21. Juni spät abends durch den Kopf. Ich gehe ins Bett und entspanne mich und hoffe Robert und Pyra zu treffen. Robert ist nach kurzer Zeit da, aber Pyra noch nicht.

„ Hallo Bill, du bist einsam. Ich weis, dass du Grace und Cindy wieder sehen willst. Das ist aber nicht so leicht. Ich soll dir jetzt wohl Antwort auf Deine 3 Alternativen geben? Dazu muss ich Pyra um Erlaubnis fragen.

Und auf einmal steht Pyra vor mir und erklärt, dass Grace und Cindy mich wiedersehen wollen und dass es möglich sei, aber erst wenn ich die Aufgabe auf der Erde zu Ende gebracht habe!

Und ich möchte natürlich wissen, wann meine Aufgabe vollendet sein wird. Und Pyra antwortet mir so, wie es Robert immer getan hatte.

„Wenn du soweit bist und die Zeit da ist, dann wirst du es spüren!"

Und weg ist Pyra. Und ich frage Robert, was ich am besten machen soll. Er gibt mir den Hinweis

„Vertrauen und dich weiterhin außerkörperlich mit Grace und Cindy treffen".

Und ich beschließe, dies anzunehmen und in die Tat umzusetzen. Ich wusste, dass ich erst von hier weg kann, wenn alles in Ordnung ist und ich mit mir im Reinen bin. Ich hatte noch eine Aufgabe zu erledigen und eine davon war i.a. mit diesem Unsinn, der über Aids erzählt wurde, aufzuräumen. Dazu ist es zuerst notwendig zu wissen, wie AIDS (Aquired Immunodeficiency Syndrome) entstanden ist.

1980 wurde in Kalifornien ein gehäuftes Auftreten von Pneumocystis-Pneumonie bei jungen homosexuellen Männern beobachtet, 1981 in New York eine Häufung des Kaposi-Sarkoms. Beide Krankheiten waren schon seit 1909 bzw. 1872 bekannt. 1982 wurde der Name AIDS geboren und fortan als einheitliche Krankheit gesehen, obwohl es zuletzt mehr als 50 verschiedene Krankheiten gab, die AIDS entsprachen. Das CDC in Amerika ging davon aus, dass die Ursache ein Immundefekt sei. Es entbrannte aufgrund finanzieller Förderung ein regelrechter Wettstreit speziell zwischen den USA und Frankreich, was AIDS denn sei und man konnte sich nicht einigen. Es bedurfte sogar der Einmischung von

Ronald Reagan und Chirac, um diesen Streit, der damals zwischen Gallo und Montaignier entstand, zu schlichten. Festzuhalten aus diesem Streit blieb die Vermutung, dass u.a. Viren wie HIV, AIDS unter bestimmten Voraussetzungen auslösen können, aber nicht müssen. Das große Problem damals war, dass man AIDS nicht genau definiert hatte, da AIDS eigentlich eine Mutation und Kombination verschiedener Krankheiten war, die es aufzuschlüsseln galt. Und das haben wir vor kurzem geschafft. In den 80-er Jahren war es nicht möglich, Viren unter dem Mikroskop zu erkennen. Dafür waren sie einfach zu klein. Mit unserem speziellen Tunnelrastermikroskop, das eine Weiterentwicklung des Tunnelrastermikroskops von den 80-ern des 20-igsten Jahrhunderts war, konnten wir die Viren sehen und sogar deren infektiösen Proteinbestandteile analysieren. Für Laien kann man sagen, dass Krebs und AIDS eigentlich ziemlich ähnlich sind. Es kann zur Folge haben, dass bei AIDS die Lymphozyten geschädigt werden, musste aber nicht unbedingt sein. Aufgrund der ungenauen Definition waren zu viele Widersprüche in sich möglich um eine Lösung für das komplexe widersprüchliche „Lebewesen" AIDS zu bekommen. Wir hatten AIDS dann unterteilt in AIDS-HIV, dann AIDS HIV-1, AIDS-HIV-2 oder AIDS-Herpes 6. Ferner stellten wir fest, dass das Umfeld und die Lebensweise und Denkweise einen entscheidenden Einfluss auf das Immunsystem der Menschen hatten. Je besser, gesünder und erfolgreicher der Mensch, umso höher seine Vitalität, umso höher seine Lebensenergie und umso unwahrscheinlicher, dass eine der AIDS Formen ausbrechen kann, auch wenn der Virus da war, da das Immunsystem diese Schädigungen erkannte und reparierte. Nur bei Menschen mit schwächerem Immunsystem, z.B. Drogenabhängige, Unterernährte oder anders Kranke brachen die Krankheiten aus. So fand auch die Psychoneuroimmunologie heraus, dass viele psychische Faktoren wie Angst, Depressionen, Hass, etc. das Immunsystem sehr schwächen können. Außerdem starben Frauen wesentlich seltener an AIDS als Männer, obwohl mehr Frauen infiziert waren. Das lag auch an dem stärkeren Immunsystem der Frauen und deren höheren Lebensenergie. Die Lebenserwartung der Frauen ist nicht umsonst mindestens 10% höher.

Aufgrund unserer Arbeitsweise beim INDMW konnten wir dieses Problem AIDS ganzheitlich betrachten und eine ganzheitliche Analyse durchführen. Wir erhoben statistische Daten anhand hunderter AIDS-Kranker, analysierten den Virus, von dem sie befallen waren, machten aber auch gleichzeitig eine genaue Befragung und Untersuchung der Lebensgewohnheiten und Umstände. Ferner teilten wir ihnen mit, dass wir auf jeden Fall Heilungschancen sehen, sofern die Krankheit noch nicht ausgebrochen war. Wir wussten, dass Angst negativ verstärkend auf das Immunsystem eines geschwächten Körpers einwirken kann, quasi wie eine Art Katalysator oder Beschleuniger. Und wir hatten Recht. Je tiefer wir uns in die Materie vorarbeiteten und je ganzheitlicher wir alles untersuchten und auch die evtl. Mutationen der Krankheit AIDS durch die zeitliche Fortschreitung messen konnten, umso genauer fanden wir die Gewichtung der Wichtigkeit der Umweltfaktoren wie Lebensbedingungen, soziales Umfeld, Klima. Wir konnten den Gesamtzusammenhang verstehen, der aber wiederum bei jedem Patienten neu gewichtet werden musste. Uns wurde klar, dass wir eine derart komplexe Krankheit, die wiederum vergleichbar einer Matrix-Struktur der Nanotechnologie ist, nur durch komplexe Behandlungsmethoden entgegentreten können. Und wir hatten Recht, so dass wir mittlerweile 9 von 10 Patienten heilen und die geeigneten Präventivmaßnahmen empfehlen können.

21. September 2017

Heute hätte Grace Geburtstag, wenn sie noch hier wäre. Obwohl ich mich sehr oft mit Ihr und Cindy außerkörperlich getroffen hatte, fehlte sie mir hier. Meine Aufgaben waren getan. Die Nano-Technologie wurde auf der ganzen Erde positiv gesehen und bewirkte eine riesige Veränderung in der gesamten Einstellung der Menschheit; sei es im Bereich Gesundheitsbewusstsein bei der Ernährung, bei der Körperpflege, beim Rauchen, beim Sonnenbaden um nur einige Beispiele zu nennen. Die gesamte Wirtschaft änderte sich, Ethik, gegenseitige Unterstützung löste die egoistische gewinnmaximierenden Shareholder Value Einstellung ab, die Kluft zwischen arm und reich wurde geringer, da die Reichen sich Ihrer Verpflichtung bewusst wurden und immer mehr spendeten und vor allem wurden neue Wissenschaften entdeckt und bestätigt, die die Menschen bis dahin für absolut undenkbar hielten und mittlerweile werden diese sogar schon in den Schulen und an den Universitäten gelehrt. Erst aufgrund der Anerkennung dieser „Neuen Wissenschaften und Denkweisen" konnte ein Quantensprung im Bewusstsein des Menschen geschaffen werden, der wiederum Voraussetzung für die nächstfolgenden Quantenwissenschaften sein sollte. Aber zuerst sollte der Mensch auf diesem Planeten erkennen, was die Nanotechnologie hierbei als Bindeglied alles geleistet hat. Das Leben im Universum ist ein immer wiederkehrender Kreislauf, der durch ständige Mutation und Evolution auf verschiedensten Ebenen erfolgt. Und nur durch ständige Veränderung und Mutation ist Weiterentwicklung möglich, sowohl im Innen als auch im Außen, sowohl in der psychischen spirituellen Gedankenwelt, als auch in der physischen materiellen Welt. Mit einer inneren Ruhe und Befriedigung spüre ich, dass es damals die richtige Entscheidung war, nach kurzer Zeit des Selbststudiums die Zeitmaschine an einem absolut geheimen Ort zu verstecken und zu versiegeln. Und ich bin mir sicher, dass sie niemand finden wird, außer.....

Auf einmal spüre ich ein vertrautes Gefühl. Es ist, als ob Grace und Cindy neben mir stehen. Und tatsächlich, sie sind es. Grace umarmt mich mit Ihrer ganzen Liebe und ich spüre immense Energie, die in mir erweckt wird. Eine Energie, die nicht irdisch ist und die ich bisher nicht kannte. Ich spüre, wie ich der hiesigen Welt entschwebe und ich begreife, was alles möglich ist........

Nachwort:

Liebe Leser, sind sie jetzt verwirrt? Fragen sie sich, was an dieser Geschichte alles wahr ist oder wahr werden könnte? Dann gratuliere ich ihnen und beruhige sie sofort. Dieses Gefühl ist normal und war von mir beabsichtigt. Wie in meinem Vorwort versprochen bin ich mir sicher, dass jeder von Ihnen andere Rückschlüsse von unseren Helden Bill und Robert Smith ziehen wird. Wie konnte Robert Smith in der Zeit verrutschen? Ich verspreche ihnen, dass in diesem Buch wirklich sehr viele Wahrheiten und Gesetzmäßigkeiten enthalten sind und sie können diese im Laufe der Zeit herausfinden, aber nur indem sie selbst erfahren und auf sich und ihre innere Stimme hören oder indem sie dieses Buch immer wieder lesen. Finden sie die Wahrheit selbst heraus.

Gerade in der heutigen Zeit, in der die Wissenschaftler nicht mehr in der Lage sind die Sprache des Volkes zu sprechen und der eigentlichen Entwicklung weit hinterher hinken war es notwendig, ein „neuartiges Buch" mit sehr komplizierten Inhalt sehr einfach in der Sprache des Volkes zu verpacken und sie mit fiebern und mitdenken zu lassen. Je nachdem wie sie ihre Suchscheinwerfer justiert haben werden sie in diesem Buch viele Antworten auf die Fragen ihres Lebens finden. Gerade was die universelle Ordnung und deren Gesetzmäßigkeiten, das Entstehen der Technologien und auch Ihren Platz in dieser Ordnung betrifft. Alles ist logisch erklärbar, weil alles schon da ist. Haben sie verstanden, was die universellen Informationsfelder sind und wie sie wirken? Haben sie verstanden, was Gedanken sind und warum sie ausschlaggebend für das Gesetz der Resonanz sind? Sie können sehr gerne das Buch nochmals lesen und werden wieder mehr verstehen.

Der Mensch hat im Moment das Verlangen, mehr über sein Leben herauszufinden und zu erfahren. Er sucht verstärkt nach Informationen, denn Wissen besiegt seine Ängste. Das spiegelt sich darin, dass eine Firma wie Google zu einer der mächtigsten Firmen der Welt geworden ist, weil sie Suchwerkzeuge für jeden Geschmack anbietet. Und es zeigt, viele Menschen haben diese Universelle Ordnung verstanden und sind auch bereit, dafür etwas zu tun. Sie bilden sich in Seminaren weiter, geben täglich Ihr Bestes und haben Ihren Fokus auf ein schönes, erfolgreiches Leben gelegt.

Die Nanotechnologie öffnet uns den Einblick in den „Nano-Kosmos", zeigt uns, wie klein wir im Universum eigentlich sind, aber dass auch diese kleinen Teilchen sich verändern, sich mit allem verbinden können, dadurch Mutationen bewirken und Neuartiges bisher Unbekanntes erschaffen können . Es ist nur eine Frage der Energie, denn verdichtete Energie wird zu Materie. Der Mensch hat eine unglaublich spannende Zukunft vor sich. Er braucht nur seine Gedanken in die richtige Richtung zu lenken. Die Zukunft des Menschen liegt in der Hand jedes einzelnen. Werden Sie sich darüber bewusst!

Haben sie sich auch gefragt, warum gerade im Moment so Mystery Bücher wie z.B. das Sakrileg (der Da Vinci Code), Illuminati, oder auch Bücher, die uns in eine Traumwelt entführen, wie z.B. Harry Potter, so erfolgreich sind?

Ich gebe ihnen gerne die Antwort. Weil sie diese Bücher mit in das Geschehen einbeziehen, mitfühlen, mitdenken und miterleben lassen und vor allem dem Zeitgeist entsprechen. Sie spüren förmlich eine Affinität zu diesen Bereichen und was alles möglich sein könnte. Und sie wollen es selbst erfahren, aber aus einer sicheren Betrachtungsweise, z.B. in dem sie das Buch lesen oder den Film im Fernsehen oder im Kino anschauen.

Jeder Mensch ist heue bereits in der Lage, das gesamte Wissen des Universums anzuzapfen und zu nützen. Deshalb sind diese universellen Informationsfelder auch da; denken sie nur an die Autisten, die schier unbegrenztes Wissen aufnehmen und sofort wiedergeben können, oder auch an Rüdiger Gamm aus Deutschland, der schneller als jeder Computer rechnen kann und die Ergebnisse in einem Film vor sich ablaufen sieht. So etwas ist mit unseren aktuellen Wissenschaften nicht erklärbar! Glauben sie mir liebe Leser, in ihnen steckt viel mehr als sie bisher nur erahnen können.

Wenn sie herausfinden wollen was alles möglich ist, ob Zeitreisen möglich sind, ob es Außerirdische gibt, ob der da Vinci Code wirklich existiert, usw. , dann dürfen Sie gerne ein Seminar bei mir besuchen.

Weiter Informationen hierzu finden Sie unter meiner Webseite

www.eags.de

Um es ihnen leichter zu machen finden sie auf der nächsten Seite ein Anmeldeformular und wenn Sie dieses zur verbindlichen Anmeldung benutzen erhalten sie den Kaufpreis des Buches zurück.

Falls Ihnen das Buch gefallen hat empfehlen sie es einfach weiter. Sie dürfen gerne mit Bekannten, Verwandten, Geschäftspartnern usw. darüber sprechen, was alles in dem Buch wahr sein könnte oder wahr wird. Alleine Ihre Taten werden den Wahrheitsgehalt des Buches entscheidend mit beeinflussen.

Vielen Dank!

Armin M. Kittl

Anmeldeformular Seminar.

Seminarpreis: 999,- Euro + gesetzl. Mwst.

Rückfax an +49 (0)8028 904073; per E-Mail an info@eags.de

Anmeldung für Geniales Denken - UniquePower® Seminar bei Dipl.-Kfm. Armin M. Kittl

Firma ☐ oder privat ☐

Termin: _____

Name: _____

Vorname: _____

Anschrift: _____

Telefon: _____

Fax: _____

Ich/Wir nehmen mit (......) Personen teil

Unterschrift:

AGB:

1. Der Vertrag ist abgeschlossen, sobald Sie das Training mündlich oder schriftlich zugesagt haben.

2. Optionsdaten sind für beide Vertragspartner bindend. Wir gewähren Ihnen eine Optionsfrist von 7 Tagen nach Anfrage. Die EAGS – Erfolgsakademie für Genialität und Spitzenleistungen® behält sich das Recht vor, nach Ablauf der Optionsdaten die reservierten Trainings/Tagungsräume/Zimmer zu vergeben.

3. Reservierte Trainings stehen dem Leistungsnehmer nur zu der vereinbarten Zeit zur Verfügung. Eine Inanspruchnahme der Trainings über den vereinbarten Zeitraum hinaus bedarf der vorherigen Rücksprache mit der EAGS – Erfolgsakademie für Genialität und Spitzenleistungen®.

4. Welche Leistungen vertraglich vereinbart sind ergeben sich aus den AGB´s und den Inhalten auf der Homepage.

5. Eine Rückvergütung bestellter, aber nicht in Anspruch genommener Leistungen ist nicht möglich.

6. Ändert sich nach Vertragsabschluss der Satz der gesetzlichen Mehrwertsteuer, so ändert sich der vereinbarte Preis entsprechend.

7. Bei Um- bzw. Abbestellungen von reservierten Trainings bzw. Zimmern und Arrangements werden in Rechnung gestellt:

bis 90 Tage vor Trainingsbeginn keine Kosten

89 bis 50 Tage vor Trainingsbeginn 40% der vereinbarten Leistungen

49 bis 15 Tage vor Trainingsbeginn 80% der vereinbarten Leistungen

14 bis 0 Tage vor Trainingsbeginn 100% der vereinbarten Leistungen

8. Eine Stornierung der gebuchten Vereinbarung muss schriftlich erfolgen.

9. Unsere Rechnungen sind innerhalb von 10 Tagen ab Rechnungsdatum ohne Abzug zahlbar.

10. Der Seminarleiter behält sich vor, bei weniger als 5 Teilnehmern das Seminar abzusagen; der Seminarteilnehmer bekommt einen Ersatztermin gestellt oder die Seminargebühr zurückerstattet.

11. Der Seminarleiter behält sich vor das Seminar zu verschieben, falls außerordentliche Gründe, wie z.B. Heirat, Tod eines Familienangehörigen, Unwetter, Krankheit, etc. den Seminartermin nicht zulassen. In diesem Falle werden dem Seminarteilnehmer alternative Termine mitgeteilt, an denen er teilnehmen kann.

12. Die Unwirksamkeit einzelner Bestimmungen des Vertrages oder dieser Bedingungen berührt nicht die Wirksamkeit der übrigen Vereinbarungen.

13. Für alle evtl. Streitigkeiten gilt der Gerichtsstand München.

Zusatz:

Für jeden geworbenen Teilnehmer, der am Seminar Geniales Denken - UniquePower bei Armin M.Kittl teilnimmt erhalten Sie entweder eine Vergünstigung 99,- Euro in bar oder eine Anrechnung von 198,- Euro auf Folgeseminare Armin M.Kittl.

Weitere Informationen erhalten Sie unter www.eags.de

Literaturverzeichnis

Alfred Stielau Pallas „Die Macht der Dankbarkeit"

Alfred Stielau Pallas „Ab heute erfolgreich"

Nikolaus B. Enkelmann „Das Power-Buch für mehr Erfolg"

Harald Wessbecher „Die Energie des Geldes"

Ruppert Sheldrake „Das schöpferische Universum"

Ruppert Sheldrake „Der sechste Sinn des Menschen"

Ruppert Sheldrake „Der sechste Sinn der Tiere"

Elma R. Gruber „Die PSI Protokolle"

Robert A. Monroe „Über die Schwellen des Irdischen hinaus"

William Buhlman „Out of Body"

Ervin Laszlo "Das fünfte Feld"

Ervin Laszlo „Das dritte Jahrtausend"

Bionik Media ;Faszination Bionik"

Internetrecherchen unter

www.innovations-report.de

www.uni-protokolle.de

www.krebs-kompass.de

www.hexal-onkologie.de

www.gesundheit.de

www.vordenker.de

www.weltall-erde-ich.de

www.solidartaet.com

www.das-gibt's-doch-nicht.de

http://aids-info.net

http://www.virusmyth,com.aids